纺织服装高等教育"十四五"部委级规划教材

现代分析技术与材料研究

李 光 主编

东华大学出版社·上海

内 容 简 介

本书对材料研究中常用的分析技术进行了系统的介绍和讲解。扼要地阐述了相关分析技术的概念、原理、测试和数据处理过程,重点通过案例强化讲解了分析技术在材料研究中能解决的问题和发挥的作用。全书共分为十一章,内容包括紫外-可见吸收光谱、荧光与磷光光谱、红外吸收光谱、拉曼光谱、核磁共振波谱、热分析、透射电子显微镜、扫描电子显微镜、X射线衍射、X射线光电子能谱,最后一章是材料的电学和电化学性能与测试。

本书适合作为理工科大学本科生和研究生相关课程教材,也可作为材料领域科研和生产技术管理人员的学习参考用书。

图书在版编目(CIP)数据

现代分析技术与材料研究 / 李光主编.
—上海:东华大学出版社,2024.9
  ISBN 978-7-5669-2391-2

Ⅰ. TB3

中国国家版本馆 CIP 数据核字第 2024ZK0752 号

责任编辑:杜亚玲
封面设计:魏依东

现代分析技术与材料研究

XIANDAI FENXI JISHU YU CAILIAO YANJIU

李 光 主编

东华大学出版社出版

上海市延安西路 1882 号

邮政编码:200051   电话:(021)62193056

句容市排印厂印刷

开本:787mm×1092mm   1/16   印张:19.5   字数:486 千字

2024 年 9 月第 1 版   2024 年 9 月第 1 次印刷

ISBN 978-7-5669-2391-2

定价:78.00 元

前　言 PREFACE

　　研究生教育肩负人才培养和科学研究的双重使命，是国家创新体系的重要组成部分，从某种意义上讲，研究生教育的水平与成效是决定国家创新体系建设这一战略目标能否实现的关键，而教材在研究生教育和培养过程中发挥着重要作用。基于我校材料科学与工程一级学科面向研究生教学的多年实践，通过不断充实和完善，我们编著了本教材，以期突出学科特色，适应学科发展，同时服务国民经济建设和发展对材料不断变革的需求。在教材中我们增加了案例分析，以期解决各类分析测试技术如何在材料研究中具体应用的问题，不但有助于学生掌握对应分析测试技术的原理，更有利于学生学会使用这些分析技术解决科研和生产实践中的问题。

　　本教材的编写人员是课程相应章节的授课教师或者是对应方向的资深专家，他们是李光、张玉梅、查刘生、杨健茂、张青红、秦宗益、赵昕、赵辉鹏、张晶晶。无可否认，本教材的编写参考了不少同类书籍和国内外相关研究论文，在各章节后都已作为参考文献列出，如有遗漏还请体谅，在此表示诚挚的感谢！

　　本教材的编写得到纤维材料改性国家重点实验室、东华大学-恒逸石化联合实验室、东华大学研究生部的资助，在此一并表示感谢！

　　全书由李光主编，并统审统校。限于编者水平，书中难免还存在缺点甚至错误，敬请读者批评、指正。

主编　李　光

2023 年 11 月

于东华大学

各章节编写人员

章节	编写人员	章节	编写人员
第一章	张青红、李光	第六章	李光
第二章	李光、张青红	第七、八章	杨健茂
第三章	李光	第九章	张玉梅
第四章	秦宗益、李光	第十章	张晶晶、李光
第五章	查刘生、赵辉鹏	第十一章	赵昕

目 录　CONTENTS

第一章
紫外-可见吸收光谱

1 引言

被物质分子所吸收的电磁波如果在紫外-可见光范围,由此得到的吸收光谱称为紫外-可见吸收光谱。在此基础上建立起来的分析测试方法称为紫外-可见吸收光谱法。紫外-可见光波长在 200～800 nm 区域内,当物质内分子或者原子吸收该区域光子后,外层的电子由基态跃迁到激发态,不同结构的物质其电子跃迁的方式、吸收光的波长范围和吸收强度都是不同的,各种物质的紫外-可见吸收光谱就是物质内分子中的电子在各种能级间跃迁的内在规律的体现,据此可以对物质进行分析、鉴别。紫外-可见吸收光谱广泛应用于有机、无机化合物的定性和定量分析,具有仪器普及、操作简便且零敏度高的特点。

2 紫外-可见光吸收的测量及光吸收定律（朗伯-比尔定律）

物质分子对光辐射的吸收可以用一个连续改变波长的单色光进行测量。方法是当用单色光辐射某一吸收物质时,测量单色光辐射前后的强度,即入射光强度 I_0 和透过吸收物的透射光强度 I,定义:

透光率

$$T = I/I_0$$

吸光度

$$A = \lg \frac{1}{T} = \lg \frac{I_0}{I} \tag{1-1}$$

用仪器记录某一物质在每一波长处的吸光度 (A) 或者透光率 (T),便可以得到该物质的吸收光谱或者透射光谱。图 1-1 给出了不同浓度的高锰酸钾溶液在可见光区的透射光谱和吸收光谱。

从图 1-1 可以看出,高锰酸钾溶液对特定波长光的吸光度与溶液浓度密切相关。朗伯(于 1760 年)和比尔(于 1852 年)对物质吸收电磁波辐射的定量关系进行了研究,建立了描述吸光度与物质浓度和吸收层厚度以及物质本身特性的关系,称之为朗伯-比尔定律(Lambert-Beer),见式(1-2)。

$$A = \lg \frac{I_0}{I} = \varepsilon bc \tag{1-2}$$

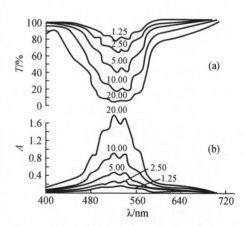

图 1-1 高锰酸钾溶液的透射光谱和吸收光谱

式中:c 是被测物质在溶液中的浓度;b 是吸收层(光皿盒)的厚度;ε 是摩尔吸光系数,单位为 L/(mol·cm)，表示溶液在浓度 c 为 1 mol/L、吸收层厚度（光程）b 为 1 cm 时的吸光度，它表征物质在一定波长下的特征常数，ε 值越大表示该物质对此波长光的吸收能力越强。一般 ε 的变化范围是 $10 \sim 10^5$ L/(mol·cm)，其中 $\varepsilon > 10^4$ L/(mol·cm) 为强度大的吸收，$\varepsilon < 10^3$ L/(mol·cm) 为强度小的吸收（下文中如无特别说明，ε 均为该单位）。

郎伯-比尔定律也称为光吸收定律，可以描述为当一束平行的单色光通过某一均匀的有色溶液时，溶液的吸光度与溶液的浓度和光程的乘积成正比，这就是郎伯-比尔定律的真正物理意义。该定律适用于所有电磁波辐射和一切吸收物质，因此被广泛应用于紫外-可见、红外光谱的吸收测量，是相关光谱进行定量分析的基础。

3 紫外-可见吸收光谱的产生

分子的总能量可以近似地认为是电子运动能量（E_e）、分子振动能量（E_v）和转动能量（E_r）之和。每种能量的变化都是不连续的，即量子化的。

$$E = E_e + E_v + E_r \tag{1-3}$$

其中：E_e 最大（$1 \sim 20$ eV）；E_v 次之（$0.05 \sim 1$ eV）；E_r 最小（< 0.05 eV）。

当用能量接近于 E_e 的紫外-可见光辐射物质时，物质分子吸收一定波长的紫外光，引起电子能级之间的跃迁。因此通过分子内部电子能级的变化而产生的光谱存在于紫外区或可见光区内，紫外-可见光吸收光谱也称电子光谱。

3.1 有机化合物紫外-可见吸收光谱的产生

有机化合物分子中的价电子有三种类型，即 σ 电子、π 电子和未成对的孤电子 n 电子。通常情况下，电子处于低的能级轨道，当用合适能量的紫外光照射分子时，分子吸收光的能量，价电子会由低能级的成键轨道跃迁到高能级的反键轨道（图 1-2）。

在紫外和可见光区，主要有以下四种跃迁类型：$\sigma \rightarrow \sigma^*$，$\pi \rightarrow \pi^*$，$n \rightarrow \sigma^*$，$n \rightarrow \pi^*$，如图 1-3 所示，各种跃迁所对应的能量大小为 $n \rightarrow \pi^* < \pi \rightarrow \pi^* < n \rightarrow \sigma^* < \sigma \rightarrow \sigma^*$。

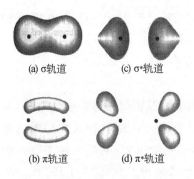

图 1-2　成键和反键轨道示意图

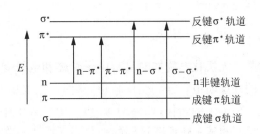

图 1-3　分子电子的能级与跃迁

(1) $\sigma \rightarrow \sigma^*$ 跃迁　这类跃迁需要的能量较高，一般发生在低于 200 nm 真空紫外光区，称为远紫外吸收带。其特征是摩尔吸光系数大,一般 $\varepsilon_{max} \geqslant 10^4$ L/(mol·cm),为强吸收带。饱和烃中的 C—C 单键属于这类跃迁,如己烷、环己烷中的 C—C 单键电子跃迁的波长在 200 nm 以下。正因为它们在紫外-可见光区无吸收,常用来作为溶剂。

(2) n→σ* 跃迁 具有孤对电子的原子其 n 电子跃迁到 σ* 形成 n→σ* 跃迁。饱和烃中的 H 被 O、N、S、X 等杂原子取代后,如 C—Cl、C—OH 等都能发生 n→σ* 跃迁,因为杂原子上含有非键的 n 电子。该跃迁所需要的能量主要与未成键的杂原子的电负性和非成键轨道是否重合有关,而与分子结构的关系较小。含杂原子的碳氢化合物其 n→σ* 跃迁所吸收的波长一般在 150~250 nm 之间。例如 CH_3Cl(173 nm)、CH_3I(258 nm)、$(CH_3)_2S$(229 nm)、$(CH_3)_2O$(184 nm)、$(CH_3)_3N$(227 nm)等。含杂原子 O、Cl 的有机化合物,吸收带波长小于 200 nm;而含 S、N、Br、I 的有机化合物的吸收带波长大于 200 nm。这是因为 S 等原子的电负性弱于 O 原子,对 n 电子的束缚较小,激发时需要的能量较小,所以波长较大。

(3) π→π* 跃迁 位于 π 成键轨道上的电子向反键 π* 轨道跃迁,这类跃迁所需能量介于 σ→σ* 跃迁和 n→π* 跃迁之间,跃迁产生的吸收大都出现在紫外区,其吸收波长在 200 nm 左右。π→π* 跃迁属于允许跃迁,产生强吸收带,摩尔吸光系数 ε_{max} 可达 $10^4 \sim 10^5$。若有共轭体系,其吸收波长向长波方向移动。共轭体系的 π→π* 跃迁所需要的能量与其共轭程度相关,共轭程度越大,所需能量越低,最大吸收波长 λ_{max} 越大。

(4) n→π* 跃迁 n 电子跃迁到反键 π* 轨道所产生的跃迁,这类跃迁所需能量较小,吸收峰在近紫外光区(200~400 nm),其吸收强度小($\varepsilon_{max} < 10^2$),属于弱吸收。当分子中同时存在杂原子和双键 π 电子时就有可能发生 n→π* 跃迁,如 C=O、N=N、N=O、C=S 等基团,都能发生杂原子上的 n 非键电子向反键 π* 轨道的跃迁。该跃迁产生的光吸收波长范围较大,在 200~700 nm 之间。但值得指出的是该跃迁的摩尔吸光系数 ε_{max} 一般较小(常小于 100),属于禁阻跃迁。羰基上的氧原子如果被硫原子取代,即 C=S 与 C=O 相比,n→π* 跃迁所需要的能量降低,吸收波长变大。C=S 与 C=O 各自 n→π* 跃迁的波长 λ_{max} 分别是 400 nm 和 290 nm。

3.2 无机化合物的紫外-可见吸收光谱

无机化合物的紫外-可见吸收光谱一般由两类形式的跃迁产生,即电荷转移跃迁和配位场跃迁。

3.2.1 电荷转移跃迁

某些无机化合物同时具有电子给体和电子受体,当电磁波辐射到这类化合物时,电子从给体的外层轨道跃迁到受体轨道,从而产生光的吸收。许多无机络合物及水和无机离子能发生这种电子的转移,如果用 M 和 L 分别表示中心离子和配位体,电荷转移主要有从中心离子(M)的某一轨道跃迁到配位体(L)的某一轨道(M—L);或从配位体(L)的某一轨道跃迁到中心离子(M)的某一轨道(L—M)。

例如,水合氯离子在光辐射下发生 M—L 的电荷转移:

$$M \rightarrow L, \quad Cl^- (H_2O)_n \xrightarrow{h\nu} Cl(H_2O)_n^-$$

又如,Fe^{2+} 与邻菲罗啉配合物的紫外吸收光谱就属于 L—M 电荷转移:

$$L \rightarrow M, \quad [Fe^{3+}-SCN^-]^{2+} \xrightarrow{h\nu} [Fe^{2+}-SCN]^{2+}$$

其中,Fe^{3+} 为电子接受体,SCN^- 为电子给予体,这也是此配合物为血红色的原因,其 $\lambda_{max} = 490$ nm。

在电荷转移过程中所产生的吸收光谱称为电荷转移吸收光谱。电子从金属离子转移到配位体的条件是金属离子容易被氧化(处于低氧化态),配位体具有空的反键轨道,可接受从金属离子转来的电子。如吡啶、2,2′-联吡啶、1,10-二氮杂菲及其衍生物等,这类试剂易与可氧化性的 Ti(Ⅲ)、Fe(Ⅱ)、V(Ⅱ)、Cu(Ⅰ)等结合生成有色配合物。反应过程中电子从金属离子的 d 轨道转移到配位体的 π 轨道上。配合物中含有两种不同氧化态的金属时,电子可在其间转移,这类配合物有很深的颜色,如普鲁士蓝 $KFe[Fe(CN)_6]$、硅(磷、砷)钼蓝 $H_8[SiMo_2O_5(Mo_2O_7)_5]$ 等。

电荷转移吸收光谱出现的波长位置取决于电子给予体和电子接受体相应电子轨道的能量差。若中心离子的氧化能力越强,或配位体的还原能力越强,则发生跃迁时需要的能量越小,吸收光波长越大。

电荷转移吸收谱带的特点是吸收强度大($\varepsilon_{max} > 10^4$),利用这类吸收谱带进行定量分析能获得较高的灵敏度。在无机分析中,常通过配位反应使金属离子形成可产生电荷转移的配合物,然后测定金属离子的浓度。这种配位反应称为显色反应。

3.2.2 配位场跃迁

元素周期表中第四、五周期的过渡金属元素都有未填满的 3d 和 4d 轨道,镧系和锕系元素分别含有 4f 和 5f 轨道,这些电子轨道的能量通常是相等的(简并的)。在配位体的存在下,这些轨道会产生分裂,即分裂成几组能量不等的 d 轨道和 f 轨道。当它们的离子吸收电磁波后,低能态的 d 电子或 f 电子可以分别跃迁至高能态的 d 或 f 轨道,这两类跃迁分别称为 d-d 跃迁和 f-f 跃迁。由于这两类跃迁只有在配位体的配位场作用下才可能发生,因此又称为配位场跃迁,相应的吸收带称为配位场吸收带。d-d 跃迁和 f-f 跃迁是禁阻跃迁,产生的概率很小,因此配位场跃迁吸收光谱的 ε_{max} 一般在 $10^{-1} \sim 10^2$ 之间,其波长通常处于可见光区,所以在定量分析上不是特别有用,但可用于研究无机化合物的结构及键合理论。

电荷转移的强吸收和配位场跃迁的弱吸收在图 1-4 中得到很好的呈现。钴胺盐与不同卤素原子结合后其电荷转移吸收不断增大,同时属于配位

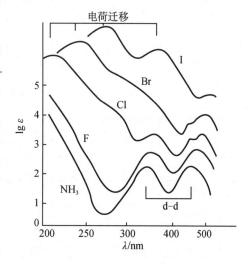

图 1-4 $[Co(NH_3)_5X]^{n+}$ 的吸收光谱:$X=NH_3$ 时 n=3; $X=F$, Cl, Br, I 时 n=2

场跃迁的 d-d 跃迁逐步减小。

上述各种电子跃迁的波长范围和强度可表示在图 1-5 中。

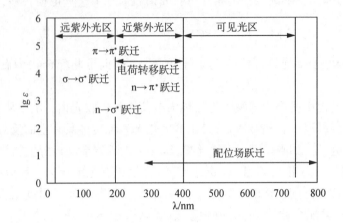

图 1-5 紫外-可见吸收光谱中常见电子跃迁的波长范围和强度

3.3 紫外-可见吸收光谱的相关概念

(1) 生色基团 凡是能导致化合物在紫外及可见光区产生吸收的基团,不论是否显出颜色,都称为生色基团。生色基团一般是含有不饱和键和含有孤对电子的基团,吸收紫外、可见光后产生 $n \to \pi^*$、$\pi \to \pi^*$ 跃迁。例如 C＝C、C≡C、苯环以及 O＝C、—N＝N—、＝S＝O 等不饱和基团。表 1-1 列出了一些常见的生色基团及其吸收特性。

表 1-1　　　　　　　　　　　一些常见生色基团的吸收特性

生色基团	实例	溶剂	λ_{max}/nm	ε_{max}/L·mol^{-1}·cm^{-1}	跃迁类型
烯基	$C_6H_{13}CH＝CH_2$	正庚烷	177	13 000	$\pi \to \pi^*$
炔基	$C_5H_{11}C≡CCH_3$	正庚烷	178	10 000	$\pi \to \pi^*$
羰基	CH_3COCH_3	异辛烷	279	13	$n \to \pi^*$
	CH_3COH	异辛烷	290	17	$n \to \pi^*$
羧基	CH_3COOH	乙醇	204	41	$n \to \pi^*$
酰胺基	CH_3CONH_2	水	214	60	$n \to \pi^*$
偶氮基	$CH_3N＝NCH_3$	乙醇	339	5	$n \to \pi^*$
硝基	CH_3NO_2	异辛烷	280	22	$n \to \pi^*$
亚硝基	C_4H_9NO	乙醚	300	100	$n \to \pi^*$
硝酸酯基	$C_2H_5ONO_2$	二氧六环	270	12	$n \to \pi^*$

如果化合物中有几个生色基团互相共轭,则各个生色基团所产生的吸收带将消失,而代之出现新的共轭吸收带,其波长将比单个生色基团的吸收波长大,吸收强度也将显著增强。

(2) 助色基团 助色基团是指那些本身不会使化合物分子产生颜色或者在紫外-可见

光区不产生吸收的一些基团,但这些基团与生色基团相连时却能使生色基团的吸收带移向长波,同时使吸收强度增大。通常,助色基团是含有未成键 n 电子的元素所组成的基团,如—NH₂、—OH、—OR、—NHR、—SO₃H、—Cl、—Br、—I 等。这些基团与发色基团连接时,n 电子与 π 电子相互作用,使 π 轨道间的能级差变小,因此最大吸收波长变大。表 1-2 列出了部分助色基团在饱和化合物中的吸收峰。

表 1-2　　　　　　　　　助色基团在饱和化合物中的吸收峰

助色基团	化合物	溶剂	$\lambda_{max}/\mu m$	$\varepsilon_{max}/L \cdot mol^{-1} \cdot cm^{-1}$
—	CH_4,C_2H_6	—	150,165	
—OH	CH_3OH	正己烷	177	200
—OH	C_2H_5OH	正己烷	186	
—OR	$C_2H_5OC_2H_5$	—	190	1 000
—NH₂	CH_3NH_2	—	173	213
—NHR	$C_2H_5NHC_2H_5$	正己烷	195	2 800
—SH	CH_3SH	乙醇	195	1 400
—SR	CH_3SCH_3	乙醇	210,229	1 020,140
—Cl	CH_3Cl	正己烷	173	200
—Br	$CH_3CH_2CH_2Br$	正己烷	208	300
—I	CH_3I	正己烷	259	400

(3) 非发色基团　指在 200~800 nm 波长范围内无吸收的基团。仅有 σ 键电子或具有 σ 键电子和 n 非键电子的基团为非色基团。一般指的是饱和碳氢化合物和大部分含有 O、N、S、X 等杂原子的饱和烃衍生物。非发色基团仅有 σ→σ* 和 n→σ* 跃迁,能产生的吸收在远紫外区。

(4) 显色剂及显色反应　许多金属离子本身不产生紫外可见光的吸收,必须加入一种试剂生成能对紫外可见光吸收的化合物或者配合物,该试剂称为显色剂,形成有色配合物的反应称为显色反应。常使用的显色剂是有机化合物,形成的络合物稳定、选择性好。例如,1,10-邻二氮菲是二价铁离子的显色剂,磺基水杨酸是三价铁离子的显色剂等。

(5) 红移和蓝移　在有机化合物中,吸收带的最大吸收波长 λ_{max} 常因取代基的变更或溶剂的改变而发生移动,向长波方向移动称为红移,向短波方向移动称为蓝移。

(6) 增色与减色效应　与吸收带波长红移及蓝移相似,由于有机化合物分子结构中引入了取代基或受溶剂的影响,会发生吸收带的强度,即摩尔吸光系数增大或者减小的现象,称为增色效应或者减色效应。当最大吸收带的摩尔吸光系数 ε_{max} 增大时称为增色效应,反之称为减色效应。

(7) 强带与弱带　$\varepsilon_{max} > 10^4$ 的吸收带称为强带,通常为允许跃迁产生;而把 $\varepsilon_{max} < 10^3$ 的吸收带称为弱带,通常为禁阻跃迁产生。

(8) 吸收带　吸收带是指吸收峰在紫外-可见吸收光谱上波的位置。通常把吸收带分为四种类型:R 吸收带、K 吸收带、B 吸收带和 E 吸收带。

R 吸收带：由含杂原子的生色基团（如羰基、氨基、亚硝基、偶氮基等）的 n→π* 跃迁而产生。其跃迁所需能量较少，吸收峰通常位于波长 200～400 nm 段；此跃迁的概率较小，一般 ε_{max}<100 L/(mol·cm)，属于弱吸收。

K 吸收带：由共轭体系的 π→π* 跃迁而产生。K 吸收是共轭分子的特征吸收带，吸收的波长和强度与共轭体系的数目、位置和取代基的种类有关。随着共轭体系的增长，K 吸收带一般会发生红移。K 吸收的特点是跃迁所需要的能量较 R 吸收带大，吸收峰通常位于波长 210～280 nm 段，吸收强度较大[ε_{max}>10^4 L/(mol·cm)]。

B 吸收带：由芳香族化合物的 π→π* 跃迁产生的精细结构吸收带，在波长 230～270 nm 之间有一系列吸收峰，也称为精细结构吸收带，其吸收中心在 259 nm，是芳香族化合物的特征吸收。因此，B 吸收带的精细结构常用来辨认芳香族化合物，但当有取代基且与苯环共轭或在极性溶剂中测定时，苯的精细结构部分消失或者全部消失。图 1-6 为苯和甲苯在环己烷溶剂中的 B 吸收带，在波长 230～280 nm 段呈现其精细结构。苯在乙醇溶剂中也呈现相似的 B 吸收带，见图 1-7，在波长 230～270 nm 段有一系列吸收，它们与其在环己烷中呈现的吸收带相似，属于精细结构吸收带。

E 吸收带：由芳香族化合物的 π→π* 跃迁产生的，分为 E_1 带和 E_2 带。E_1 带在远紫外区的 184 nm 处为强吸收[ε_{max}>10^4 L/(mol·cm)]，E_2 带在 204 nm 处为较强吸收[ε_{max}>10^3 L/(mol·cm)]。如图 1-7，苯在波长 185 nm 和 204 nm 处有两个强吸收带，分别对应为 E_1 和 E_2 吸收带，这是由苯环结构中三个乙烯的环状共轭体系的跃迁产生的，是芳香族化合物的特征吸收。

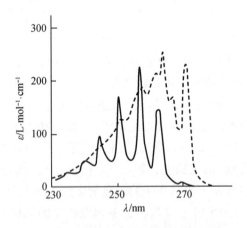

图 1-6　苯和甲苯在环己烷溶剂中的 B
吸收带（实线是苯，虚线是甲苯）

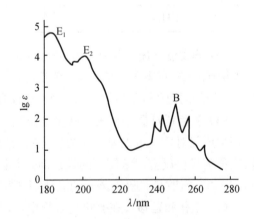

图 1-7　苯的紫外吸收光谱

由上可见，不同类型的分子结构其紫外吸收谱带各不相同，有的分子可有几种吸收谱带，像上述的苯在乙醇中既有 B 带又有 E 带，乙酰苯的正庚烷溶液的紫外光谱能观察到 K、B、R 三种谱带，分别在 240 nm[ε_{max}>10^5 L/(mol·cm)]，278 nm[ε_{max}=10^3 L/(mol·cm)]和 319 nm[ε_{max}=50 L/(mol·cm)]，它们的强度是依次下降的。其中，B 和 R 吸收带分别为苯环和羰基的吸收带，而苯环和羰基的共轭效应导致产生很强的 K 吸收带。又如甲基 α-丙烯酮在甲醇中的紫外光谱（图 1-8）存在两种电子跃迁：π→π* 跃迁在低波长区是烯基与羰基共轭效应所致,属于 K 吸收带[$\varepsilon_{max}>10^5$ L/(mol·cm)],在高波长区是羰基的 n→π* 电子跃迁,为 R 吸收带[$\varepsilon_{max}<10^2$ L/(mol·cm)]。

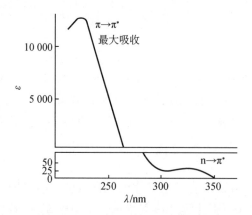

图 1-8　甲基 α-丙烯酮在甲醇中的紫外光谱

综上可知,在有机和高分子化合物的紫外吸收光谱中,R、K、B、E 的分类不仅考虑到各基团的跃迁方式,而且还考虑到分子结构中各基团相互作用的效应。

3.4　紫外吸收光谱图的表示方法和解析

当纵坐标选用不同的量表示吸收程度时,对应紫外吸收光谱呈现不同形状,如图 1-9 所示,分别是以吸收率、透过率、摩尔吸光系数、对数摩尔吸光系数为纵坐标时的光谱图。

紫外吸收光谱以吸收带最大吸收处的波长 λ_{max} 和该波长下的摩尔吸光系数 ε_{max} 来表征物质的吸收特征(图 1-10)。吸收光谱反映了物质分子对不同波长紫外光的吸收能力。吸收带的形状、λ_{max} 和 ε_{max} 与分子的结构有密切关系。

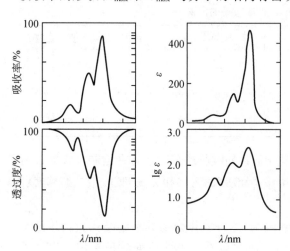

图 1-9　同一化合物的紫外吸收光谱曲线的
　　　　各种表示方法

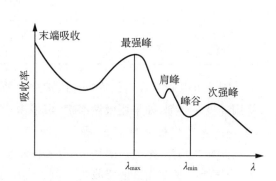

图 1-10　紫外吸收光谱各吸收峰含义

3.5 影响紫外-可见吸收光谱的因素

3.5.1 共轭效应

由于共轭效应,电子离域到多个原子之间,导致 π-π^* 能量降低。以 $CH_2=CH_2$ 为例,其发生 π-π^* 跃迁的最大吸收波长 $\lambda_{max}=165\sim200$ nm;而1,3-丁二烯同为 π-π^* 跃迁,由于其具有共轭体系导致发生红移现象,其最大吸收波长增大为 $\lambda_{max}=217$ nm。

3.5.2 取代基

在光的作用下有机化合物都有发生极化的趋向,即发生能级的跃迁。当共轭双键的两端有给电子基或吸电子基时,极化程度显著增加。给电子基为带有未共用电子对原子的基团,如—NH_2、—OH、—Cl 等,未共用电子对能够和共轭体系中的 π 电子相互作用引起电荷转移,能量降低,λ_{max} 红移。吸电子基是指易吸引电子而使电子容易流动的基团,共轭体系中引入吸电子基团,也会产生电荷转移,能量降低,λ_{max} 红移,吸收强度增加。给电子基与吸电子基同时存在时,产生分子内电荷转移吸收,λ_{max} 红移,ε_{max} 增加。

3.5.3 溶剂

溶剂极性的不同会引起某些化合物的吸收峰发生红移或者蓝移,这种作用称之为溶剂化效应。有机化合物的紫外-可见吸收光谱会受溶剂的影响,当溶剂的极性改变时,n-π^* 跃迁和 π-π^* 跃迁产生的吸收峰位置将向相反的方向移动,即 n-π^* 跃迁产生的吸收峰随溶剂极性增大而蓝移;π-π^* 跃迁产生的吸收峰随溶剂极性增大而红移。表1-3列出了不同溶剂中 π-π^* 和 n-π^* 吸收带的位置。

表1-3　　　　　　　　　不同溶剂中 π-π^* 和 n-π^* 吸收带的位置

吸收带	正己烷	CH_3Cl	CH_3OH	H_2O	波长位移
$\pi\rightarrow\pi^*$ λ_{max}/nm	230	238	237	243	红移
$n\rightarrow\pi^*$ λ_{max}/nm	329	315	309	305	蓝移

因此可以利用溶剂化效应来区别这两种跃迁引起的吸收谱带。通常在绘制吸收光谱时使用非极性溶剂,如采用极性溶剂,可能由于 n-π^* 吸收带的蓝移和 π-π^* 吸收带的红移使弱的 n-π^* 吸收带被强的 π-π^* 吸收带掩盖。

此外,随着溶剂极性的增大,分子振动受到限制,芳香族化合物的精细结构就会逐渐消失,合并为一条宽而低的吸收带。例如在图1-11中,苯酚在非极性的庚烷溶液中时,其紫外吸收光谱中具有B吸收的精细结构;但当苯酚溶解在极性的乙醇中时,紫外吸收光谱的精细结构消失,合并成一条宽而低的吸收带。

综上所述,在选择测定电子吸收光谱曲线的溶剂时,应注意尽量选用低极性溶剂;并且能很好地溶解被测物,使所形成的溶液具有良好的化学和光化学稳定性;此外,溶剂在样品的吸收光谱区无明显吸收。表1-4列出了紫外-可见吸收光谱中常用的溶剂,以供选择时参考。通常,测定非极性化合物,特别是芳香族化合物时,采用环己烷做溶剂,此时芳香族化合物能显示其特有的精细结构;在测定极性化合物时,常采用甲醇和乙醇做溶剂。在定性分析时,测定未知物时所用的溶剂要和测定标准物时所用的溶剂或者和标准谱图中所采用的溶剂相同。

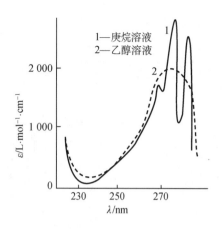

图 1-11　苯酚在不同溶液中的紫外-可见吸收光谱

表 1-4　　　　　　　　　　　一些常用的紫外-可见吸收光谱测定的溶剂

溶剂	使用波长范围/nm	溶剂	使用波长范围/nm
水	>210	甘油	>230
乙醇	>210	氯仿	>245
甲醇	>210	四氯化碳	>265
异丙醇	>210	乙酸甲酯	>260
正丁醇	>210	乙酸乙酯	>260
96％硫酸	>210	乙酸正丁酯	>260
乙醚	>220	苯	>280
二氧六环	>230	甲苯	>285
二氯甲烷	>235	吡啶	>303
己烷	>200	丙酮	>330
环己烷	>200	二硫化碳	>375

3.5.4　异构现象

CH_3CHO 含水化合物有两种可能的结构:CH_3CHO-H_2O 和 $CH_3CH(OH)_2$。在乙烷溶液中,其最大吸收波长 $\lambda_{max} = 290$ nm,这表明有醛基存在,所以 CH_3CHO 在乙烷中的结构为 CH_3CHO-H_2O;而在水溶液中,此峰消失,所以 CH_3CHO 在水中的结构为 $CH_3CH(OH)_2$。

3.5.5　pH 值

化合物都具有酸性或碱性可解离基团,在不同 pH 值的溶液中,分子的解离形式可能发生变化,导致吸收峰的形状、位置和强度都发生变化。苯酚在酸性或中性水溶液中有 210.5 nm 及 270 nm 两个吸收带,而在碱性溶液中两个吸收带会分别红移到 235 nm 和

287 nm(图 1-12)。

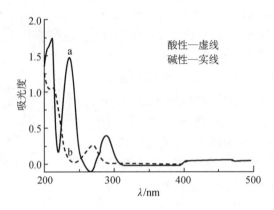

图 1-12   pH 值对苯酚吸收光谱的影响

4   紫外-可见吸收光谱的应用

对在紫外-可见光区范围有吸收的材料,可以用紫外-可见吸收光谱对材料进行鉴定及结构分析,其中主要是有机化合物的分析和鉴定,同分异构体的鉴别,材料结构的测定等。但是,单根据紫外-可见光谱不能完全确定材料的分子结构,因为如果材料组成的变化不影响生色团及助色团,就不会显著地影响其吸收光谱,有机化合物在紫外区中有些没有吸收谱带,有的仅有较简单而宽的吸收光谱。例如甲苯和乙苯的紫外吸收光谱实际上是相同的。因此,材料的紫外吸收光谱基本上是其分子中生色团及助色团的特性,而不是它的整个分子的特性。所以,还必须与红外吸收光谱、核磁共振波谱、质谱以及其他化学的和物理化学的方法共同配合起来,才能得出可取的结论。当然,紫外-可见光谱也有其特有的优点,例如具有 π 电子及共轭双键的化合物,在紫外区有强烈的 K 吸收带,其摩尔吸光系数 ε 可达 $10^4 \sim 10^5$,检测灵敏度很高(红外吸收光谱的 ε 很少超过 10^3),因而紫外吸收光谱的 λ_{max} 和 ε_{max} 还是能像其他物理常数,如熔点、旋光度等一样,可提供一些有价值的定性数据。其次,紫外吸收光谱分析所用的仪器比较简单而普通,操作方便,准确度也较高,因此它的应用是很广泛的。

4.1   定性分析

以紫外-可见吸收光谱鉴定有机化合物时,通常是在相同的测定条件下,比较未知物与已知标准物的紫外光谱图,若两者的谱图相同,则可认为待测样品与已知化合物具有相同的生色团。如果没有标准物,也可借助于标准谱图或有关电子光谱数据表进行比较。

但应注意,紫外吸收光谱相同,两种化合物有时不一定相同,因为紫外吸收光谱通常只有 2~3 个较宽的吸收峰,具有相同生色团的不同分子结构有时在较大分子中不影响生色团的紫外吸收峰,导致不同分子结构产生相同的紫外吸收光谱,但它们的吸光系数是有差别的。所以在比较 λ_{max} 的同时,还要比较它们的 ε_{max}。如果待测物和标准物的吸收波长相同,吸光系数也相同,则可认为两者是同一物质。

如前所述,紫外-可见光谱主要决定于分子中发色和助色基团的特性,而不是整个分子的特性,所以紫外-可见吸收光谱用于定性分析不如红外光谱重要和准确,选择性也不如红外吸收光谱。已报道的某些高分子的紫外吸收特征数据列于表 1-5 中。

表 1-5   某些高分子的紫外吸收特征

高分子	发色基团	最大吸收波长/nm
聚苯乙烯	苯基	270,278(吸收边界)
聚对苯二甲酸乙二酯	对苯二甲酸乙二酯基	290(吸收尾部),300
聚甲基丙烯酸甲酯	脂肪族酯基	250~260
聚乙酸乙酯	脂肪族酯基	210(最大吸收)

图 1-13 是聚乙烯基咔唑和聚苯乙烯的紫外吸收光谱,它们是高分子紫外吸收光谱的典型例子。一般解析步骤包括:①确认 λ_{max},并算出 $\log \varepsilon$,初步估计属于何种吸收带;②观察主要吸收带的范围,判断属于何种共轭体系。

尽管只有有限的特征官能团才能发色,使紫外-可见光图谱过于简单而不利于定性,但利用紫外光谱,很容易将具有特征官能团的高分子与不具特征官能团的化合物分子区分开来,比如聚二甲基硅氧烷(硅树脂或硅橡胶)就易于与含有苯基的硅树脂或硅橡胶区分。首先用碱溶液破坏这类含硅高分子,配适当浓度的溶液进行测定,含有苯基的紫外区有 B 吸收带,不含苯基的则没有吸收。

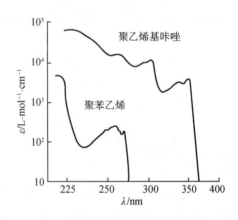

图 1-13 聚乙烯基咔唑和聚苯乙烯的紫外吸收光谱

4.2 纯度检查

如果一化合物在紫外区没有吸收峰,而其中的杂质有较强吸收,就可方便地检出该化合物中的痕量杂质。例如要检测甲醇或乙醇中的杂质苯,可利用苯在 256 nm 处的 B 吸收带,而甲醇或乙醇在此波长处几乎没有吸收(图 1-14)。装在容器里的乙醇也会因为塞子而受到污染,经过木塞和橡皮塞污染的乙醇,其紫外吸收光谱与未污染的光谱也呈现出不同(图 1-15)。又如四氯化碳中有无二硫化碳杂质,只要观察在 318 nm 处有无二硫化碳的吸收峰即可。

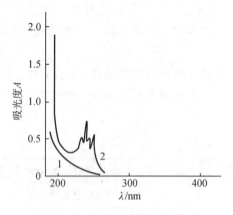

图 1-14　甲醇中杂质苯的检测

(1—纯甲醇;2—苯污染的甲醇)

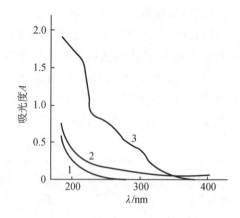

图 1-15　容器塞子对乙醇的污染

(1—纯乙醇;2—乙醇被木塞污染;3—乙醇被橡皮塞污染)

又如干性油含有共轭双键,而不干性油是饱和脂肪酸酯或虽不是饱和体,但其双键不相共轭。不相共轭的双键具有典型的烯键紫外吸收带,其所在波长较短;共轭双键谱带所在波长较长,且共轭双键越多,吸收谱带波长越长。因此饱和脂肪酸酯及不相共轭双键的吸收光谱一般在 210 nm 以下。含有两个共轭双键的约在 220 nm 处,三个共轭双键的在 270 nm 附近,四个共轭双键的则在 310 nm 左右,所以干性油的吸收谱带一般都在较长的波长处。工业上往往要设法使不相共轭的双键转变为共轭,以便将不干性油变为干性油。紫外吸收光谱的观察是判断双键是否移动的简便方法。

4.3　定量分析

紫外-可见光谱的吸收强度比红外吸收光谱的强度大得多,因此其用于定量分析的测量准确度高于红外吸收光谱法,灵敏度为 $10^{-5} \sim 10^{-4}$。朗伯-比尔(Lambert-Beer)定律是紫外-可见吸收光谱定量分析的基础,很适合测定多组分材料中某些组分的含量,研究共聚物的组成等。对于多组分混合物含量的测定,如果混合物中各种组分的吸收相互重叠,则往往仍需预先进行分离。定量分析方法包括绝对法和标准曲线法。

4.3.1　绝对法

绝对法是紫外-可见吸收光谱分析方法中使用最多的,这是一种以郎伯-比尔定律 $A = \varepsilon b C$ 为基础的分析方法。某一物质在一定的波长下,ε 是一个常数,石英比色皿的光程是已知的,可作为一个常数。使用紫外-可见分光光度计在 λ_{max} 处测定样品溶液的吸光度值 A,然后根据郎伯-比尔定律求出 $C = A/\varepsilon b$,则可以求得该样品溶液的含量或者浓度。

4.3.2　标准曲线法

紫外-可见吸收光谱分析最常用的定量分析方法是标准曲线法。即先用已知的标准物质配制一定浓度的溶液,在一定波长下测试每一个标准溶液的吸光度或者摩尔吸光系数,绘制吸光度或者摩尔吸光系数与标准溶液浓度之间的关系曲线,作为待测物浓度(含量)测试的标准曲线。

例如对丁苯橡胶中共聚组成的分析。经实验,选定氯仿为溶剂,260 nm 为测定波长(含苯乙烯25%的丁苯共聚物在氯仿中的最大吸收波长是260 nm,随苯乙烯含量增加会向高波长偏移)。在氯仿溶液中,当 $\lambda = 260$ nm 时,丁二烯吸收很弱,消光系数是苯乙烯的1/50,可以忽略。将聚苯乙烯和聚丁二烯两种均聚物以不同比例混合,以氯仿为溶剂测得一系列已知苯乙烯含量所对应的 $\Delta\varepsilon$ 值,作出工作曲线(图1-16)。于是,只要测得未知物的 $\Delta\varepsilon$ 值就可从曲线上查出苯乙烯含量。

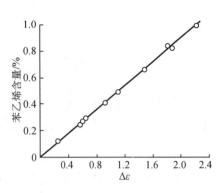

图 1-16 丁苯共聚物中苯乙烯含量

4.4 结构分析

用紫外-可见吸收光谱鉴定未知物的结构较困难,主要因为其图谱相对简单且吸收峰个数少,主要表现化合物的发色团和助色团的特征。但是利用紫外-可见吸收光谱可确定有机化合物中不饱和基团,还可区分化合物的构型、构象、同分异构体等。

例如,反式异构体的空间位阻小,共轭程度较完全,其紫外吸收光谱最大吸收峰波长 λ_{max}、最大摩尔吸光系数 ε_{max} 会大于顺式异构体。有机化合物二苯乙烯有顺式和反式两种构型(图1-17),它们的最大吸收波长和吸收强度都不同,由于反式构型没有空间阻碍,偶极矩大,而顺式构型有空间障碍,因此反式的吸收波长和强度都比顺式的大,因此很容易就能区分出顺式和反式构型。

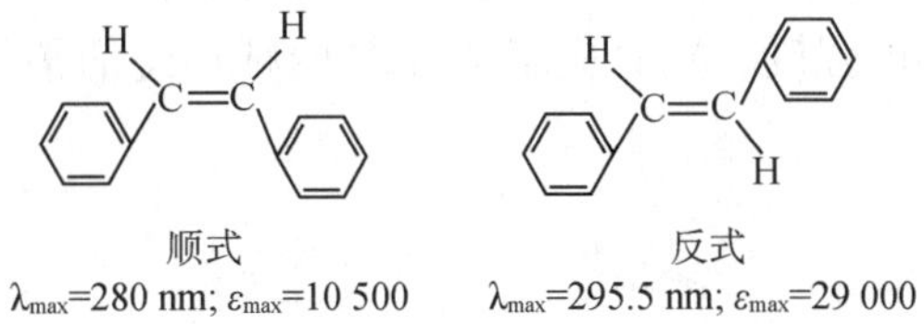

顺式
$\lambda_{max}=280$ nm; $\varepsilon_{max}=10\ 500$

反式
$\lambda_{max}=295.5$ nm; $\varepsilon_{max}=29\ 000$

图 1-17 二苯乙烯的顺式和反式两种构型

紫外-可见吸收光谱中有机物发色体系图谱分析的一般规律:

(1) 若在200~750 nm 波长范围内无吸收峰,则可能是直链烷烃、环烷烃、饱和脂肪族化合物或仅含一个双键的烯烃等。

(2) 若在270~350 nm 波长范围内有低强度吸收峰($\varepsilon = 10$~100,$n \rightarrow \pi^*$ 跃迁),则可能含有一个简单非共轭且含有 n 电子的生色团,如羰基。

(3) 若在250~300 nm 波长范围内有中等强度的吸收峰,则可能含苯环;若有精细结构的话,可能是苯环的特征吸收。

(4) 若在210~250 nm 波长范围内有强吸收峰,则可能含有2个共轭双键;若在260~

350 nm 波长范围内有强吸收峰,则说明该有机物含有 3 个或 3 个以上共轭双键。

(5) 若该有机物的吸收峰延伸至可见光区,则该有机物可能是长链共轭或稠环化合物。

4.5 化学平衡常数测量

基于对多组分浓度的定量测定,紫外-可见吸收光谱也被广泛应用于研究化学反应的平衡。例如测定弱酸、弱碱的解离常数,配合物的组成及稳定常数,有机物异构的平衡常数。

4.5.1 一元酸/碱解离平衡常数

对于一元弱酸 HA 来说,其电离反应 $HA \rightleftharpoons H^+ + A^-$,其解离常数为 K_a 及其负对数 pK_a 值的表达式为

$$K_a = \frac{c_{H^+} \, c_{A^-}}{c_{HA}} \tag{1-4}$$

$$pK_a = pH - \lg\left(\frac{c_{A^-}}{c_{HA}}\right) \tag{1-5}$$

通过测定 HA 和 A^- 两种组分的平衡浓度比就可以得到 K_a 及 pK_a 的数值,以 7-羟基香豆素(7-HC)为例,图 1-18(a)显示了 7-HC 的紫外可见光谱随溶液 pH 值变化的曲线。图中位于 324 和 366 nm 的吸收峰分别对应 7-HC 的分子形态和负离子形态的特征峰。在 pH=3.2 时仅有分子形态;在 pH=9.2 时仅有负离子形态;pH 值介于两者之间时则为分子形态和负离子形态共存的状态。基于两种单一形态的光谱曲线,采用均方根误差最小化原理对两种形态的重叠谱线进行解析。图 1-18(b)给出了 pH=7.4 时的处理结果,解析出的 324 和 366 nm 吸收峰的强度分别对应于 7-HC 两种形态的平衡浓度,由此求得 pK_a= 7.87。

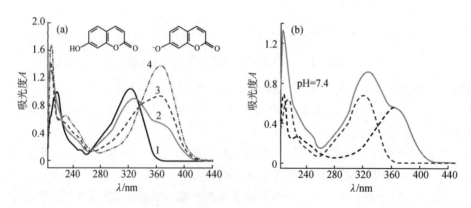

图 1-18　(a)在 c=0.1 mmol/L 下不同 pH(1→4:3.2、7.4、8.0、9.2)的 7-羟基香豆素的紫外可见光谱图;(b)在 pH=7.4 下的解析图

4.5.2　配合物组成及稳定常数

紫外-可见光谱可用于研究配合物的组成、配合平衡，并测定配合物的稳定常数，常用的经典方法有摩尔比法、连续变化法等。这里介绍连续变化法。

连续变化法又称物质的量系列法，是在配合物研究中广泛应用的方法。设所研究的配合物为 M_mL_n，其稳定常数可表示为

$$K_s = \frac{[M_mL_n]}{[M]^m[L]^n} \tag{1-6}$$

式中，$[M_mL_n]$、$[M]$、$[L]$ 为满足配位比条件下反应达平衡时的浓度。配制溶液时要求保持金属离子 M 和配体 L 的物质的量浓度 c_M、c_L 的总和不变，即 $c_M + c_L = c$。改变两者的比例，配制一系列溶液，在 M_mL_n 配合物的最大吸收波长处，逐一测定系列溶液的吸光度，绘制 A 与 c_M/c 关系曲线，如图 1-19 所示。由曲线两侧外推得到的交点所对应的 c_M/c 值求出配合物的组成比 $[M]/[L] = m/n$，图中示例的是形成 1∶1 配合物的情况。

根据图 1-19 中外推延长线的交点可获得配合物无解离时的吸光度 A_{max}。由于实际的配合物总存在一定的解离，曲线会出现一定程度的弯曲，其顶点对应的吸光度为 A_{max}，根据式(1-7)可计算出配合物的解离度 α。

$$\alpha = \frac{A_{max} - A}{A_{max}} \tag{1-7}$$

根据解离度 α 与 $[M_mL_n]$、$[M]$、$[L]$ 的关系，结合式(1-6)可得

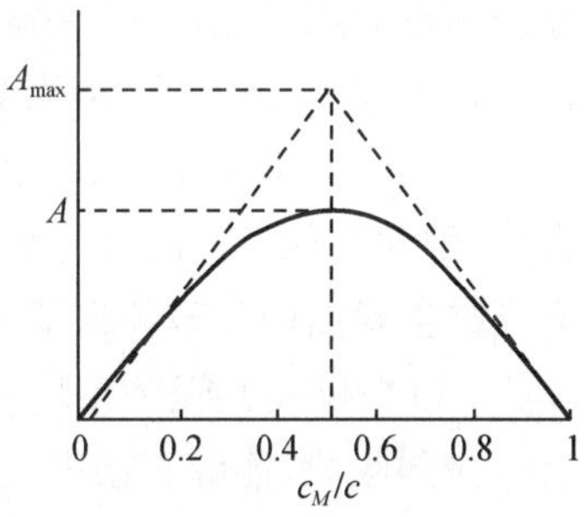

图 1-19　连续变化法原理示意图

$$K_s = \frac{(1-\alpha)c}{(m\alpha c)^m(n\alpha c)^n} = \frac{1-\alpha}{m^m n^n \alpha^{(m+n)} c^{(m+n-1)}}$$

需要指出的是，浓度连续变化法主要适用于稳定性较好、配位比较低的配合物的研究。如果要研究同时生成一系列不同比例配合物，且各级配位稳定常数又相差不大的体系，则连续变化法等经典方法不再适用。测量一系列不同配体浓度时的光谱，构成浓度分布-光谱矩阵，然后用化学计量学方法解析，可同时获得各种配位形式的纯吸收光谱和分布分数曲线。

4.6　催化动力学光度法

所谓动力学分析法是指通过测量反应速率来进行定量分析的方法。催化反应速率在一定范围内与催化剂浓度成比例关系，因而以紫外-可见光谱或其他方法检测催化反应速率就可以实现对催化剂浓度的测定。

在催化动力学光度法分析中，既可以催化显色反应作指示反应，又可以催化褪色反应作指示反应。对于反应：

$$D+E \xrightarrow{\text{催化剂}} F+G$$

（1）以显色反应为指示反应的催化光度法：若产物 F 为有色化合物，通过检测反应过程中 F 组分的吸光度可以确定反应速率。

（2）以褪色反应为指示反应的催化光度法：若反应物 D 为有色化合物，通过检测反应过程中 D 组分的吸光度以确定反应速率。

催化动力学光度法具有极高的测定灵敏度，检出限一般为 $10^{-10} \sim 10^{-8}$ g/mL，有时可低至 10^{-12} g/mL。但影响该法测定准确度的因素较多，操作要求严格，测量精度较差。

4.7 紫外-可见吸收光谱的应用实例

4.7.1 药物分析中的应用

在抗生素分析检测中，紫外-可见吸收光谱凭借仪器简单，分析简便，维护成本低等优点得到普遍使用。目前常见的抗生素主要可分为 β-内酰胺类、氨基糖苷类、四环素类、大环内酯类和喹诺酮类。在 β-内酰胺类抗生素[图 1-20(a)]中 β-内酰胺环产生的 π-π^* 吸收峰通常出现在 200 nm 以下，但当侧链含有助色基团时吸收峰则会发生红移；氨基糖苷类抗生素的特点是一般不含 π-π 共轭体系[图 1-20(b)]，但含多个羟基和氨基，易溶于水，易形成配合物，因此可用显色法进行测定。常用的显色剂有 Fe^{3+} 离子、依文思蓝、曲利本红等；四环素类抗生素以四并苯环为基本结构(图 1-20(c))，这种独特的结构含有苯环，并且环外的 —C=O 能够使共轭体系增长，通常在 $210 \sim 250$ nm 处存在 K 带强吸收，在 $260 \sim 300$ nm 有 B 带强吸收，能够直接进行测定；而大多数大环内酯抗生素的结构特征为分子中含有一个

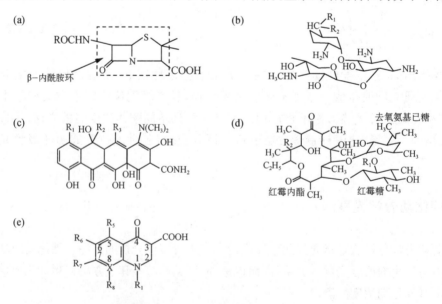

图 1-20　(a)β-内酰胺类抗生素；(b)氨基糖苷类抗生素；(c)四环素类抗生素；
(d)大环内酯类抗生素；(e)喹诺酮类抗生素

14 元或 16 元大环内酯结构,通过内环酯上的羟基与去氧氨基糖缩合生成碱性苷[图 1-20(d)]。多数大环内酯抗生素在 200～300 nm 之间有紫外吸收峰,能够直接进行测定;喹诺酮类抗生素的基本结构如图 1-20(e)所示,分子中含有 p-π、π-π 共轭体系,在紫外区域均存在吸收。

4.7.2 茶叶中茶多酚含量的检测

茶多酚是茶叶中多酚类物质的总称,主要由儿茶素、黄酮、花色素和酚酸四大类化合物组成,其中儿茶素类是茶多酚的主体组分,约占茶多酚总量的 80%。茶多酚在抗氧化、抗衰老、降血压等方面具有广泛的药理功效。因此,茶多酚含量是评价茶叶品质的重要因素,通过紫外-可见光谱法就可以快速测定出结果。有研究通过水溶剂提取出乌龙茶和乌龙茶嫩茎中的茶多酚成分,利用紫外-可见光谱法进行分析乌龙茶和乌龙茶嫩茎中茶多酚含量,选择 300～800 nm 处进行紫外光谱扫描,结果乌龙茶和乌龙茶嫩茎的最大吸收波长均落在 540 nm 处,在测定波长处测得其吸光度,经过计算得到乌龙茶和乌龙茶嫩茎的茶多酚含量分别为 26.4% 和 10.3%,可见乌龙茶中的茶多酚含量远远高于乌龙茶嫩茎中的含量。

4.7.3 食品中添加剂的检测

在食品生产中会使用一些食品添加剂,为了确定食品添加剂的成分和含量,可以用紫外-可见分光光度计对其进行光谱扫描。例如对食品涉及的一些着色剂、防腐剂、甜味剂等,可以用紫外-可见分光光度计进行检测。亮蓝和苋菜红属于常见的着色剂被使用在食品加工中,采用紫外-可见分光光度法,以还原型石墨烯/四氧化三铁磁性材料作为磁固相萃取食品中合成色素的吸附剂,在优化条件下,可于 627 nm 和 520 nm 处测定碳酸饮料、鸡尾酒、果冻和软糖中的亮蓝和苋菜红的含量。

除此之外,蛋白质是食品的重要成分,不仅能够提高食品的营养价值,并且对食品的质量起着重要的作用。蛋白质所产生的紫外光吸收往往是其内部的小基团所引起的,例如嘌呤碱、嘧啶碱、酪氨酸、苯丙氨酸、色氨酸和肽键等。嘌呤碱、嘧啶碱以及由它们参与组成的核苷、核苷酸等对紫外光有强烈的吸收,在波长 260 nm 处有最大吸收值。在蛋白质分子中,大部分氨基酸仅在 220 nm 存在一个共同的吸收峰,而三种芳香族氨基酸(酪氨酸、苯丙氨酸、色氨酸)分子内部存在着共扼双键,在 220～300 nm 处存在两个吸收峰。其中,酪氨酸在 231 nm 与 274 nm 处有明显的紫外吸收;苯丙氨酸在 222 nm 和 259 nm 处存在两个吸收峰;色氨酸的两个吸收峰则会在不同浓度下显示不同的峰值,从而使蛋白质对紫外光存在吸收。由于蛋白质光密度值与其浓度成正比关系,因此使用紫外-可见光谱法能够可靠地测定食品中蛋白质的含量。

4.7.4 纺织品中重金属的检测

随着人们消费观念的改变和对纺织品质量追求的提高,越来越多的消费者倾向于购买对人体和环境无害的纺织品,相关的机构对纺织品原料及最终产品的检测也变得更加严格。目前纺织品主要的检测项目包括甲醛、六价铬、致癌/致敏染料、偶氮、重金属、挥发性有机化合物等,见表1-6。利用紫外-可见分光光度计仪器进行检测,不但操作简单,而且试验结果的精密度和重复性都比较好,因而被广泛应用于纺织品的检测分析中。

纺织品中的甲醛主要来源于后整理剂和印染助剂,这些试剂可赋予纺织品防缩、抗皱、免烫和易去污等功能。这些由甲醛聚合而成的化学试剂在添加到纺织品中后,在一定条件下会释放和转移到纺织品中,从而导致纺织品中甲醛含量超标,最终对人体健康造成危害。由于甲醛在酸性条件下能够与乙酰丙酮及铵离子反应,生成黄色的3,5-乙酰基-1,4二氢吡啶二碳酸。因此,在波长为412 nm处根据黄色物质质量浓度的不同,能够表现出不同的吸收强度,从而对纺织品中的甲醛含量进行检测。利用紫外-可见吸收光谱检测纺织品中的甲醛含量,具有检测精确度高、结果重复性好等优点。

此外,纺织品在加工过程中也会使用含铬染料或助剂,导致最终产品中的Cr(Ⅵ)含量存在超标的问题,因此需要对纺织品中的Cr(Ⅵ)含量进行检测。在酸性溶液中,Cr(Ⅵ)能够与二苯基碳酰二肼反应生成紫红色化合物,此化合物在波长540 nm处有特定吸收。通过测定未知溶液的吸光度,再与不同浓度六价铬的标准溶液进行比较,能够确定出纺织品中Cr(Ⅵ)的含量。

表1-6 纺织品中的检测项目

检测项目	方法	吸收波长/nm
甲醛	乙酰丙酮法	412
Cr(Ⅵ)	二苯基碳酰二肼	540
Fe(Ⅱ)	1,10-菲罗啉法	510
Cu	二乙基二硫代氨基甲酸钠法	435
Pd	二甲酚橙法	585
三氯生	甲醇参比法	282
I-萘胺	阻抑效应	435
防紫外线性能评定	UV射线辐射	290~400
含糖量	蒽酮显色法	625

环境中的其他重金属离子也可以采用相似的方法检测。例如间甲基红[结构式见图1-21(a)],不但是酸碱指示剂,其也可以作为汞离子的生色传感器。将间甲基红配成1.0×10^{-5} mol/L的乙腈溶液,向其中添加不同浓度的汞离子,发现随汞离子浓度增加,紫外光谱中最初在415 nm处的最大吸收峰逐渐消失,而同时在500 nm处出现一个新的吸收峰[图1-21(c)],这是间甲基红与汞离子形成了配合物的吸收,吸收峰红移了大约85 nm,在450 nm处出现一个等吸收点。当向间甲基红溶液中添加其他阳离子时,在415 nm处的最大吸收峰基本没有变化,Cu^{2+}的加入还降低了吸收强度,但没有出现吸收峰的红移,见图1-21(d)。由此证明,间甲基红具有成为检测汞离子生色传感器的能力,从图1-21(b)也可以看出对汞离子发生颜色的显著识别。

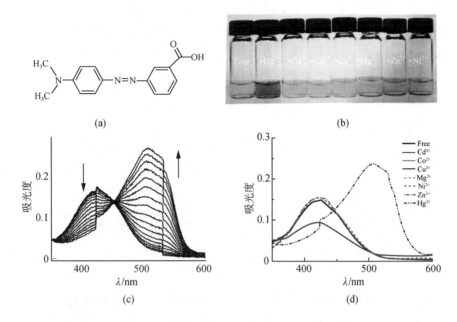

(a)　　　　　　　　　　(b)

(c)　　　　　　　　　　(d)

图 1-21　间甲基红组成(a);间甲基红与不同金属离子的显色照片(b);间甲基红加
Hg²⁺时(0~2.0当量)的紫外吸收光谱(c);间甲基红中加入不同金属离子时
(2.0当量)的紫外吸收光谱(d)

4.7.5　研究二氧化钛的光催化性能及其他无机颗粒的尺寸变化

二氧化钛微粒因其具有光催化作用受到了研究人员的关注。在光催化反应中,二氧化钛微粒吸收相当于禁带宽度能量的紫外光子,形成电子-空穴对。这种电子-空穴对向粒子表面迁移,与吸附在表面上的有机物发生反应,产生光降解作用。研究表明,光催化效率的高低主要取决于催化剂微粒的吸光能力和电荷分离能力。因为二氧化钛带隙较宽,对紫外光的吸收程度不高,因此通过表面修饰、增加表面结构缺陷、掺杂等手段是提高二氧化钛吸光能力和电荷分离能力的有效途径。

有研究利用富勒醇(PHF)表面修饰和氮掺杂共同改性二氧化钛,以提高其光催化性能。如图 1-22 是没有改性的二氧化钛(P25)、经过富勒醇表面修饰的二氧化钛(PHF-TiO₂)、氮掺杂改性二氧化钛(N-TiO₂)和富勒醇表面修饰和氮掺杂共同改性二氧化钛(PHF-N-TiO₂)的紫外-可见光的漫反射吸收光谱,与没有改性的二氧化钛(P25)相比,上述不同的修饰和掺杂都提高了二氧化钛的光吸收能力,尤其是氮掺杂改性二氧化钛(N-TiO₂)和富勒醇表面修饰和氮掺杂共同改性二氧化钛(PHF-N-TiO₂)在可见光区的吸光度增加显

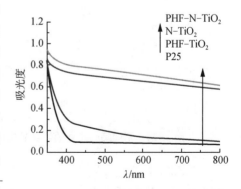

图 1-22　不同方式改性的二氧化钛
的光吸收曲线

著。将上述改性后的二氧化钛用于室温下可见光催化还原 CO_2 的研究,检测到的还原产物是 CO 和少量 CH_4,见图 1-23,证明 PHF-N-TiO$_2$ 作为催化剂的还原 CO_2 比 P25 显著提高了效率。

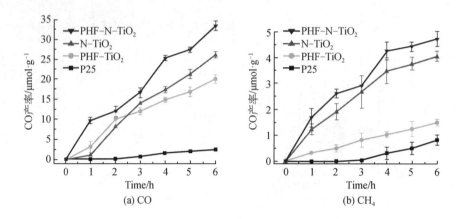

图 1-23 不同方式改性二氧化钛催化还原 CO_2 时产物 CO 和 CH_4 的生成速率

紫外-可见漫反射吸收光谱可以用于证明二氧化钛的价带结构或者分子能级。由于半导体的量子效应,直径低于 10 nm 的二氧化钛颗粒的紫外可见吸收带边界是很重要的参数。例如,通过水解 TiCl$_4$ 的方法合成出不同颗粒尺寸的金红石相和锐钛矿相的二氧化钛。通过紫外-可见吸收光谱对其研究,发现无论是金红石相的二氧化钛还是锐钛矿相的二氧化钛颗粒,其吸收带边界会随二氧化钛颗粒尺寸的减小而发生明显的蓝移(图 1-24)。

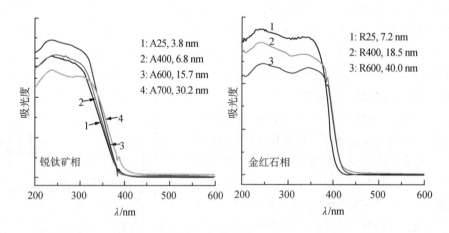

图 1-24 不同颗粒尺寸的锐钛矿相(左)和金红石相(右)二氧化钛的紫外-可见吸收光谱

将 ZnO 涂敷在金属化合物(FMMO)表面制备 ZnO 涂敷的 FMMO 复合材料,测试其紫外-可见漫反射吸收光谱,如图 1-25 所示,在复合体系中 ZnO 的吸收峰蓝移,可以判定在 FMMO 表面的 ZnO 颗粒的尺寸小于纯的 ZnO 组分中其尺寸。

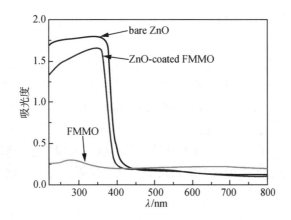

图 1-25　ZnO、FMMO 以及 ZnO 涂敷 FMMO 复合材料的紫外-可见光谱

5　紫外-可见分光光度计

在紫外及可见光区测量物质的吸收光谱和吸光度的分析仪器称为紫外-可见分光光度计,目前商用的主要是色散型的紫外-可见分光光度计,它由光源、单色器、吸收池、检测器和信号指示系统等组件构成。其工作原理主要是通过光源产生连续辐射,单色器分离出所需要的波长,经过吸收池后发生一部分的波长吸收,而未被吸收的部分将到达检测器,检测器会将光信号转变为电信号,再通过信号指示系统加以放大并显示出来。

5.1　紫外-可见分光光度计的主要部件

5.1.1　光源

紫外-可见分光光度计对光源的基本要求是在仪器操作所需的光谱区域内能够发射连续辐射、有足够的辐射强度和良好的稳定性,而且辐射能量随波长的变化应尽可能小。紫外-可见分光光度计光源的可靠性直接影响仪器的可靠性和使用效果。

紫外-可见分光光度计中常用的光源有热辐射光源和气体放电光源两类。热辐射光源常用于可见光区,如钨丝灯和卤钨灯;气体放电光源用于紫外光区,如氢灯和氘灯。钨灯和碘钨灯可使用的范围在 340~2 500 nm,这类光源的辐射能量与施加的外加电压有关,因此使用此类光源时必须要保证供电电压符合其额定工作电压,否则会影响其使用寿命并工作不稳定,所以紫外-可见分光光度计必须配有稳压装置。在近紫外区测定时常用氢灯和氘灯,它们可在 160~375 nm 范围内产生连续光源。氘灯的灯管内充有氢的同位素氘,它是紫外光区应用最广泛的一种光源,其光谱分布与氢灯类似,但光强度比相同功率的氢灯要大 3~5 倍。

5.1.2　单色器

单色器是能从光源辐射的复合光中分出单色光的光学装置,它是紫外-可见分光光度计的核心部件,其主要功能是从光源辐射的连续光源中分离出所需要的光谱纯度高的波长且波长能在紫外可见区域内任意调节。

5.1.3 吸收池

在分析测试时,一般是同时利用两个分别盛有参比溶液和被测样品溶液的吸收池,比较测定样品溶液的吸光度。吸收池一般有石英和玻璃材料两种。石英池适用于可见光区及紫外光区,玻璃吸收池只能用于可见光区。为减少光的损失,吸收池的光学面必须完全垂直于光束方向。在高精度的分析测定中(尤其在紫外区),吸收池要挑选配对,因为吸收池材料本身的吸光特征以及吸收池的光程长度的精度等对分析结果都会有影响。

5.1.4 检测器

检测器是将光信号转换为电信号的光电转换装置,可以测量单色光透过溶液后光强度的变化。常用的检测器有光电池、光电管和光电倍增管等,而光电倍增管是紫外-可见分光光度计上使用最为广泛的,它是光电效应和多级二次发射体相结合的一种光电转换器件。光电倍增管在紫外-可见光区域具有非常高的灵敏度,它的灵敏度比一般的光电管要高200倍,因此可使用较窄的单色器狭缝,从而对光谱的精细结构有较好的分辨能力。

5.1.5 信号指示系统

信号指示系统的作用是放大信号并以适当方式指示或记录下来。常用的信号指示装置有直读检流计、电位调节指零装置以及数字显示或自动记录装置等。很多型号的分光光度计装配有微处理机,一方面可对分光光度计进行操作控制,另一方面可进行数据处理。

5.2 紫外-可见分光光度计的类型

紫外-可见分光光度计根据光路设计的不同可以分为单光束分光光度计、双光束分光光度计和双波长分光光度计三类。

5.2.1 单光束分光光度计

只有一束单色光、一只吸收池和一只光电转换器,其组成结构如图1-26。经单色器分光后的一束平行光轮流通过参比溶液和样品溶液以进行吸光度的测定。这种简易型分光光度计结构简单,操作方便,维修容易,适用于常规分析,但是杂散光、光源波动和电子学噪声都不能抵消,故光度准确性变差。

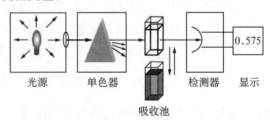

光源　　　单色器　　　　检测器　　显示

吸收池

图1-26　单波长单光束分光光度计示意图

5.2.2　双光束分光光度计

经单色器分光后经反射镜分解为强度相等的两束光,一束通过参比池,一束通过样品池,其组成结构如图1-27。双光束分光光度计能自动比较两束光的强度,此比值即为试样的透射比,经对数变换将它转换成吸光度并作为波长的函数记录下来。

双光束分光光度计一般都能自动记录吸收光谱曲线。由于两束光同时分别

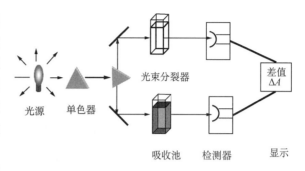

图1-27　单波长双光束分光光度计示意图

通过参比池和样品池,还能自动消除光源强度变化所引起的误差,所以其光源波动、杂散光、电子学噪声等的影响都能部分抵消,故光度准确性好。但双光束的仪器结构较复杂,价格较贵。

5.2.3　双波长分光光度计

双波长分光光度计由同一光源发出的光被分成两束,分别经过两个单色器,得到两束不同波长(λ_1和λ_2)的单色光,利用切光器使两束光以一定的频率交替照射同一吸收池,经检测器变成电信号。双波长分光光度计不需要使用空白溶液做参比,显著提高了测定准确度,并且能够用于微量组分的测定和多组分混合物的定量测定。

6　紫外-可见吸收光谱技术的新进展

6.1　示差吸光光度法

普通分光光度法相对误差在百分之几,不太适合要求更高准确度的测定,示差吸光光度法可以达到千分之几的误差。

将光的吸收定律求导,可得到普通分光光度法的光度误差公式

$$\frac{\Delta c}{c} = \pm \frac{0.434\,3\Delta T}{T \lg T} \tag{1-8}$$

式中:$\Delta c/c$为浓度相对误差;ΔT为透光度标尺读数误差;T为被测试样的透光度。

当溶液浓度较高时,吸光度读数很大,即透光度读数很小,由式(1-8)可知,仪器测量的光度误差而造成的浓度相对误差大大增加。采用示差分光光度法就能弥补这一缺点。

在此以高吸光度示差分光光度法为例简单介绍。与普通分光光度法不同,高吸光度示差分光光度法使用标准溶液作参比溶液,它与未知试样有相同组分,且含量接近。由测量得

到的未知试样的表观吸光度,求得未知试样中组分的含量。对未知试样和标准溶液,若用普通分光光度法测量,则有

$$A_x = \varepsilon b c_x \tag{1-9}$$

$$A_s = \varepsilon b c_s \tag{1-10}$$

式中:下标 x、s 分别代表未知试样和标准溶液。

当 $c_x > c_s$,即在高吸光度示差分光光度法条件下(简称高吸光度法),两式相减得

$$A_x - A_s = \varepsilon b (c_x - c_s) \tag{1-11}$$

在具体测定中,标准溶液浓度 c_s 小于未知试样浓度 c_x,并有完全相同的溶液条件,如加入的试剂、显色剂等。以标准溶液作参比,调节光度计,使透光度为 100%,即吸光度 A_s 为 0,这时测得未知试样的吸光度值称为表观吸光度 A_f,将上式改写为

$$A_f = \varepsilon b (c_x - c_s) = \varepsilon b \Delta c \tag{1-12}$$

这便是高吸光度示差分光光度法的定量关系式。通过 A_f 与 Δc 作工作曲线,由求得的未知试样 Δc 值和标准溶液浓度 c_s,计算得到 c_x 值。

6.2　双波长分光光度法

当吸收光谱相互重叠的两组分共存时,可以通过双波长分光光度法来求出两组分各自的含量。其原理是:试样溶液在两个波长处的吸光度的差与试样中待测物质的浓度成正比。

在此以等吸收点法为例介绍。在测试中,若要测定 a 组分,则把 b 组分看成干扰组分,如图 1-28 所示,选择对干扰 b 组分有等吸收的两个波长:λ_1(286 nm)和 λ_2(270 nm),以 λ_2 为测定波长,λ_1 为参比波长。在两波长处,测定混合物溶液(a+b),分别得到吸光度 A_2、A_1,有

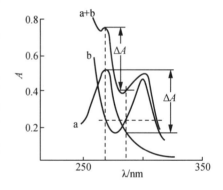

图 1-28　等吸收点双波长法测定原理

a:苯酚;b:2,4,6-三氯苯酚;a+b:混合光谱

$$A_1 = A_{1a} + A_{1b} \tag{1-13}$$

$$A_2 = A_{2a} + A_{2b} \tag{1-14}$$

其吸光度差

$$\Delta A = A_2 - A_1 = (A_{2a} - A_{1a}) + (A_{2b} - A_{1b}) \tag{1-15}$$

由于干扰组分 b 在两波长处具有等吸收,即 $A_{2b} = A_{1b}$,则

$$\Delta A = A_{2a} - A_{1a} = (\varepsilon_{2a} - \varepsilon_{1a}) b c_a \tag{1-16}$$

可见,混合物测得的吸光度差完全由组分 a 提供,也就消除了组分 b 的干扰,而且 ΔA 与组

分 a 的浓度 c_a 成线性关系。

需要注意的是：①两波长的选择应尽可能接近，因为相距较近时，可认为背景吸收是相等的；②待测组分 a 的 $(A_{2a} - A_{1a}) = \Delta A_a$ 值要足够大，以获得较高的灵敏度。

6.3 漫反射光谱技术

当光线照射到粗糙的表面时形成漫反射。所反射的光可定量表示为反射比，即所有反射光线的量与入射光线的量的比值。由于漫反射的光线是向四处发散的，因此为了精确测量，就必须收集各个角度的反射光线。积分球（integratingsphere）就是用来精确定量测量漫反射反射比的工具。其工作机理如图 1-29 所示。这种设计是将积分球和样品室组成一个单元。积分球的内壁涂有在工作波长（常包括紫外-可见区）内具有高反射性的材料。而图中的缓冲阻是用来防止激发光线直接反射进入检测器的，同时从几何原理上它又能保证检测器固定地响应到一部分经过样品反射的光线。虚线表示光线经反射进入检测器的光路图。

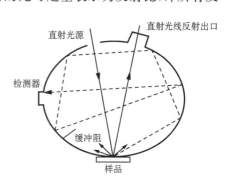

图 1-29 积分球的工作原理示意图

实际应用时，反射比是将样品的反射光谱和标准参照物的反射光谱相比较而得到的。标准参照物在较宽的波长范围内具有很高反射率。常用的三种标准参照物是金溶胶、聚四氟乙烯微珠和硫酸钡（积分球内部也相应地涂上同种材料）。

积分球漫反射光谱技术可直接用于测量固体表面、粉末、浑浊试样（乳浊液、悬浊液）等的紫外-可见吸收光谱。

📖 复习要点

朗伯-比尔定律，紫外-可见光谱产生的原理，价电子的跃迁类型。影响紫外-可见光谱的因素（共轭效应、取代基、pH 值、溶剂效应等）以及相关概念（生色团、助色团、红移与蓝移、吸收带等）；无机化合物的紫外-可见吸收光谱及其不同跃迁（电荷转移跃迁、配位场跃迁）。紫外-可见吸收光谱的应用（定性分析、定量分析、结构分析、化学平衡常数测定等）。紫外-可见近红外分光光度计的应用，紫外-可见光谱新技术（单光束、双光束、双波长、积分球、漫反射光谱）。

参考文献

[1] 祁景玉. 现代分析测试技术[M]. 上海：同济大学出版社，2006.

[2] 王培铭，许乾慰. 材料研究方法[M]. 北京：科学出版社，2005.

[3] 徐祖耀，黄本立，邬国强. 材料表征与检测技术手册[M]. 北京：化学工业出版社，2009.

[4] 柯以侃. ATC007 紫外-可见吸收光谱分析技术[M]. 北京：中国标准出版社，2013.

［5］褚小立. 化学计量学方法与分子光谱分析技术[M]. 北京:化学工业出版社,2011.

［6］李昌厚. 紫外可见分光光度计[M]. 北京:化学工业出版社,2005.

［7］谢爱娟,罗士平,郭登峰. 苯酚的紫外光谱研究[J]. 广东化工,2011,38(6):206-207.

［8］何建波,朱燕舞. 紫外-可见光谱技术在化学研究中的应用[J]. 实验室研究与探索,2012(11):7.

［9］蔡卓,甘宾宾,李斯光,等. 紫外可见分光光度法在抗生素类药物分析中的应用[J]. 化工技术与开发, 2007,36(12):5.

［10］袁华芳,侯冬岩,回瑞华,等. 紫外光谱法比较乌龙茶和乌龙茶嫩茎中的茶多酚含量[J]. 鞍山师范学院学报,2007(4):3.

［11］秦艳芳,云荣,杜黎明,等. 基于还原型石墨烯/四氧化三铁磁固相萃取检测食品中的亮蓝和苋菜红[J]. 信阳师范学院学报:自然科学版,2017,30(2):5.

［12］陈璐,骆迎华,林圣光. 紫外可见分光光度计在生态纺织产品检测中的应用[J]. 纺织检测与标准, 2022,8(1):4.

［13］Zhang Q, Gao L, Guo J. Effects of calcination on the photocatalytic properties of nanosized TiO_2 powders prepared by $TiCl_4$ hydrolysis[J]. Applied Catalysis B Environmental, 2000, 26(3): 207-215.

［14］陈一凡,唐国钦,赵春霞,等. 富勒醇修饰氮掺杂二氧化钛复合材料及其光催化性能研究[J]. 硅酸盐通报,2022,41(8):2935.

第二章
荧光与磷光光谱

物质分子在吸收紫外及可见光区电磁辐射后,它的电子能级由基态跃迁至激发态,激发态分子又会很快地以热能或电磁辐射形式将这部分能量释放出来,重新回到基态。如果激发态的分子是以电磁辐射的形式释放这部分能量,则称它为光致发光,最常见的两种光致发光现象为荧光和磷光,所以荧光与磷光光谱技术是利用分子发光建立起来的分析方法,属于分子发光分析方法。

1 激发态与去活化过程

1.1 激发态

物质在吸收入射光的过程中,光子的能量传递给了物质分子,分子在吸收能量后,就会从基态轨道跃迁到相应激发态的不同能级轨道,跃迁所涉及的两个能级间的能量差等于所吸收的光子的能量。紫外-可见光的能量高,足以引起分子中的电子发生能级间跃迁,处于这种激发状态的分子称为电子激发态分子。

在发生电子能级跃迁的过程中,电子的自旋状态也可能会发生改变,即电子的多重态发生了变化。电子激发态的多重态 M 可表达为 $2S+1$,S 为电子自旋角动量量子数的代数和,其数值为 0 或 1。根据泡利(Pauli)不相容原理,在基态时分子中同一轨道里所占据的两个电子必须具有相反的自旋方向,即自旋配对,此时自旋量子数的代数和 $S = (+1/2)+(-1/2) = 0$,电子激发态的多重态 $M = 2S+1 = 1$,该分子便处于单重态,用符号 S_0 表示。

当基态分子吸收光辐射后,电子在通常情况下跃迁到激发态时自旋是不变的,分子是处于激发单重态,用符号 S_1、S_2 表示。如果电子在跃迁过程中有着自旋方向的改变,分子激发态的两个电子为平行方向自旋,即 $S=1$,分子的多重态 $M=3$,这时分子就处于激发三重态,用符号 T 表示,用 T_1、T_2 表示第一和第二电子激发三重态。根据亨德规则,处于分立轨道上的非成对电子,平行自旋要比自旋成对更稳定。因此,激发三重态总是比相应的单重态具有更低的能级,见图 2-1 所示,其中 S_0 表示单重态,S_1、S_2 表示第一电子激发单重态,T_1、T_2 表示第一和第二电子激发三重态。

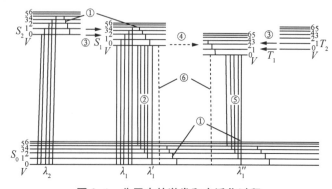

图 2-1 分子内的激发和去活化过程
①振动弛豫;②荧光发射;③内部转换;④体系间跨越;⑤磷光发射;⑥外部转换

1.2　去活化过程

处于较高能量的激发态的分子很不稳定,它可以通过辐射跃迁和非辐射跃迁等多种途径回到基态,这个回到基态的过程就称为去活化过程。在该过程中伴随着光子的发射,即产生荧光和磷光,具体包括以下几种类型。

(1) 振动弛豫(VR)　当分子吸收光辐射后,就从基态跃迁到激发态的任何振动能级上,这个跃迁过程仅需约 10^{-15} s。然而,在溶液和压力足够大的气相中,分子之间的碰撞概率很大,激发态分子很快地会将过剩的振动能量以热的形式传递给周围分子,在 $10^{-14} \sim 10^{-12}$ s 时间内,分子就会从电子激发态的高振动能级失活到同一电子激发态的最低振动能级上,这一无辐射能量转换的过程就称为振动弛豫,如图 2-1 中①所示的过程。

(2) 荧光发射(F)　由第一电子激发单重态返回到最低振动能级时发生的辐射跃迁,伴随的发光现象称为荧光发射。荧光发射多为 $S_1 \rightarrow S_0$ 跃迁,如图 2-1 中②所示的过程。

(3) 内部转换(ic)　内部转换是发生在相同多重态的两个电子态间的非辐射跃迁过程。这是由于两个电子振动能级之间有重叠,且存在着彼此之间的互相耦合。内部转换过程很容易发生,速度很快,约在 $10^{-13} \sim 10^{-11}$ s,这种内部转换如图 2-1 所示过程③。

(4) 体系间跨越(isc)　系间跨越是指不同多重态的两个电子态间的一种非辐射跃迁过程。如图 2-1 所示的④即 $S_1 \rightarrow T_1$ 过程。在这一过程中,激发态电子的自旋发生了反转。如同内部转换一样,由于激发单重态 S_1 的最低振动能级同激发三重态 T_1 的较高能级有重叠,通过自旋—轨道耦合等作用,体系间跨越的几率增大。

(5) 磷光发射(P)　分子由激发单重态经系间跨越到达激发三重态后,就会通过振动弛豫而到达激发三重态的最低振动能级上,在没有其他过程与其竞争时,就在 $10^{-3} \sim 10$ s 时间内以发射光子的形式跃迁回到基态,这一过程就称为磷光发射,如图 2-1 所示过程⑤。由于激发三重态向基态单重态的跃迁几率很小,磷光的速率常数要小得多,因而磷光的寿命比荧光长,同时也就更容易发生非辐射的去活化过程。一般很难观察到磷光的发射,通常只有在低温和黏稠介质中才有可能。

(6) 外部转换　受激发分子通过与溶剂或其他溶质间的相互碰撞作用和无辐射的能量转换而使荧光或磷光强度减弱甚至消失的过程称为外部转换,如图 2-1 所示过程⑥,这一现象又称为"熄灭"或"猝灭"。

2　激发光谱与荧光（磷光）光谱

如上所述,荧光和磷光是物质分子的两种光致发光现象,都涉及吸收辐射和发射辐射两个过程,因而也就有着激发和荧光(磷光)两个光谱。

2.1　激发光谱

激发光谱其实就是荧光(磷光)物质的吸收光谱,改变激发光的波长,在荧光(磷光)最强的波长处测量荧光(磷光)强度的变化,以激发光波长λ为横坐标,荧光强度(I_F)为纵坐标作图,便可以得到荧光(磷光)物质的激发光谱,见图2-2。激发光谱反映了在某一固定的发射波长下所测量的荧光强度对波长的依赖关系。

2.2 荧光(磷光)光谱

荧光(磷光)光谱又叫荧光(磷光)发射光谱。在保持激发光波长和强度不变条件下,测量不同波长处荧光(磷光)的强度分布,将荧光(磷光)波长λ为横坐标,荧光(磷光)强度为纵坐标作图,便得到荧光(磷光)光谱,见图2-2。发射光谱反映了在某一固定的激发波长下所测量的荧光波长分布。

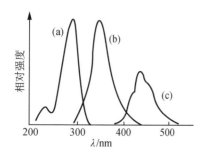

图 2-2 萘的激发光谱(a)、荧光光谱(b)和磷光光谱(c)

激发光谱和发射光谱可用以鉴别荧光物质,并可作为进行荧光测定时选择合适的激发波长的依据。某种化合物的荧光激发光谱的形状,理论上应与其吸收光谱的形状相同,然而由于仪器、样品等因素,表观激发光谱的形状与吸收光谱的形状大都有所差异,只有校正的激发光谱才与吸收光谱非常相近。在化合物的浓度足够小,对不同波长激发光的吸收正比于其吸光系数,且荧光的量子产率与激发波长无关的条件下,校正的激发光谱在形状上将与吸收光谱相同。

化合物溶液的发射光谱(荧光光谱)通常具有如下特征:

(1)斯托克斯位移 在溶液的荧光光谱中,所观察到的荧光的波长总是大于激发光的波长。斯托克斯在1852年首次观察到这种波长移动的现象,因而称为斯托克斯位移。斯托克斯位移说明了在激发与发射之间存在着一定的能量损失。如前所述,激发态分子在发射荧光之前,很快经历了振动松弛和内转化的过程而损失部分激发能,致使发射相对于激发有一定的能量损失,这是产生斯托克斯位移的主要原因。其次,辐射跃迁可能只使激发态分子衰变到基态的不同振动能级,然后通过振动松弛进一步损失振动能量,这也导致了斯托克斯位移。此外,溶剂效应以及激发态分子所发生的反应,也将进一步加大斯托克斯位移现象。

(2)发射光谱的形状通常与激发波长无关 虽然分子的吸收光谱可能含有几个吸收带,但其发射光谱却通常只含有一个发射带。绝大多数情况下即使分子被激发到S_2电子态以上的不同振动能级,然而由于内转化和振动松弛的速率快,会迅速丧失多余的能量而衰变到S_1态的最低振动能级,然后发射荧光,因而其发射光谱通常只含一个发射带,且发射光谱的形状与激发波长无关,只与基态中振动能级的分布情况以及各振动带的跃迁概率有关。

(3)与吸收光谱呈镜像关系 图2-3分别表示苊的苯溶液和硫酸奎宁的稀硫酸溶液的吸收光谱和荧光发射光谱。可以看出,荧光发射光谱与吸收光谱之间存在着"镜像对称"关系。这是因为荧光发射通常是由处于第一电子激发单重态最低振动能级的激发态分子的辐射跃迁而产生的,所以发射光谱的形状与基态中振动能级间的能量间隔状况有关。吸收光谱中的第一吸收带是由于基态分子被激发到第一电子激发单重态的各个不同振动能级而引起的,而基态分子通常是处于最低振动能级的,因而第一吸收带的形状与第一电子激发单重态中振动能级的分布情况有关。一般情况下,基态和第一电子激发单重态中振动能级间的能量间隔状况彼此相似。此外,根据 Frank-Con-don 原理可知,如吸收光谱中某一振动带的跃迁概率大,则在发射光谱中该振动带的跃迁概率也大。由于上述两个原因,荧光发射光谱与吸收光谱的第一吸收带两者之间呈现"镜像对称"关系。

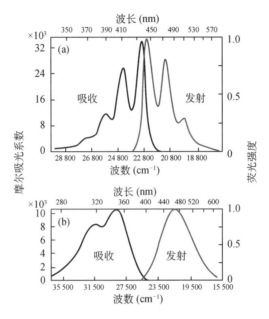

图 2-3　苝的苯溶液(a)和硫酸奎宁的稀硫酸溶液(b)的吸收光谱和荧光发射光谱

从图 2-3 中还可以看出,虽然吸收光谱与发射光谱中 0-0 振动带具有相同的能量,但两者的峰波长并不重合,发射光谱的 0-0 带略向长波方向移动。其原因是激发态的电子分布不同于基态,从而它们的永久偶极矩和极化率也有所不同,因而两者的溶剂化程度也有差异。室温下,溶液中的溶剂分子在吸光过程中来不及重新取向,因此分子在激发后的瞬间仍是处于一种比平衡条件下具有稍高能量的溶剂化状态。在荧光发射之前,分子将有时间松弛到能量较低的平衡构型。荧光发射后的瞬间,返回基态的分子的溶剂化状态还是处于能量稍高的非平衡构型,最后又松弛到基态的平衡构型。这一过程用图 2-4 表示,可以看出,虽然都为 0-0 跃迁,但光吸收过程所需的能量略高于光发射过程所释放的能量。两者的能量差在松弛过程中以热的形式传递给溶剂。

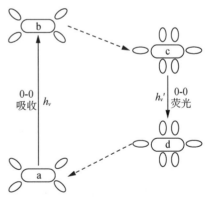

图 2-4　激发与发射后溶剂化的变化

a—稳定的基态构型;b—不稳定的激发态构型;c—稳定的激发态构型;d—不稳定的基态构型

应用镜像对称规则,可以帮助判别某个吸收带究竟是属于第一吸收带中的另一振动带,还是更高电子态的吸收带。根据镜像对称规则,如不是与吸收光谱镜像对称的荧光峰出现,则表示有散射光或杂质存在。

2.3 荧光强度同荧光物质浓度的函数关系

2.3.1 荧光与磷光发射的量子产率

荧光量子产率(ϕ_F)定义为荧光物质吸光后所发射荧光的分子数与激发分子总数之比值。同样,磷光量子产率(ϕ_P)是发射磷光的分子数与激发分子总数之比值

$$\phi_F = \frac{发射荧光的分子数}{激发分子总数} \quad \phi_P = \frac{发射磷光的分子数}{激发分子总数} \tag{2-1}$$

由于激发态分子的衰变过程包含辐射跃迁和非辐射跃迁,故荧光和磷光量子产率也可表示为

$$\phi_F = \frac{k_F}{k_F + \sum_{i=1}^{n} k_i} \quad \phi_P = \phi_{st} \frac{k_P}{k_P + \sum_{i=1}^{n} k_i} \tag{2-2}$$

式中 k_F、k_P 主要取决于荧光(磷光)物质的分子结构;ϕ_{st} 为系间窜越效率;$\sum k_i$ 主要取决于化学环境,同时也与荧光(磷光)物质的分子结构有关。大多数的荧光物质的量子产率在 $0.1\sim 1$ 之间,例如 0.05 mol/L 的硫酸喹啉,$\phi_F = 0.55$;荧光素 $\phi_F = 1$。下列是一些荧光物质和其量子产率。

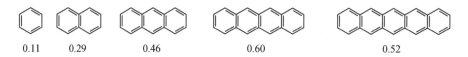

| 0.11 | 0.29 | 0.46 | 0.60 | 0.52 |

荧光量子产率的数值,有多种测定方法,这里仅介绍参比的方法,它是通过比较待测荧光物质和已知荧光量子产率的参比荧光物质两者的稀溶液在同样激发条件下所测得的积分荧光强度(即校正的发射光谱所包括的面积)和对该激发波长入射光的吸光度而加以测量的。测量结果按下式计算待测荧光物质的荧光量子产率

$$\phi_u = \phi_s \cdot \frac{F_u}{F_s} \cdot \frac{A_s}{A_u} \tag{2-3}$$

式中:ϕ_u、F_u 和 A_u 分别表示待测物质的荧光量子产率、积分荧光强度和吸光度;ϕ_s、F_s 和 A_s 分别表示参比物质的荧光量子产率、积分荧光强度和吸光度。

有分析应用价值的荧光化合物,其荧光量子产率的数值通常处于 $0.1\sim 1$ 之间。

2.3.2 荧光强度同荧光物质溶液浓度的函数关系

荧光既然是物质在吸光之后所发射的辐射,因而溶液的荧光强度(I_F)应该与该溶液吸收的光强度(I_a)及该物质的荧光量子产率(ϕ_F)有关。定义即溶液的荧光强度 I_F 正比于吸

收的光量子强度(I_a)及荧光的量子产率(ϕ_F),如式(2-4)所示。

$$I_F = \phi_F I_a \tag{2-4}$$

由比尔定律进行推导,并将推导式中指数项展开成无穷级数可得

$$I_F = \phi_F I_0 (1 - e^{-2.3\varepsilon bc}) = \phi_F I_0 \left[2.3\varepsilon bc - \frac{(2.3\varepsilon bc)^2}{2} + \frac{(2.3\varepsilon bc)^3}{6} - \cdots \right] \tag{2-5}$$

式中:I_0 为入射光强度;ε 为摩尔吸光系数;b 为试样的吸收光程;c 为试样浓度。

当稀溶液时,若 $\varepsilon bc \leqslant 0.05$,上式第二项为第一项的 2.5%,以后各项更小,因此可简化为

$$I_F = 2.3\phi_F I_0 \varepsilon bc \tag{2-6}$$

当入射光强度 I_0 及收光程 b 不变时,由常数 $k_F = 2.3\phi_F I_0 \varepsilon b$,得

$$I_F = k_F c \tag{2-7}$$

式(2-7)表明,在稀溶液中荧光强度与荧光物质的溶液浓度成线性关系,这便是荧光定量分析的基本关系式。

当 $\varepsilon bc > 0.05$,即吸光度较大时,$I_F = \phi_F I_0$,荧光强度与荧光物质浓度无关,并出现随浓度增大而下降的现象,这是由于在较浓的溶液中存在猝灭现象和自吸收的缘故。

2.3.3　荧光(磷光)的平均寿命

荧光(磷光)的寿命定义为当激发光切断后,荧光(磷光)强度衰减至原来强度的 $1/e$ 所经历的时间。它表示了荧光(磷光)分子的 $S_1(T_1)$ 激发态的平均寿命。对于处于 $S_1(T_1)$ 电子态的荧光(磷光)体来说,其平均寿命(τ)可以左式表示

$$\tau_{F(P)} = \frac{1}{k_{F(P)} + \sum\limits_{i=1}^{n} k_i} \tag{2-8}$$

式中:$k_{F(P)}$ 表示荧光(磷光)发射的速率常数;$\sum k_i$ 代表各种分子内的非辐射衰减过程的速率常数的和。

2.3.4　荧光的熄灭

荧光熄灭或者荧光猝灭指的是荧光物质分子与溶剂分子或其他溶质分子之间所发生的导致荧光强度下降或者消失的现象。与荧光物质分子相互作用而引起荧光强度下降的物质,称为荧光猝灭剂。

猝灭过程实际上是与发光过程相互竞争从而缩短发光分子激发态寿命的过程。猝灭过程可能发生于猝灭剂与荧光物质的激发态分子之间的相互作用,也可能发生于猝灭剂与荧光物质的基态分子之间的相互作用。前一种过程称为动态猝灭,后一种过程称为静态猝灭。在动态猝灭过程中,荧光物质的激发态分子通过与猝灭剂分子的碰撞作用,以能量转移的机制或电荷转移的机制丧失其激发能而返回基态。由此可见,动态猝灭的效率受荧光物质激发态分子的寿命和猝灭剂的浓度所控制。1-萘胺的蓝绿色荧光在碱性溶液中发生猝灭现

象,但它的吸收光谱并没有发生变化,这是动态猝灭的一个例子。静态猝灭的特征是猝灭剂与荧光物质分子在基态时发生配合反应,所产生的配合物通常是不发光的,即使配合物在激发态时可能离解而产生发光的型体,但激发态复合物的离解作用可能较慢,以致激发态复合物经由非辐射的途径衰变到基态的过程更为有效。另一方面,基发态配合物的生成也由于与荧光物质的基态分子竞争吸收激发光(内滤效应)而降低了荧光物质的荧光强度。吖啶黄溶液受核酸的猝灭便是静态猝灭的一个例子,核酸不但使吖啶黄溶液的荧光猝灭,且使溶液的吸收光谱显著地位移。在动态猝灭中,荧光的量子产率是由光反应的动力学控制,而在静态猝灭中,荧光的量子产率通常只受基态配合作用的热力学所控制。

众所周知的猝灭剂之一是分子氧,它能引起几乎所有的荧光物质产生不同程度的荧光猝灭现象。因此,在没有驱除溶解氧的情况下进行溶液的荧光测定,通常会降低测定的灵敏度。不过,由于除氧操作麻烦,故在可以在满足分析灵敏度要求的情况下,在一般的分析方法中往往免除了这一步骤。但是要获得可靠的荧光量子产率或荧光寿命的测量值,往往需要除去溶液中的溶解氧。胺类是大多数未取代芳烃的有效猝灭剂,卤素化合物、重金属离子以及硝基化合物等,也都是著名的荧光猝灭剂。卤素离子对于奎宁的荧光有显著的猝灭作用,但对某些物质的荧光并不发生猝灭作用,这表明猝灭剂和荧光物质之间的相互作用是有一定选择性的。综上所述,可以知道猝灭剂的存在对荧光分析有严重的影响,在荧光测定之前必须考虑猝灭剂的消除或分离问题。

2.4 影响荧光及荧光强度的因素

2.4.1 荧光与有机化合物分子结构的关系

荧光体的荧光(或磷光)发生于荧光体吸光之后,也就是说荧光体要发光首先要吸收光,即荧光体要有吸光的结构,它们大多为有机芳族化合物或与金属离子形成的配合物。这类化合物在紫外和可见光区的吸收光谱和发射光谱,都是由该化合物分子的价电子跃迁引起的。其中 $\pi^* \to \pi$ 是有机化合物产生荧光的主要跃迁类型。

已知的大量有机和无机物中,仅有小部分会发生强的荧光,它们的激发光谱、发射光谱和荧光强度都与它们的结构有密切的关系。要了解荧光与结构的关系,就必须了解分子的吸光类型,以及分子吸光后各个过程的竞争情况。当分子因吸光而被激发到电子激发态后,它可能以一系列的不同途径失去本身过剩的能量而返回电子基态,前已述及这些途径有:①发射荧光,②非辐射衰减(内转换),③光化学反应。这三者中哪个过程的速率常数最大,哪个过程即占主导地位。要使荧光体发强的荧光,则发射荧光过程的速率常数要大于另外两者。因此,强荧光物质往往具备如下特征:①具有大的共轭 π 键结构,②具有刚性的平面结构,③取代基团为给电子取代基。

(1) 共轭 π 键体系 发生荧光的物质,其分子都含有共轭双键体系。共扼体系越大,离域 π 电子越容易激发,荧光越容易产生。大部分荧光物质都具有芳环或杂环,芳环越大,其荧光峰越移向长波长方向,且荧光强度往往也较强,例如苯和萘的荧光位于紫外区,蒽位于蓝区,丁省位于绿区,戊省位于红区(表 2-1)。

表 2-1 几种线状多环芳烃的荧光

化合物	苯	萘	蒽	丁省	戊省
ϕ_F	0.11	0.29	0.46	0.60	0.52
λ_{ex}^{max}/nm	205	286	365	390	580
λ_{em}^{max}/nm	278	321	400	480	640

(2) 刚性平面结构 荧光效率高的荧光体,其分子多是平面构型且具有一定的刚性。例如荧光黄(亦称荧光素)呈平面构型,是强荧光物质,它在 0.1 mol/L NaOH 溶液中的荧光效率为 0.92。而酚酞没有氧桥,其分子不易保持平面,不是荧光物质。芴和联苯,在类似的条件下,前者的荧光效率接近于 1,而后者仅为 0.20。萘和维生素 A 都具有 5 个共轭 π 键,前者为平面结构,后者为非刚性结构,因而萘的荧光强度为维生素 A 的 5 倍。同样道理,偶氮苯不发荧光,而杂氮菲会发荧光。

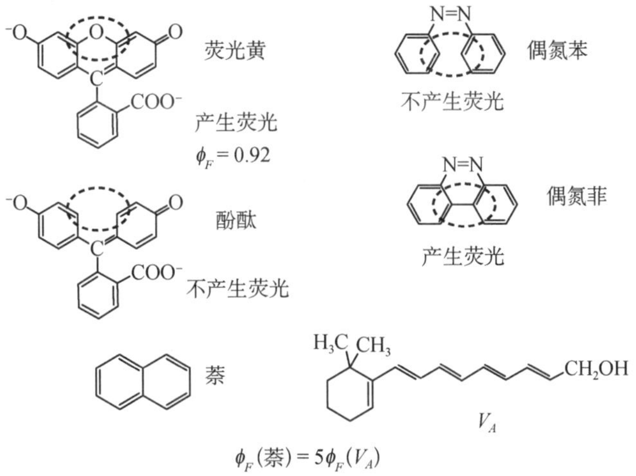

图 2-5 各种刚性平面结构的荧光性能

刚性平面结构的影响,也可以由有机配合剂与非过渡金属离子组成配合物时荧光大大加强、和取代基之间形成氢键从而加强分子刚性结构和增强荧光强度来得到说明。某些荧光体存在着异构体,其立体异构现象对它的荧光强度也有显著影响,因而其顺式和反式同分异构体具有不同的荧光强度。

(3) 取代基的影响 取代基(尤其是发色基团)的性质对荧光体的荧光特性和强度均有强烈的影响。芳烃和杂环化合物的荧光光谱和荧光产率常随取代基而变,取代基对荧光体的激发光谱、发射光谱和荧光效率的影响规律和机理分述如下:

① 给电子取代基加强荧光 属于这类基团的有—NH$_2$、—NHR、—NR$_2$、—OH、—OR、—CN,因为含这类基团的荧光体,其激发态常由环外的羟基或氨基上的 n 电子激发转移到环上而产生的。由于它们的 n 电子的电子云几乎与芳环上的 π 轨道平行,因而实际上它们共享了共轭 π 电子结构,同时扩大了其共轭双键体系。因此,这类化合物的吸收光谱

与发射光谱的波长，都比未被取代的芳族化合物的波长长，荧光效率也提高了许多（表2-2）。这类荧光体的跃迁特性不同于一般的 n→π* 跃迁，而接近于 π→π* 跃迁。

表 2-2 几种芳族化合物的荧光

化合物	苯	苯酚	苯胺	苯基氰	苯甲醚
λ_{max}^{em}/nm	278~310	285~365	310~405	280~390	285~345
相对荧光强度	10	18	20	20	20

② 得电子取代基减弱荧光　这类取代基取代的荧光体，其荧光强度一般都会减弱，而其磷光强度一般都会相应增强。属于这类取代基者有羰基（—C=O）、硝基（—NO$_2$）和重氮类。这类取代基也都含有 n 电子，然而其 n 电子的电子云并不与芳环上的 π 电子云共平面，不像给电子基团那样与芳环共享共轭 π 键和扩大其共轭 π 键。这类化合物的 n→π* 跃迁是属于禁戒跃迁，摩尔吸光系数很小（约为 10^2），最低激发单重态 S_1 为 n,π* 型，S_1→T_1 的系间穿越强烈，因而荧光强度都很弱，而磷光强度相应增强。例如二苯甲酮，其 S_1→T_1 的系间穿越产率接近 1，它在非酸性介质中的磷光很强。硝基苯的硝基对荧光体荧光抑制作用突出，不发荧光，其 S_1→T_1 的系间穿越产率为 0.6，但同时磷光也很弱。人们认为可能产生了比磷光速率更快的非辐射 T_1→S_0 的系间穿越或产生光化学反应，硝基苯的 S_1→S_0 非辐射跃迁的产率接近 0.4。

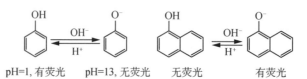

硝基苯：不产生荧光、弱磷光　　二苯甲酮：弱荧光、强磷光
　　　　　　　　　　　　　　　　S_1→T_1 的系间窜跃产率接近1

给电子基团或得电子基团的取代不仅影响到荧光体的荧光强度和波长，而且往往使荧光体的激发谱和发射谱中的精细振动结构丧失。

③ 电离效应对荧光发射的影响　当基团有未键合的 n 电子，它们容易与极性溶剂生成氢键。当取代基具有酸基或碱基时，则在酸、碱性介质中容易转化为相应的盐或质子化，例如酚类在碱性介质中转为酚盐，—OH 基转为—O$^-$ 离子，通常酚盐的荧光强度要比其共轭酸弱得多。胺类的—NH$_2$ 基在酸性介质中会质子化为—NH^{3+}，荧光强度也相应变弱。

pH=1,有荧光　　pH=13,无荧光　　无荧光　　有荧光

④ 取代基的位置　取代基位置和空间位阻对芳烃荧光的影响通常为邻位、对位取代者增强荧光；间位取代者抑制荧光；随着芳烃共轭体系的增大，取代基的影响相应减少；两种性质不同的取代基共存时，可能其中一个取代基起主导作用。例如，下式中当—SO$_3$ 处于间位时荧光被大大削弱。反式二苯乙烯是强荧光物质，而顺式二苯乙烯是非荧光物质。

$\phi_F = 0.75$ $\phi_F = 0.03$

反式二苯乙烯(强荧光物质)   顺式二苯乙烯(非荧光物质)

⑤ 重原子的取代效应 荧光体上有重原子取代之后,荧光减弱,而磷光往往相应增强。所谓重原子取代,一般指的是卤素(Cl、Br 和 I)取代,芳烃上卤素取代之后,其荧光强度随卤素原子量增加而减弱,而磷光通常相应地增强,这种效应统称为"重原子效应"。被解释为由于重原子的存在,使得荧光体中的电子自旋—轨道耦合作用加强、系间窜越显著增加,结果导致荧光强度减弱、磷光强度增加,表 2-3 说明了这种效应。

表 2-3   几种卤素取代化合物的荧光

化合物	萘	1-甲基萘	1-氟萘	1-氯萘	1-溴萘	1-碘萘
ϕ_P / ϕ_F	0.093	0.053	0.068	5.2	6.4	>1 000
λ_{max}^F/nm	315	318	316	319	320	~
λ_{max}^P/nm	470	476	473	483	484	488
τ_p/s	2.6	2.5	1.4	0.23	0.014	0.002 3

2.4.2 环境因素对荧光光谱和荧光强度的影响

虽然物质产生荧光的能力主要取决于其分子结构,然而环境因素尤其是介质对荧光可能产生强烈的影响。了解和利用环境因素的影响,有助于寻求提高荧光分析方法的灵敏度和选择性的途径。

(1) 溶剂性质的影响

同一种荧光体在不同的溶剂中,其荧光光谱的位置和强度可能发生显著的变化。由于溶液中溶质与溶剂分子之间存在着静电相互作用,而溶质分子的基态与激发态又具有不同的电子分布而具有不同的偶极矩和极化率,因此基态和激发态两者与溶剂分子之间的相互作用程度不同,这对荧光的光谱位置和强度有很大影响。

描述一般的溶剂效应对荧光光谱的影响,较常应用的是 Lippert 方程式。溶剂和荧光体间的相互作用影响了荧光体的基态和激发态之间的能量差,这一能量差的一级近似值用Lippert 方程式描述如下

$$\nu_a - \nu_f \cong \frac{2}{hc}\left(\frac{\varepsilon-1}{2\varepsilon+1} - \frac{n^2-1}{2n^2+1}\right)\frac{(\mu^*-\mu)^2}{a^3} + 常数 \tag{2-9}$$

式中：ν_a 和 ν_f 分别为吸收和发射的波数；h 为普朗克常量；c 为光速；ε 和 n 分别为溶剂的介电常数和折射率；μ^* 和 μ 分别为荧光体的电子激发态和基态的偶极矩；α 为荧光体居留的腔体的半径。

该近似计算式在没有羟基和其他能生成氢键的基团的溶剂中，能量损失的观测值与计算值之间有合理的相关性。

折射率 n 和介电常数 ε 对于斯托克斯（Stokes）位移的影响是相互对立的，增大 n 值将使能量损失减小，而 ε 值增大通常导致 $(\nu_a - \nu_f)$ 的值增大。由于折射率增大，溶剂分子内部电子的运动使荧光体的基态和激发态瞬时稳定，这种电子的重排导致基态和激发态之间的能量差减小。介电常数增大也将导致基态和激发态的稳定作用，不过，激发态的能量下降只发生于溶剂的偶极重新定向之后，这一过程需要整个溶剂分子发生运动，结果使得与介电常数有关的荧光体的基态和激发态稳定作用与时间有关，其速率与溶剂的温度及黏度有关。所以，在溶剂重新定向的时间范围内，激发态移到更低的能量。

式(2-9)中：括弧内的整项称为定向极化率，其中第一项 $(\varepsilon - 1)/(2\varepsilon + 1)$ 说明了由溶剂偶极的重新定向和溶剂分子中电子重排这两种因素所引起的光谱移动，第二项 $(n^2 - 1)/(2n^2 + 1)$ 说明电子重排所引起的光谱移动，这两项之差则说明了溶剂分子重新定向所引起的光谱移动。根据上述原理，由于溶剂分子内电子的重排发生于瞬间，该过程使基态和激发态两者被稳定的程度大致相同，因而对斯托克斯位移的影响较小，而溶剂分子的重新定向，则会导致较严重的斯托克斯位移。

（2）温度的影响

温度对于溶液的荧光强度有着显著的影响。通常，随着温度的降低，溶液的荧光量子产率和荧光强度将增大。图 2-6 列出了罗丹明 B 的甘油溶液与硫酸铀酰的硫酸溶液在不同温度下的荧光量子产率。硫酸铀酰的水溶液在其沸点时荧光消失殆尽，但它的吸收光谱及吸光能力并无多大改变。罗丹明 B 的甘油溶液在荧光量子产率随着温度升高而下降的过程中，它的吸收光谱和吸光能力并无多大改变。有些荧光物质在溶液的温度上升时不仅荧光量子产率下降，而且吸收光谱也发生显著变化，这表示在该情况下荧光量子产率的下降涉及分子结构的改变。

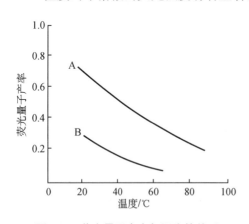

图 2-6　荧光量子产率与温度的关系

A. 罗丹明 B 的甘油溶液；B. 硫酸铀酰的硫酸溶液

当溶液中不存在猝灭剂时，荧光量子产率的大小与辐射过程及非辐射过程的相对速率有关。辐射过程的速率被认为不随温度而变，因此，荧光量子产率的变化反映了非辐射跃迁过程速率的改变。此外，随着溶液的温度上升，介质的黏度变小，从而增大了荧光分子与溶剂分子碰撞猝灭的机会。

在进行荧光测定时，由于荧光计光源的温度相当高，容易引起测定溶液的温度上升，加上分析过程中室温可能发生变化，从而导致荧光强度的变化，因而样品室四周的温度在测定过程中应尽可能保持恒定。

3 荧光光谱仪

荧光测量常用的仪器有滤光荧光计和荧光分光光度计两种,一般包括:激发光源、选择激发光波长用的滤光片或单色器、试样池、选择荧光发射波长用的滤光片或单色器、荧光检测器及显示记录装置等五个部分,图 2-7 是典型荧光分光光度计的构成图。

3.1 激发光源

通常使用氙灯和高压汞灯,也可使用各种类型的激光器,辐射波长应在紫外可见辐射区内。对光源的要求是发射强度足够且有稳定的连续光谱;光辐射强度随波长的变化小;有足够长的使用寿命。

3.2 试样室

通常是用石英制成的试样池,四面都应透光。为了防止入射光的干扰,荧光必须在与入射光成直角的方向上进行检测。

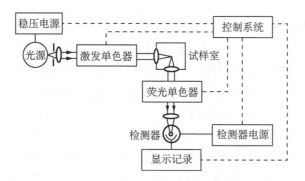

图 2-7 典型荧光分光光度计的构成

3.3 色散系统及滤光器

可使用干涉滤光片或使用光栅分光的单色器,有用于选择激发光波长的第一单色器,还有用于分离荧光波长的第二单色器。也有配置多单色器的仪器,可以获得三维荧光光谱。

3.4 检测器

一般使用光电管、光电倍增管或阵列检测器。对于极弱的荧光检测,还可使用光子计数装置。

3.5 荧光强度的测量

在仪器的光学设计上，激发光束与观察的荧光光束成直角，目的在于测量荧光强度时，减少被散射的入射光进入检测器。

荧光强度的测量往往采用选定的标准物与待测荧光的相对强度进行比较。这些荧光标准物有喹宁的硫酸溶液，色氨酸水溶液，蒽的环己烷、乙醇或苯溶液等。也有使用标准荧光玻璃片的。

4 荧光光谱的测定及在材料研究中的应用

4.1 无机元素/离子的测试

在紫外线或可见光照射下会直接发生荧光的无机化合物很少，所以直接应用无机化合物自身的荧光进行测定的为数不多。但借助无机元素/离子与其他有机试剂或者化合物的相互作用形成配合物，通过荧光的增强或者熄灭，能实现对待测无机元素/离子的检测。具体的检测方法有如下几种：

(1) 直接荧光测定法

无机化合物中的待测元素与有机试剂结合所组成的配合物在紫外线或可见光照射下如能发生荧光，则由荧光强度可以测定该元素的含量，这种方法称为直接荧光测定法。自从 1868 年发现桑色素与 Al^{3+} 离子的反应产物会发生荧光，并用以检出 Al^{3+} 离子以来，100 多年来用于荧光分析的有机试剂日益增多，可以采用有机试剂进行荧光分析的元素已近 70 种。其中较常见的有铍、铝、镓、硒、镁、锌、镉、铬及某些稀土元素等。例如硒的测定：其测定原理是将样品用 HNO_3 和 $HClO_4$ 湿式分解，硒被氧化成 H_2SeO_4，再加 HCl 加热，还原为 H_2SeO_3。在酸性溶液中 Se(Ⅳ) 与 2,3-二氨基萘发生特异反应，生成能发荧光的 4,5-苯并苯硒脑，用环己烷萃取后进行荧光测定。此方法灵敏度高，选择性好，是测定硒的国家标准分析方法。

有时候为了发展针对特定离子的检测，人们会去特定合成一种化合物，期望其与目标离子相互结合成为络合物，具有荧光特性。例如，对于环境中氟离子的检测，有人合成了一种化合物(图 2-8)，该化合物在 DMSO 溶液中随其中氟离子浓度的增加，发射的荧光强度越强(激发波长是 390 nm)，而对于其他负离子的加入荧光强度变化很小，据此可以判定该化合物可以用以检测氟离子。

(2) 荧光熄灭测定法

某些元素虽不与有机试剂结合生成会发生荧光的配合物，但可用荧光猝灭法进行测定。这些元素的离子从发生荧光的其他金属离子-有机试剂配合物中夺取该有机试剂以组成更为稳定的配合物，或夺取原配合物中的金属离子以组成难溶化合物，从而导致原溶液荧光强度的降低，由荧光强度降低的程度来测定该元素的含量。较常采用荧光猝灭法测定的元素

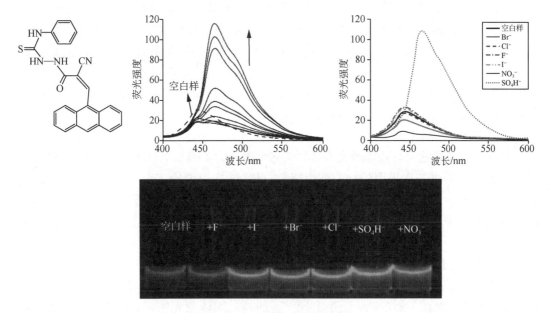

图 2-8 不同离子的荧光特性

有氟、硫、铁、银、钴、镍、铜、钼、钨、铬、钒、钯、硫和碘等。例如,研究发现在 pH=6.0~11 的磷酸盐缓冲溶液中,碘离子对荧光素汞的荧光具有熄灭作用。据此,结合流动注射技术,建立了碘离子的流动注射荧光分析方法,碘离子在 0.10~4.0 μg/L 质量浓度范围内具有良好的线性关系,检测下限为 75 μg/L。该方法用于海带中碘含量的测定,具有操作简单快捷、灵敏度高、选择性好的特点。

(3) 动力学荧光测定法

化学反应中的反应物或产物中如有荧光物质,随着反应的进行引起浓度的变化,而导致荧光强度的变化,以此建立起来的荧光分析法就叫做动力学荧光分析法。它的定量分析方法与动力学光度分析法相似。

例如 $Fe(\mathrm{III})$ 在 pH 为 3.4 时,1,4-二氨基-2,3-二氢蒽醌(A)与其发生氧化还原反应,产生深绿色的荧光产物(B),反应式为

$$Fe(\mathrm{III}) + H^+ + A \longrightarrow Fe(\mathrm{II}) + B$$

在一定条件下,荧光物 B 的荧光发射强度 $I_{F,B}$ 则有

$$I_{F,B} = \eta''[Fe(\mathrm{III})]t$$

式中:t 为时间;η'' 为比例常数。

只要通过测量系列标准浓度的 $Fe(\mathrm{III})$ 溶液的荧光发射强度随时间的变化曲线,由 $[Fe(\mathrm{III})]$ 对 $I_{F,B}/t$ 做图,即可得到工作曲线。

(4) 催化荧光测定法

某些反应的产物虽能发生荧光,但反应进行缓慢,荧光微弱,难以测定。若在某些金属离子的催化作用下,反应将加速进行,可由在给定的时间内所测得的荧光强度来测出金属离子的浓度。相反地,有些微量金属离子的存在,将促使荧光性物质转化为非荧光性物质或阻

止荧光性物质的生成,从而导致溶液荧光的猝灭。从在给定的时间内荧光强度的降低程度也可以测定该金属离子的浓度。铜、铍、铁、钴、锇、铱、银、金、锌、铝、钛、钒、钼、锰、铒、碘、过氧化氢和 CN^- 离子等都曾采用这种催化荧光法进行测定。例如在过氧化氢存在下,Mn^{2+} 离子对 2,3-二羟基萘与乙二胺生成 2,3-萘醌的反应具有催化作用,据此原理测定 Mn^{2+} 离子的检测限可达 3×10^{-12} g/mL。此外,在柠檬酸介质中,钒(V)催化过硫酸钾氧化靛蓝胭脂红而产生荧光,据此建立一种测定钒(V)的荧光分析方法。

(5) 低温荧光测定法

溶液温度的降低会显著地增大溶液的荧光强度。为了提高方法的灵敏度和选择性,可以采用低温荧光法。常采用的冷冻剂为液氮,可将试样溶液冷冻至 $-19\ ℃$。采用低温荧光法进行分析的元素有铬、铌、铀、碲和铅等。例如,以氮分子激光器作为激发光源,低温恒温器用液氮为冷冻剂,在 78～300 K 温度范围内测定了铀在氟化钙(CaF_2)基体中的荧光光谱。

(6) 固体荧光测定法

固体荧光测定法在荧光分析中也占有一定的位置。早在 1927 年就已采用 NaF 熔珠来检验铀的存在。此法灵敏度高,可测至 10^{-10} g 的铀。固体荧光法还常用于铈、钐、铕、铽等稀土元素及钠、钾、锑、钒、铅、铋、铌和锰等元素的测定。例如,科研人员使用固体荧光法分析环境中的微量铀。其原理为铀属锕系元素,能以其自身发射的 α、β、γ 射线激发而产生荧光,在紫外光作用下荧光强度最强。其中四价和五价铀都不具有荧光,只有六价铀中 $UO_2^{2+}\cdot nH_2O$ 具有荧光,因此用紫外光激发 UO_2^{2+} 化合物时会产生特征性荧光。因此将铀熔融在不发光的氟化钠上,由于 UO_2^{2+} 的活化作用在紫外光作用下产生荧光。当紫外光强度一定时,荧光强度与铀的含量成正比。通过荧光强度之测定可测量铀含量。

表 2-4　　几种无机物的荧光测定法

离子	试剂	波长/nm		检出限/μg·cm^{-3}
		吸收	荧光	
Al^{3+}	石榴茜素 R	470	500	0.007
F^-	石榴茜素 R-Al 配合物	470	500	0.001
$B_2O_7^{2-}$	二苯乙醇酮	370	450	0.04
Cd^{2+}	2-(邻-羟基苯)-间氮杂氧	365	蓝色	2
Li^+	8-羟基喹啉	370	580	0.2
Sn^{4+}	黄酮醇	400	470	0.008
Zn^{2+}	二苯乙醇酮	—	绿色	10

4.2　有机化合物的测试

由于荧光分析的高灵敏度、高选择性,它在材料分析、医学检验、卫生检验、药物分析、环境检测及食品分析等方面有广泛的应用。

脂肪族有机化合物的分子结构较为简单,会发生荧光的为数不多。但也有许多脂肪族有机化合物与某些有机试剂反应后生成的产物在不同波长的光线照射下会发生荧光,可用于它们的测定。芳香族有机化合物因其具有共轭的不饱和体系,易于吸光,其中分子庞大而结构复杂者在不同波长光线的照射下多能发生荧光,例如多环胺类、萘酚类、嘌呤类、吲哚类、多环芳烃类。有时为了提高测定方法的灵敏度和选择性,常使弱荧光性的芳族化合物经与某种有机试剂作用从而获得强荧光性的产物,然后进行测定。例如降肾上腺素经与甲醛缩合而得到一种强荧光性产物,然后采用荧光显微镜法可以检测出组织切片中含量低至 10^{-17} g 的降肾上腺素。在医药领域,药物在使用过程的的含量监测十分重要。赖诺普利(LNP)是一种非巯基长效血管紧张素转换酶抑制剂,不仅可以平稳、持久降压,还可以降低心脏负担,缓解心衰症状,是临床上治疗原发性高血压的药物。但用药过量,也会带来严重的副作用,因此对 LNP 含量的检测十分重要。在紫外可见光辐射下,LNP 自身的激发和发射强度的峰值均很低(图 2-9 中曲线 1 和 1′),难以直接进行定量分析。但当使用玫瑰精 B(RHOB,一种碱性染料),在 RHOB 的弱碱性溶液里加入不同浓度的 LNP 时,体系的荧光强度随 LNP 浓度的增大而线性增强(图 2-9 中曲线 3~8),故该体系可以用来对 LNP 进行定量分析。其中的机理可以认为是因为 RHOB 是一种碱性染料,它在溶液中以阳离子的形式存在,而 LNP 分子结构中含有 2 个羧酸根离子,两者可以通过静电作用结合生成离子缔合物,该缔合物具有强的荧光性能。

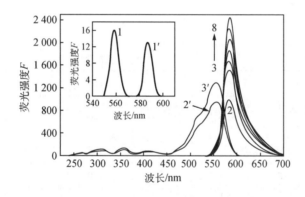

图 2-9 玫瑰精 B 于 LNP 体系的激发和发射光谱(荧光光谱)

曲线 1,1′—0.406 mg/L LNP;2,2′—2.0 mg/L RHOB;曲线 3~8 为在
RHOB 中添加不同浓度的 LNP,分别是 0、0.4、0.8、1.2、1.6、2.1 mg/L

又如食品中 VB_2(核黄素)的测定,其测定原理是 VB_2 在 440~500 nm 波长的光照射下,发出黄绿色荧光,在波长 525 nm 下测定其荧光强度,在稀溶液中其荧光强度与 VB_2 的浓度成正比。为消除试样中共存荧光杂质的干扰,可在测定过荧光强度的溶液中加入二亚硫酸钠($Na_2S_2O_4$),将 VB_2 还原为无荧光的物质,然后再测定试样中残余的荧光杂质的荧光强度,两者之差即为食品中 VB_2 的荧光强度。该方法被作为食品分析的国家标准分析方法。

在医疗领域荧光光谱更是发挥着重要的作用。研究人员使用荧光光谱检测利福平与人血清蛋白质之间的相互作用。人血清白蛋白相对分子质量为 66 500,它是通过一条或多条氨基酸首尾相连的肽键共价连接而成的,多肽链都有自己特定的氨基酸序列。蛋白质的荧光主要来源于芳香氨基酸的芳香环的发光,这种大分子的发光可以看成是相应的内在的发光。它代表氨基酸发色团的总贡献,也就是色氨酸、酪氨酸、苯丙氨酸及其衍生物发光的总贡献,因此可以运用荧光光谱技术探索色氨酸的微环境以及蛋白质分子构象的改变。此外,科研人员使用有机荧光探针技术来识别细胞内的金属离子。金属离子广泛存在于组织细胞和体液中,在人体的生理和病理中发挥着十分重要的作用。金属离子的浓度必须精确控制在一定的范围内,某些离子浓度的微弱变化都将引发人体的疾病。由于细胞是生命活动的基本单位,因此研究各种金属离子对生物体的影响,通过对活体细胞内金属离子的荧光显微成像进行细胞内离子的可视化定量和定性分析引起了人们的极大关注。有研究者合成了一种新型的双光子生物荧光探针苯并色烯衍生物,可以检测细胞或者组织内游离状态的 Mg^{2+},在 880 nm 波长的激光激发下可以发射出强的双光子激发荧光,而且有很高的光稳定性,能够高选择性地识别 Mg^{2+} 离子,不受 Ca^{2+} 的干扰,探针对细胞内 Mg^{2+} 离子的双光子解离常数为 2.5 mmol/L。此外,探针可以穿透几百微米厚的活体组织而检测过量的自由 Mg^{2+} 离子。

表 2-5　　　　　　　　　几种有机化合物的荧光测定法

待测物	试剂	λ_{max}^{ex}	λ_{max}^{em}	测定范围 $\times 10^{-6}$
丙三醇	苯胺	紫外	蓝色	0.1~2
糠醛	蒽酮	465	505	1.5~15
氨基酸	氧化酶	315	425	0.01~50
维生素 A	无水乙醇	345	490	0~20
蛋白质	曙红丫	紫外	540	0.06~6
肾上腺素	乙二胺	420	525	0.001~0.02
青霉素	α-甲氧基-6-氯-9-(β-氨乙基)-氨基氮杂蒽	420	500	0.062 5~0.625
玻璃酸梅	3-乙酰氧基吲哚	395	470	0.001~0.033
胍基丁胺	邻苯二醛	365	470	0.05~5
四氧嘧啶	苯二胺	365	485	10^{-4}

5　磷光光谱分析

磷光产生的机理与荧光有所不同,其主要特点为:

(1) 磷光的寿命要比荧光长　因为磷光的发射是激发三重态 T_1 到 S_0 的跃迁,它属自旋禁阻跃迁,速率常数要小得多,因此寿命较长,在 10^{-3}~10 s。为了获得较强的磷光,在分析中,必须考虑增大试样的刚性,例如采用在低温下测定、将试样固定在载体上、使试样形成分子缔合物等方法。

(2) 重原子和顺磁性离子的存在对磷光的寿命和辐射强度的影响极其敏感　它们的存在,促进了 S_1 到 T_1 的体系间跨越,使磷光增强。因此,在分析中常采用含有重原子的溶剂

（如碘乙烷、溴乙烷），也使用银盐、铅盐等重原子盐类以及顺磁性离子。

5.1　磷光强度同溶液浓度的函数关系

磷光的量子产率和 ϕ_p 可以表达为

$$\phi_p = \phi_{ST} \times \frac{k_p}{k_p + \sum k_j} \tag{2-10}$$

式中：k_p 为磷光发射的跃迁速率常数；$\sum k_j$ 为与磷光过程相竞争的，从 T_1 态发生的全部单分子非辐射去活化过程速率常数之和；ϕ_{ST} 为 $S_1 \rightarrow T_1$ 体系间跨越的效率。有

$$\phi_{ST} = \frac{k_{ST}}{k_{ST} + k_F + \sum k_i} \tag{2-11}$$

式中：k_{ST} 为 $S_1 \rightarrow T_1$ 的跃迁速率常数；k_F 为 $S_1 \rightarrow S_0$ 的荧光发射的速率常数；$\sum k_i$ 为除 k_{ST} 外的单重激发态 S_1 非辐射去活化过程速率常数之和。

磷光强度 I_p，同荧光强度 I_F 一样，与浓度 c 具有相似的表达式，当磷光物质在低浓度时有

$$I_p = 2.3\phi_p I_0 \varepsilon bc \tag{2-12}$$

当 I_0、b 不变时，令 $2.3\phi_p I_0 \varepsilon b = K_p$，得

$$I_p = K_p c \tag{2-13}$$

5.2　磷光的测量

测量磷光的仪器与荧光分析仪器基本相似，称为磷光光度计，只需要在荧光分析仪上附加一个机械切光器，把磷光与光源的散射光及衰变较快的荧光分离开来。机械切光器有两种结构即转筒式和转盘式，如图 2-10 所示。调节转筒式磷光计转速，使磷光计的孔在荧光已消失（荧光寿命短），而磷光仍在发射时正对荧光单色器狭缝，此时仅接收到磷光发射的信号。通过控制圆筒旋转速度，还可测出不同寿命的磷光。转盘式结构的原理与转筒式相似。

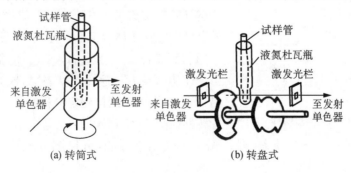

图 2-10　磷光计的两种形式

除了机械切光器外,磷光计还需要一个充有液氮的石英杜瓦瓶,因为磷光的测量一般是在低温下进行的,被测量试样需盛放于直径为 1 mm 的石英管内,使用 EPA 混合溶剂(二乙醚：异戊烷：乙醇为 5∶5∶2),并放入充有液氮的石英杜瓦瓶中。

5.3 磷光分析方法及其应用

5.3.1 光分析法

前已述及,为了减少非辐射跃迁对磷光发射的影响,磷光分析采用在低温下测量。磷光分析已逐渐成为稠环芳烃和石油产物及环境监测分析的重要手段。此外,低温磷光法还用于分析 DDT 等 52 种农药及生物碱、植物生物激素等。同时还广泛地应用于生物体液中痕量药物的分析,例如用于人体血液中的阿司匹林、普鲁卡因、苯巴比妥、可卡因、磺胺等药物及维生素 K_1、K_2、B_1 和 E 等的测定。

经研究发现,室温下吸附于固体表面的有机化合物会发射磷光,在此基础上,室温下的磷光分析有了较大的发展。

(1) 固体表面的室温磷光分析　其方法是用滤纸、硅胶、氧化铝、硅橡胶、石棉、玻璃纤维、乙酸钠、溴化钾、纤维素、淀粉、蔗糖、表面吸附着无机盐类的塑料板等作为载体,将磷光化合物牢固地束缚在载体上,增加了磷光分子的刚性,减少了失活。

室温磷光分析法已作为稠环芳烃和杂环化合物的快速灵敏分析手段。此法已用于测定合成燃料、空气尘粒和煤液化试样中的稠环芳烃。室温磷光分析法在药物和生物物质分析方面已有:腺嘌呤、鸟嘌呤、对—氨基苯甲酸及盐酸柯卡因、色氨酸、酪氨酸、色氨酸甲酯等的测定方法。近年来,用固体表面室温磷光法检测杀鼠灵、蝇毒磷、萘乙酸、草萘胺等 10 余种农药或植物生长激素,也取得了进展。

(2) 胶束稳定溶液的室温磷光分析　利用含重原子溶剂加入表面活性剂或环糊精大分子,使得磷光基团结合进入所形成的胶束中或环糊精大分子中,减少了磷光分子因热运动碰撞失活,使磷光发射增强,同时与通氮气除氧等手段相结合,就能在室温下进行溶液测定。如含有表面活性剂十二烷基磺酸钠中,加入重原子离子 Tl(I),用化学法除氧后,可测量到萘、芘、联苯等物质的室温磷光,其检出限为 $10^{-6} \sim 10^{-7}$ mol/L。

(3) 敏化溶液的室温磷光分析　被分析物质分子受激发后,并不发射荧光,而经体系间跨越到其三重态 D＊(T_1),成为能量供体(D),此时如有某种能量受体物质(A)存在时,发生分析物质 D＊(T_1)到受体的三重态 A＊(T_1)的能量转移,最后当受体从 A＊(T_1)返回到基态 A(S_0)时就发射出室温磷光,从而可以间接测定分析物质 D 的含量。其能量转移如图 2-11 所示。

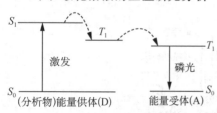

图 2-11　敏化磷光能量转移

常用的受体有 1,4-二溴萘、联乙酰等。使用该方法,可检测低至 10^{-9} mol/L 的可卡因。

5.3.2 磷光分析法的应用

磷光分析法与荧光分析法相类似,在医药、农药、食品、生化、环境及材料等各个领域得到了广泛的应用。并与荧光法互相补充,成为痕量有机物分析的重要手段。除了直接在低温、室温下测定外,还可以与色谱分析相结合。其主要应用有稠环芳烃和石油产物的分析,已应用于测定合成燃料、空气尘粒和煤液化试样中的稠环芳烃;农药、生物碱和植物生长激素的分析,低温磷光法已可用于分析 50 多种农药,以及许多种生物碱和植物生物激素;生物体液中痕量药物的分析,例如血清、血浆中测定阿斯匹林、普鲁卡因、苯巴比妥、可卡因、磺胺类药物、维生素等。在生物活性物质分析、表征细胞核组分、研究蛋白质结构等方面的应用也有着广阔的前景。表 2-6 给出了某些多环芳烃的室温磷光分析的检出限。

表 2-6 　　　　　　　　　　　　某些多环芳烃的室温磷光分析

化合物	激发波长/nm	发射波长/nm	加入重原子	检出限/ng
吖啶	360	640	$Pb(Ac)_2$	0.4
苯并(a)芘	395	698	$Pb(Ac)_2$	0.5
苯并(e)芘	335	545	CsI	0.01
2,3-苯并芴	343	505	NaI	0.028
咔唑	296	415	CsI	0.005
蒀	330	518	NaI	0.03
1,2,3,4-二苯并蒽	295	567	CsI	0.08
1,2,5,6-二苯并蒽	305	555	NaI	0.005
1,3H-二苯并(a,i)咔唑	295	475	NaI	0.002
荧蒽	365	545	$Pb(Ac)_2$	0.05
芴	270	428	CsI	0.2
1-萘酚	310	530	NaI	0.03
芘	343	595	$Pb(Ac)_2$	0.1

复习要点

分子发光的基本原理(激发态与去活化过程),荧光和磷光的区别,激发光谱与发射光谱,荧光光谱的特征,荧光强度、量子产率;荧光(磷光)光谱的强度及其影响因素,结构因素(共轭、刚性结构、取代基等),环境因素(溶剂、温度)。荧光光谱的测定与应用。

参考文献

[1] 陈国珍. 荧光分析法[M]. 北京:科学出版社,1990.

[2] Wehry E L. Modern Fluorescence Spectroscopy[M]. New York:Plenum Fross, 1976.

［3］ Wehry E L. Modern Fluorescence Spectroscopy［M］. New York：Plenum Press，1981.

［4］ Wolfbeis O S. Fluorescence Spectroscopy：New Methods and Applications［M］. Berlin Heidelberg：Springer-Verlag，1993.

［5］ Lakowicz J R. Principles of Fluorescence Spectroscopy［M］. New York：Plenum Press，1999.

［6］ 许金钩，王尊本. 荧光分析法［M］. 北京：科学出版社，2006.

［7］ Lakowicz J R. Principles of Fluorescence Spcctroscopty［M］. New York：Plenum Press，1983.

［8］ 陈国珍. 紫外-可见光分光光度法［M］. 北京：北京原子能出版社，1983.

［9］ 杨丙成，关亚风，黄威东，等. 一种便携式激光诱导荧光检测器的研制［J］. 分析试验室，2001（06）：96-99.

［10］ 杨梅，侯冬岩，刘衣南. 流动注射荧光熄灭分析法测定碘离子［J］. 鞍山师范学院学报，2003（6）：65-67.

［11］ 聂德菊，班燕菊，管小硼，等. 钒-过硫酸钾-靛蓝胭脂红催化荧光法测定痕量钒［J］. 山东化工，2021，50（16）：134-136.

［12］ 郑企克，王志麟，刘先年，等. 铀（Ⅵ）在氟化钙基体中的低温荧光光谱［J］. 核化学与放射化学，1984（1）：44.

［13］ 文世苏. 固体荧光法分析环境中微量铀［J］. 安徽预防医学杂志，1999（2）：47-49.

［14］ 陈晓波，康栋国，李崧，等. 利福平与人血清白蛋白作用的荧光光谱［J］. 光谱学与光谱分析，2006（4）：674-677.

［15］ 张普敦，任吉存. 荧光相关光谱及其在单分子检测中的应用进展［J］. 分析化学，2005（6）：875-880.

［16］ 范伟贞，马杰，陈建平，等. 识别细胞内金属离子的有机荧光探针研究进展［J］. 化学试剂，2012，34（8）：673-684.

［17］ 何树华，冉金凤，王润莲，等. 玫瑰精B与赖诺普利相互作用及其荧光光谱分析与应用［J］. 现代化工，2019，39（2）：235-237.

第三章
红外吸收光谱

1　概述

电磁波包括波长在 $10^{-12} \sim 10^6$ cm 之间的多种类型的波,红外线、紫外线、可见光都是电磁波。红外线的波长介于可见光和微波之间,一般指波长在 $0.75 \sim 1\,000$ μm 的电磁波,又把其中波长 $0.75 \sim 2.5$ μm 的称为近红外,$2.5 \sim 25$ μm 的称为中红外,$25 \sim 1\,000$ μm 的称为远红外。

红外吸收光谱与紫外吸收光谱一样是一种分子吸收光谱。红外光的能量比紫外光低,当红外光照射材料时不足以引起其分子中价电子能级的迁跃,而能引起分子振动能级和转动能级的跃迁,所以红外光谱又称作分子振动光谱。

分子的能级包括电子能级、振动能级、转动能级等,每种能级又对应一定的基能级和一系列激发能级,分别称为基态和激发态。电子能级的能级差最大,一般在 $1 \sim 20$ eV,所以电子能级跃迁需要在紫外或可见光的辐照下;振动能级之差一般是 $0.05 \sim 1$ eV,能级跃迁所吸收的辐射能在中红外区;转动能级差较小,在 $0.001 \sim 0.05$ eV,转动能级所吸收的辐射能一般在远红外和微波区。

由于电子能级跃迁所需的能量远较振动和转动能级跃迁所需的能量大,当发生电子能级跃迁时伴随振动—转动能级的改变,因而实际测得的电子光谱也包括了分子的振动—转动光谱,而振动光谱中也包括了转动光谱。这种现象的直观结果为紫外可见光谱的吸收谱带最宽,红外光谱的吸收谱带较宽,而转动光谱的吸收谱带较尖锐。

实验结果和量子力学理论都证明分子振动时只有瞬间偶极矩改变的那些振动才能在红外光谱中观察到,结合分子的能级是量子化的,所以当组成物质的分子中某个基团的振动频率和红外光的频率相同时,该基团就有可能吸收相应频率的电磁波获得能量,从原来的基态振动能级跃迁到能量较高的激发态振动能级。此也称为红外吸收光谱的选律。

将组成物质分子吸收红外光的情况检测后用仪器记录下来,就得到红外吸收光谱图。红外吸收光谱图多用透光率 $T(\%)$ 表示吸收强度,在图谱中作为纵坐标,透光率的定义与第一章紫外吸收光谱所述定义一致,即 $T(\%) = (I/I_0)\%$,其中 I_0 是入射光强度,I 是透过光强度,透光率愈大表明对光的吸收越小。也可以用吸光度(A)表示对光的吸收程度,吸光度的定义第一章也已给出,即 $A = -\lg T = -\lg(I/I_0)$,吸光度越大表明对光的吸收越强,对应的透光率越小。红外光谱图的横坐标常用波数(cm^{-1})表示吸收峰的位置,波数与波长的关系是:波数(cm^{-1}) $= 10^4/$波长(μm)。

红外光谱图是红外吸收光谱最常用的表示方法,它通过吸收峰的位置、相对强度以及峰的形状提供所测材料组成的结构信息,其中以吸收峰的位置最为重要。图 3-1 是典型的分别用透光率和吸光度作为纵坐标的红外吸收光谱图。

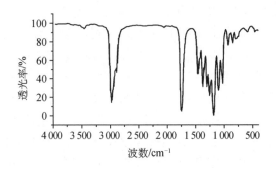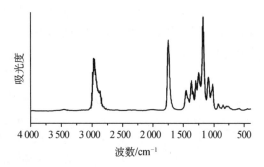

图 3-1　红外吸收光谱图

2　红外吸收光谱的基本原理

2.1　红外光谱产生的基本条件

前已述及,电磁波照射物质,当满足电磁波的能量与分子基团振动的某能级差相等时,该频率电磁波可被吸收,从而引起对应振动能级的跃迁。所以用红外光照射样品物质时,只要符合下述条件[式(3-1)],就可能引起样品中一些分子基团振动能级的跃迁。

$$E_{\text{红外光}} = \Delta E_{\text{分子振动}} \tag{3-1}$$

这就是红外吸收光谱产生的第一个条件,这个条件也可从另一个角度来表述,即

$$\upsilon_{\text{红外光}} = \upsilon_{\text{分子振动}} \tag{3-2}$$

式中:υ 为频率。

物质处于基态时,组成物质分子的各个原子在自身平衡位置附近作微小振动。当红外光的频率正好等于其中某些振动频率时,该振动对应的原子基团就会吸收能量,从基态跃迁到较高的振动能级,即表现出振幅增大。

红外吸收光谱产生的第二个条件是红外光与分子之间有耦合作用,为了满足这个条件,分子振动时其偶极矩(μ)必须发生变化,即 $\Delta\mu \neq 0$。

分子的偶极矩是分子中正、负电荷中心的距离(r)与所带电荷(δ)的乘积,它是分子极性大小的一种表示方法。

$$\mu = \delta r \tag{3-3}$$

图 3-2 以 H_2O 和 CO_2 分子为例具体说明偶极矩的概念。H_2O 是极性分子,正、负电荷中心距离为 r。分子振动时,r 随着化学键的伸长或缩短而变化,μ 随之变化,即 $\Delta\mu \neq 0$。CO_2 是一个非极性分子,正、负电荷中心重叠在 C 原子上(正负电荷中心应在两个氧原子的连线中心),$r=0$,所以有 $\mu =$

$$\underset{\delta^-}{\overset{\delta^+ \text{------} \delta^+}{H \qquad H}} \qquad \overset{\delta^-}{O} = \overset{\delta^+}{C} = \overset{\delta^-}{O}$$

图 3-2　H_2O 和 CO_2 的偶极矩

0。发生振动时,如果两个化学键同时伸长或缩短,则 r 始终为 0,$\Delta\mu = 0$;如果是不对称的振动,即在一个键伸长的同时,另一个键缩短,则正、负电荷中心不再重叠,r 随振动过程发生变化,所以 $\Delta\mu \neq 0$。

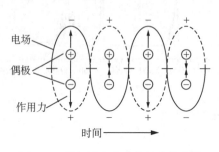

图 3-3 偶极子在交变电场中的作用

红外光谱产生的第二个条件,实际上是保证红外光的能量能传递给分子,这种能量的传递通过分子振动偶极矩的变化来实现。电磁辐射(在此是红外光)的电场作周期性变化,处在电磁辐射中的分子中的偶极子经受交替的作用力而使偶极矩增加或减小(图 3-3)。由于偶极子具有一定的原有振动频率,只有当辐射频率与偶极子频率相匹配时,分子才与电磁波发生相互作用(振动耦合)而增加它的振动能,使振动振幅加大,即分子由原来的基态振动跃迁到较高的振动能级。可见,并非所用的振动都会产生红外吸收,只有发生偶极矩变化($\Delta\mu \neq 0$)的振动才能引起可观测的红外吸收谱带,称这种振动为红外活性的,反之则称为非红外活性的。所以上面提到的 CO_2 不对称伸缩振动是红外活性的,对称伸缩振动是非红外活性的。

另外,由于能级跃迁有一定的选律,当振动量子数变化($\Delta\upsilon$)为 ± 1 时,跃迁几率最大。常温条件下绝大部分分子处于基态(振动量子数 $\upsilon=0$),因此它们吸收红外光能量后跃迁到第一振动激发态(振动量子数 $\upsilon=1$)是最大概率,即是最重要的跃迁,产生的吸收频率称为基频,红外光谱中出现的绝大部分吸收峰是基频峰。由振动能级的基态跃迁到第二,甚至第三激发态虽然也能发生,但几率很小,产生的吸收称为倍频。

2.2 分子的振动能级

最简单的分子是双原子分子,在理论上理解了双原子分子的振动光谱,就可以把多原子分子看成是双原子的集合而加以讨论。

为了便于理解和讨论,忽略分子的转动,并把双原子分子看成是一个谐振子,即把两个原子看成质量为 m_1 与 m_2 的两个质点,其间的化学键看成是无质量的弹簧,当该双原子分子吸收红外光时,两个原子将在连接的轴线上作振动,就如谐振子所做的简谐振动(图 3-4)。

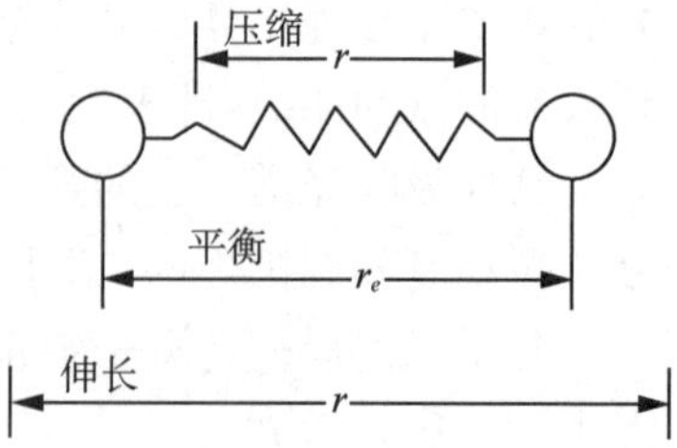

在弹簧伸长或受压缩时产生一线性恢复力 f,这力与两个质点间的平衡距离 r_e 的位移 Δr 成正比,即:

图 3-4 双原子分子的振动

$$f = -K \Delta r$$

式中:K 为弹性系数,即化学键的力常数;负号表示力与位移的方向相反。

根据简谐振动的定义和力学中的力、质量以及加速度之间的关系($f=ma$),可利用下列微分方程表示:

$$m \frac{d^2(\Delta r)}{dt^2} = -K \Delta r \tag{3-4}$$

简谐振动中质点的位移被考虑为匀速圆周运动在其直径上的投影,因而与时间的关系可用式(3-5)表示:

$$\Delta r = A \cos 2\pi \upsilon t \tag{3-5}$$

式中:υ 为振动频率;A 为投影常数。

$$\frac{d^2(\Delta r)}{dt^2} = -4\pi^2 \upsilon^2 A \cos 2\pi \upsilon t \tag{3-6}$$

将式(3-5)及式(3-6)代入式(3-4)得

$$4\pi^2 \upsilon^2 m = K, \text{故有} \ \upsilon = \frac{1}{2\pi}\sqrt{\frac{K}{m}} \tag{3-7}$$

如果频率用波数单位,则式(3-7)变为

$$\sigma = \frac{1}{2\pi C}\sqrt{\frac{K}{m}} \tag{3-8}$$

式中:C 为光速(3×10^{10} cm/s);σ 为波数(cm^{-1});m 为分子的折合质量(g);K 为化学键力常数(N/cm)。

对双原子分子来说其折合质量 m 为

$$m = \frac{1}{\frac{1}{m_1} + \frac{1}{m_2}} = \frac{m_1 \times m_2}{m_1 + m_2} \tag{3-9}$$

如果知道原子质量和化学键力常数 K,就可以用式(3-7)或式(3-8)求出简谐振动的双原子分子的伸缩振动频率。反之,由振动光谱的振动频率也可以求出化学键力常数 K。

多原子分子振动比双原子分子振动要复杂得多。双原子分子只有一种振动方式(伸缩振动);而多原子分子随原子数目增加,振动方式也越复杂,可以出现一个以上基本振动吸收峰。但在多原子基团中仍可以用式(3-8)粗略地计算多原子分子基团中双原子的振动频率。

举例说明:先将式(3-8)化简,根据两原子的折合质量 m 与相对原子质量 M 之间的关系($M = m \cdot N$),N 为阿伏加德罗常数 $= 6.022 \times 10^{23}$,同时将 $C = 3 \times 10^{10}$ cm/s 代入,化简式(3-8)得

$$\sigma = 4.12\sqrt{\frac{K}{m}} \tag{3-10}$$

例 3-1 计算碳氢化合物中 C—H 键的伸缩振动频率,已知 $K = 5 \times 10^5$ dyn/cm。

先计算 m,$m = \frac{m_1 m_2}{m_1 + m_2} = \frac{12}{13} = 0.923$,将上述 K 和 m 代入式(3-10),则

$$\sigma = 4.12\sqrt{\frac{5\times10^5}{0.923}} = 3\,032\ \text{cm}^{-1}$$

实际上脂肪族化合物中的甲基吸收的伸缩振动频率为 $2\,962\ \text{cm}^{-1}$（反对称）和 $2\,872\ \text{cm}^{-1}$（对称），而烯烃或芳香族中的 C—H 键伸缩振动频率在 $3\,030\ \text{cm}^{-1}$ 附近。

例 3-2　计算 C=O 双键的伸缩振动频率，已知 $K = 12\times10^5\ \text{dyn/cm}$。

计算 m，$m = \dfrac{m_1 m_2}{m_1 + m_2} = \dfrac{12\times16}{12+16} = 6.86$，将 K 和 m 代入式（3-10）

$$\sigma = 4.12\sqrt{\frac{12\times10^5}{6.86}} = 1\,723\ \text{cm}^{-1}$$

羰基化合物实际伸缩振动频率：酮基 $1\,715\ \text{cm}^{-1}$，醛基 $1\,725\ \text{cm}^{-1}$，羧基 $1\,760\ \text{cm}^{-1}$。

2.3　振动类型及表示方法

分子的振动形式可以分为两大类：伸缩振动和弯曲振动（也称变形振动）。前者是指原子沿着键轴方向往复运动，振动过程中键长发生变化；后者是指原子垂直于化学键方向的运动。根据振动时原子所处的相对位置，还可以将这两种振动形式分为不同的类型。同一基团的不同振动形式，振动频率也有所不同。图 3-4 列出了亚甲基（CH_2）的各种振动形式和相应的振动频率。

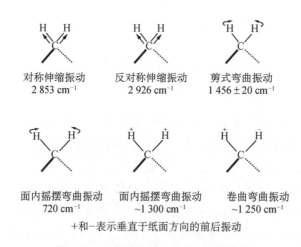

+和−表示垂直于纸面方向的前后振动

图 3-5　亚甲基的振动方式及振动频率

一个双原子分子只有对称伸缩振动一种振动形式，而从图 3-5 可以看到一个 CH_2 就有 6 种不同的振动形式。对于一个多原子的有机化合物来说，可以想象其振动方式之多，可以用统计方法计算多原子分子的振动形式数目。确定一个原子在空间的位置需要三个坐标，对于 n 个原子组成的分子，要确定其空间位置需要 $3n$ 个坐标，分子有 $3n$ 个自由度，当所有原子同时朝一个方向运动时，分子并不发生振动而是平移，所以分子有三个平移的自由度。与此类似，非线性分子还有三个转动自由度，线性分子只有两个转动自由度。由此可见非线性分子有 $3n-6$ 个振动自由度，即有 $3n-6$ 个基本振动，而线性分子有 $3n-5$ 个基本振动。

从理论上说每一个基本振动都能吸收与其频率相同的红外光,在红外图谱对应的位置上出现一个吸收峰。但实际上因为有一些振动发生时没有偶极矩变化,是非红外活性的;另外有一些不同振动的频率相同,发生简并;有一些频率十分接近,仪器无法将它们分辨;还有一些振动频率超出仪器可检测的范围。所有这些使得红外图谱中的吸收峰大大低于理论值。

实际工作查阅文献时经常遇到各种缩写符号,它们代表各种振动类型、吸收谱带强度以及谱带形状等性能,归纳如下:

ν:伸缩振动(其中 ν_s 表示对称伸缩振动,ν_{as} 表示反对称伸缩振动);δ:变形振动(其中 δ_s 为对称变形振动,δ_{as} 为反对称变形振动);β:面内变形振动;γ:面外变形振动;r:面内摇摆振动(或用 β 表示);ω:面外摇摆振动(或用 γ 表示);t:扭曲振动;τ:扭曲转动;b:呼吸振动;p:折叠振动。另外用 s(strong)表示强的、m(medium)表示中等的、w(weak)表示弱的吸收。例如 $\nu_{as}CH_3$:2 960 cm^{-1}(s)表示甲基基团的反对称伸缩振动,吸收频率为 2 960 cm^{-1},并且是强吸收谱带。再比如 $\delta_{as}CH_3$:1 380 cm^{-1}(m)表示甲基基团的对称变形振动,其吸收频率 1 380 cm^{-1},是中等强度吸收谱带。

在红外光谱中,除上述基本振动产生的基本频率吸收峰之外,还有一些其他振动吸收峰存在,它们是倍频、组合频、振动耦合、费米共振等,分述如下:

倍频:它是分子吸收红外光后,由振动能级基态跃迁到第二、第三激发态时所产生的吸收峰,由于振动能级间隔不是等距离的,所以倍频不是基频的整数倍。例如在异丙基乙基酮中,在 3 408 cm^{-1} 处的吸收峰是 1 713 cm^{-1} 的倍频峰,见图 3-7。

组合频:所谓的组合频是一种频率的红外光,同时被两个振动所吸收,即光的能量用于两种振动能级的跃迁,发生的几率很小,在谱图中均显示为弱峰。

振动耦合:当相同的两个基团相邻,且振动频率相近时,会发生耦合裂分,结果引起吸收频率偏离基频,一个移向高频方向,另一个移向低频方向。典型的例子是 CH_3 的对称弯曲振动频率为 1 380 cm^{-1}。当两个甲基连在同一个碳原子上,形成异丙基—$CH(CH_3)_2$ 时发生振动耦合,1 380 cm^{-1} 的吸收峰消失,1 387 cm^{-1} 和 1 375 cm^{-1} 附近各出现一个峰,见图 3-6。

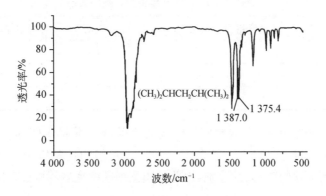

图 3-6　2,4-二甲基戊烷的红外光谱

费米共振:也是一种振动耦合现象,只不过它是基频与倍频或组合频之间发生的振动耦合。当倍频峰或组合频峰与某基频峰相近时,发生相互作用,使原来很弱的倍频或组合频吸收峰增强。典型的例子是苯甲酰氯,苯甲酰氯 C—Cl 的伸缩振动在 874 cm^{-1},其倍频峰位

于 1 730 cm^{-1} 左右,正好落在 $\upsilon_{C=O}$ 附近,发生费米共振从而使倍频峰增加,见图 3-7。

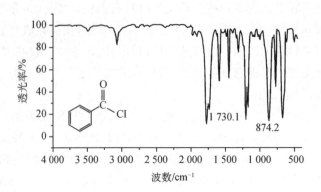

图 3-7 苯甲酰氯的红外光谱

含氢基团的振动耦合或费米共振都可以通过氘代加以证实。当氢原子被氘代后,基团的折合质量发生较大变化,振动频率也随之改变,氘代前的耦合条件不再能满足,故因耦合或费米共振出现的吸收峰不复出现。

2.4 基团振动频率与其结构的关系

(1) 基团结构对振动频率的影响

分子的振动方程式(3-8)建立了基团振动频率与基团化学结构之间的关联,指出影响基团吸收频率的直接因素是组成该基团的原子折合质量和化学键力常数。

对于具有相同(或相似)质量的原子基团,振动频率与化学键力常数 K 的平方根成正比。以 C≡C,C=C 和 C—C 基团为例,它们的折合质量相同,$m = 6$,表 3-1 列出了它们的化学键力常数及振动频率,当折合质量相同时,随着化学键力常数减小,基团的振动频率减小。

表 3-1　　　　　　　　　基团振动频率与化学键力常数的关系

基团	化学键力常数 $K/N \cdot cm^{-1}$	振动频率 σ/cm^{-1}
C≡C	12~18	2 262~2 100
C=C	8~12	1 600~1 680
C—C	4~6	1 000~1 300(弱)

对于化学键相似的基团,振动频率与组成的原子折合质量 m 的平方根成反比。例如,同样具有单键的 C—H、C—C、C—Cl 和 C—I 基团,它们的化学键力常数(K)相差不是很大,但是折合质量(m)则有很大的差别,因此基团振动频率完全不同(表 3-2)。

表 3-2　　　　　　　　　基团振动频率与原子折合质量的关系

基团	折合质量 $m(g)$	振动频率 σ/cm^{-1}
C—H	0.9	2 800~3 100
C—C	6	约 1 000

续表

基团	折合质量 m(g)	振动频率 σ/cm^{-1}
C—Cl	7.3	约625
C—I	8.9	约500

(2) 基团频率区的划分

根据上述讨论可知,基团的振动频率主要取决于组成基团原子质量(即原子种类)和化学键力常数(即化学键的种类)。因此,处在不同化合物中的同种基团的振动频率相近,总是出现在某一范围内。根据这一规律,可以把红外光谱范围划分为若干个区域,每个区域对应一类或几类基团的振动频率,这样对红外光谱进行解析时就比较方便。最常见的红外光谱分区是将 $4\,000\sim400$ cm^{-1} 范围分为氢键区、三键和累积双键区、双键区及单键区四个区域,对应的频率范围和涉及的基团及振动形式见表3-3。

表 3-3 红外光谱的分区

区域名称	氢键区	三键/累积双键区	双键区	单键区
频率范围	$4\,000\sim2\,500$ cm^{-1}	$2\,500\sim2\,000$ cm^{-1}	$2\,000\sim1\,500$ cm^{-1}	$1\,500\sim400$ cm^{-1}
基团及振动形式	O—H、C—H、N—H 等含氢基团的伸缩振动	C≡C、C≡N、N≡N 等三键和 C=C=C、N=C=O 等累积双键基团的伸缩振动	C=O、C=C、C=N、NO$_2$、苯环 等双键基团的伸缩振动	C—C,C—O,C—N、C—X(X 为卤素)等单键的伸缩振动及 C—O、O—H 等含氢基团的弯曲振动

氢键区是与电负性强的原子相连的氢构成的含氢基团的伸缩振动频率区。因氢是单价元素,且原子量为1,氢与其他元素的原子只能以单键形成基团,不论另一个原子的原子量有多大,基团的折合质量总是小于1,所以含氢基团的伸缩振动处在红外光谱的最高频。依次往低频方向的是叁键区、双键区和单键区。因为在组成有机物的常见元素中,除溴和碘的原子量特别大之外,其余元素的原子量相差不大,由它们组成基团的折合质量差别更小,振动频率的大小主要取决于化学键力常数。

根据红外光谱四个区域的特征,通常又把前三个区域,即 $4\,000\sim1\,500$ cm^{-1} 区域称为特征频率区,把小于 $1\,500$ cm^{-1} 的区域称为指纹区(有些文献中以 $1\,350$ cm^{-1} 作为两者的界线)。出现在特征频率区中的吸收峰数目不是很多,但具有很强的特征性。例如羰基(C=O),不论是在酮、酸、酯或酰胺等化合物中,其伸缩振动总是在双键区 $1\,700$ cm^{-1} 左右出现一个强吸收峰,同时又会因为具体基团的不同表现一定的差异性,例如在酰胺和酯中的羰基吸收峰的位置通常分别在 $1\,650$ cm^{-1} 和 $1\,740$ cm^{-1} 附近。反过来,如果在红外光谱的 $1\,700$ cm^{-1} 左右有一个强吸收峰,就可以判断分子中含有羰基。因此说特征频率区的信息主要用于鉴定官能团。

指纹区的情况不同,该区的吸收峰多而复杂,没有强的特征性,其原因是:C—C 单键是有机化合物的骨架,大量存在,它们的伸缩振动产生一部分的吸收峰;N、O 的原子量与 C 相差很小,C—O、C—N 的伸缩振动与 C—C 伸缩振动很难区别;C—H(大量)、N—H、O—H

的弯曲振动也处在这一区域,又增加了该区域的复杂性;C 和 N 是多价元素,通过多个化学键与其他原子或基团相连,易受周围的化学环境影响,使基团振动频率改变,造成吸收峰特征性不强。

虽然指纹区中单个吸收峰的特征性不强,对它们进行归类很难,但是它们对整个分子结构十分敏感。分子结构的微小变化,如苯环取代基的位置,烷基链支化的情况等都会引起这一区域吸收峰的变化,就像人的指纹一样因人而异,因此我们利用这一特点,通过与红外光谱的标准谱图比较来鉴定化合物。图 3-8 和图 3-9 分别为异丙基乙基酮和甲基丁基酮,从图中可以看到在特征频率区($4\,000\sim1\,500$ cm^{-1}),两个谱图的峰位基本相同,而在指纹区($1\,500$ cm^{-1} 以下)差别比较大,这是因为这两个化合物是同分异构体,都含有羰基、甲基、次甲基等基团,故它们在特征区具有相同的特征频率,但由于它们的结构不同,C—C 及 C—H 键所处的化学环境也各不相同,所以在指纹区它们的差别就比较明显。

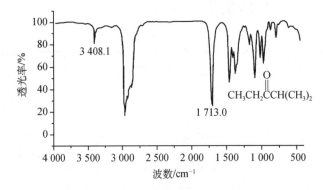

图 3-8　异丙基乙基酮的红外吸收光谱

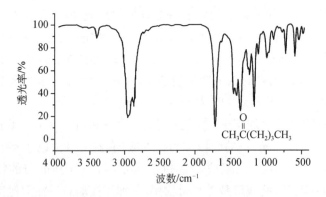

图 3-9　甲基丁基酮的红外吸收光谱

(3) 影响基团频率位移的因素

基团处于分子中某一特定环境,因此它的振动不是孤立的。对于确定的基团,组成该基团的原子量不会变,但相邻的原子或其他基团可以通过电子效应、空间效应等影响化学键力常数,从而使其振动频率发生位移。下面讨论几种影响基团频率的因素。

① 电子效应

诱导效应　由于取代基的不同电负性,通过静电诱导作用,使分子中电子云分布发生变化从而引起化学键力常数的变化,影响基团振动频率,这种作用称为诱导效应。例如在下述一些化合物中,羰基伸缩振动频率($\nu_{C=O}$)随着取代基电负性增大,吸电子诱导效应增加,使羰基双键性加大,$\nu_{C=O}$ 向高波数移动。

$$1\ 715\ \text{cm}^{-1} \qquad 1\ 735\ \text{cm}^{-1} \qquad 1\ 800\ \text{cm}^{-1} \qquad 1\ 870\ \text{cm}^{-1}$$

共轭效应 当两个或更多的双键共轭时,因 π 电子离域增大,即共轭体系中电子云密度平均化,使双键的强度降低,双键基团的振动频率随之降低,仍以 $\nu_{C=O}$ 为例加以说明。下述几个化合物中由于苯环共轭体系的加入使 π 键体系越来越大,所以羰基的伸缩振动频率越来越小。

$$1\ 715\ \text{cm}^{-1} \qquad 1\ 690\ \text{cm}^{-1} \qquad 1\ 665\ \text{cm}^{-1}$$

其他双键的存在也促使双键 π 体系越来越大,所以羰基的伸缩振动频率越来越小。

$$1\ 725 \sim 1\ 705\ \text{cm}^{-1} \qquad 1\ 685 \sim 1\ 665\ \text{cm}^{-1} \qquad 1\ 670 \sim 1\ 660\ \text{cm}^{-1}$$

② 空间效应

空间位阻 共轭体系具有共平面的性质,如果因近邻基团体积大或位置太近而使共平面性偏离或破坏,就会使共轭体系受到影响。原来因共轭效应而处于低频的振动吸收向高频移动,仍以 $\nu_{C=O}$ 为例,当苯乙酮的苯环邻位有甲基或异丙基存在时,$\nu_{C=O}$ 向高波数移动。

$$1\ 663\ \text{cm}^{-1} \qquad 1\ 686\ \text{cm}^{-1} \qquad 1\ 693\ \text{cm}^{-1}$$

环的张力 这种张力效应在含有双键的环状体系中表现最为显著。在环中有张力时环内各键削弱,伸缩振动频率降低,而环上突出的键被增强,伸缩振动频率升高,强度增加。例如,在环结构中碳碳双键伸缩振动频率当从四元环到七元环时,环张力逐渐减小,双键的伸缩振动频率逐渐增加。脂肪族碳碳双键伸缩振动频率一般为 $1\ 657\ \text{cm}^{-1}$。

$$576\ \text{cm}^{-1} \qquad 1\ 611\ \text{cm}^{-1} \qquad 1\ 644\ \text{cm}^{-1} \qquad 1\ 652\ \text{cm}^{-1}$$

又例如,从六元环变到四元环,环张力增加,外环突出的碳碳双键伸缩振动频率逐渐增加。

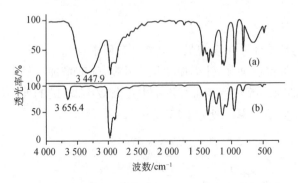

環外突出的碳氧双键和碳碳双键类似,其伸缩振动频率随环元数的减少而增加。

③ 氢键

氢键的形成使参与形成氢键的原有化学键的力常数降低,吸收频率向低频移动。氢键形成程度不同,对力常数的影响不同,使吸收频率呈现一定范围,即吸收峰展宽。形成氢键后,相应基团振动时偶极矩变化增大,因此吸收强度增大。

例如醇、酚中的羟基伸缩振动(ν_{OH})当分子处于游离状态时,其振动频率为 3 640 cm^{-1} 左右,呈现一个中等强度的尖锐吸收峰;当分子因氢键而形成缔合状态时,振动频率移到 3 300 cm^{-1} 附近,谱带增强加宽。胺类化合物的 NH$_2$ 或 NH 也能形成氢键,有类似现象。除伸缩振动,OH、NH 的弯曲振动受氢键影响也会发生谱带的移动和峰形展宽。还有一种氢键是发生在 OH 或 NH 与 C=O 之间的,如羧酸以这种方式形成二聚体:

$$R-C \overset{O-OH}{\underset{HO-O}{\cdots}} C-R$$

这种氢键比—OH 自身形成的氢键作用更大,不仅使 ν_{OH} 移向更低频,在 3 200~2 500 cm^{-1} 区域,而且也使羰基($\nu_{C=O}$)振动向低频移动,游离羧酸的 $\nu_{C=O}$ 约为 1 760 cm^{-1},而缔合状态(如固、液体)时,因氢键作用 $\nu_{C=O}$ 移到 1 700 cm^{-1} 附近。氢键对振动频率的影响能用实验证明,在液相和气相测定异丙醇的红外光谱如图 3-10 所示,气相状态 3 656.4 cm^{-1} 处的吸收峰可以认为是自由—OH 的吸收,而在液相中因为氢键的存在,—OH 之间缔合,吸收峰移到 3 447.9 cm^{-1} 且吸收峰变强。图 3-11 是不同浓度乙醇的红外光谱,随浓度增加,3 350 cm^{-1} 处的因氢键缔合的—OH 吸收峰变强。

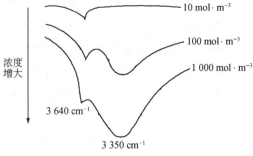

图 3-10 异丙醇的液膜(a)和气相(b)红外吸收光谱

图 3-11 不同浓度乙醇的 CCl$_4$ 溶液的红外吸收光谱

3 红外光谱仪组成及其原理

现在的红外光谱仪都是傅里叶变换红外光谱仪（Fourier transform infrared spectrophotometer, FTIR），其测试原理可简述为：光源发出的光首先经干涉仪变成干涉光，干涉光辐照样品后，经检测器检测，检测器得到的是干涉图，而不是我们常见的红外吸收光谱图，实际吸收光谱是由计算机把干涉图进行傅里叶变换后得到的。图 3-12 是傅里叶变换红外光谱仪组成结构图，主要由光源、干涉仪、检测器和数据处理系统等组成。其中最重要的部件是干涉仪，应用最广的是迈克尔逊干涉仪，它是一个集成件，主要包括光源、分束器、定镜和动镜等组成。来自光源的光经分束器分为两束，一束射向移动镜（动镜 B），另一束反射到达固定镜（定镜

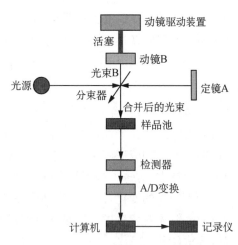

图 3-12　傅里叶变换红外光谱仪组成结构

A）。两束光合并后的强度随动镜移动的距离和频率而变化，是光程差的函数。当光程差是二分之一波长（λ/2）的偶数倍时，两束光发生相长干涉；当光程差是 λ/2 的奇数倍时发生相消干涉（图 3-13）。

干涉光的强度变化为余弦形式的信号，$I(x) = B(v)\cos(2\pi v x)$，式中 $I(x)$ 为干涉光强度，它是光程差 x 的函数，$B(v)$ 为光源的强度，它是光源波长的函数，对于单色光，$B(v)$ 是一个恒定值，v 为波的频率（波数）。由上可知，干涉光强度 $I(x)$ 取决于两个因素：①进入干涉仪的电磁波辐射频率；②动镜的移动速率。对于多色光源来说，其干涉图 $I(x)$ 是由包含在光谱中的对于每一个频率信号强度的组合，其结果是一个迅速衰减的干涉图，它是一个有着中央极大值的对称图形（图 3-14）。

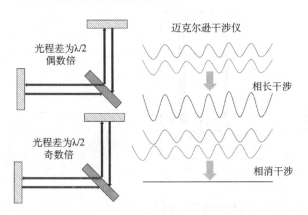

图 3-13　迈克尔逊干涉仪以及干涉光强度与
　　　　　光程差的关系

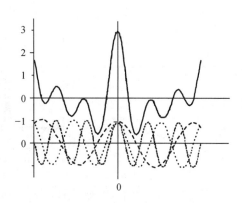

图 3-14　干涉光的强度变化函数和
　　　　　总干涉信号

数学上,多色光干涉图信号的强度可表示为

$$I(x) = \int_{-\infty}^{\infty} B(\upsilon)\cos(2\pi\upsilon x)\mathrm{d}\upsilon \qquad (3\text{-}11)$$

式中:$I(x)$ 表示随光程差的变化而变化的强度部分,它是单色光情况下在所有频率范围内的积分结果;$B(\upsilon)$ 是光源的强度,它是频率的函数。

由于傅里叶变换的可逆性,所以由 $I(x)$ 可计算出光源的光谱分布 $B(\upsilon)$,如式 3-12。

$$B(\upsilon) = \int_{-\infty}^{\infty} I(x)\cos(2\pi\upsilon x)\mathrm{d}x \qquad (3\text{-}12)$$

干涉图 $I(x)$ 包含光源的全部频率和与该频率相对应的强度信息。所以如将一个有红外吸收的样品放在干涉仪的光路中,由于样品吸收了某些频率的能量,结果所得到的干涉图强度曲线就会相应地产生一些变化。这个包含每个频率强度信息的干涉图可凭借数学的傅里叶变换技术,对每个频率的光强进行计算,从而得到人们熟悉的红外光谱。从红外光谱上某些频率光强的变化,便可以推断样品的吸收信息,从而对样品的组成进行分析判别。实际测试时一般先对背景进行测量获得背景光谱,然后换成试样,扣除背景后即获得样品的红外吸收光谱(图 3-15)。

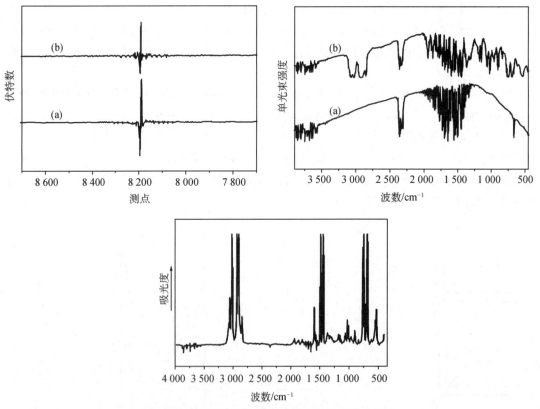

图 3-15 傅里叶变换红外光谱采集光谱的示意图

(a)、(b)分别为背景和聚苯乙烯的干涉谱(左上);两者经过傅里叶变换的图谱(右上);聚苯乙烯的红外吸收光谱(下)

4 红外光谱测试样品的制备及衰减全反射附件

红外光谱可以测定的样品状态包括固体、液体和气体。

(1) 固体样品测定的制样方法有压片法、糊状法和成膜法

压片法 把 1~2 mg 固体样品放在玛瑙研钵中,加入 100~200 mg 磨细干燥的碱金属卤化物(常用溴化钾)粉末,混合均匀并研细后,加入模具内,在压片机上加压,制成厚度约 1 mm 的透明片,然后进行测定。

糊状法 将固体样品研成细末,与糊剂(如液体石蜡、四氯化碳等)混合成糊状,然后涂在两窗片之间进行测定。

熔融(或溶解)成膜法 此法是把固体样品制成薄膜来测定,通常用两种方法:一种是直接将样品熔融后压成薄膜,进行测定;另一种是先把样品溶解在挥发性溶剂中制成溶液,然后将溶液浇铸成膜,待溶剂挥发后即可。

(2) 液体样品测定

液体样品有几种不同的制样方法,常用的是液膜法和涂膜法。

液膜法 将少量(1~2 滴)液体样品加到一块抛光的溴化钾晶体上,再将另一块晶体与之对合,液体在两块晶体面之间展开成一液膜层,然后进行测定。对于低沸点的液体或溶液样品,可采用液体池,将液体样品从液体池的进样口注入,使液体样品在两晶体窗片间有一厚度(应与池厚垫片的厚度一样),然后进行测定。用液体池检测样品,样品的厚度比较容易控制,在红外光谱定量分析中经常使用。

涂膜法 取少量样品直接涂于晶体窗片上,使其在红外灯下,慢慢挥发溶剂待成膜后进行测定,但要注意某些样品不能加热,只能在大气中自然挥发溶剂。此法比较适用于样品黏度比较大且含有低沸点溶剂的样品。

(3) 气体样品测定

气体样品需要利用气体池进行测定,先把气体池中的空气抽掉,然后注入被测气体进行测定。

(4) 红外光谱的全反射附件

衰减全反射(Attenuated total reflectance,ATR)是一种特殊的红外光谱实验方法,特别适合于聚合物分析,下面简要介绍其原理。在通常情况下,光透射样品时是从光疏介质的空气射向光密介质样品的,如果两者的折射率相差不大,则光以原方向透射,见图 3-16(a),但如折射率差别较大,则会产生折射现象,见图 3-16(b)。

设 n_1 和 n_2 分别为光密介质和光疏介质的折射率,当 n_1 与 n_2 有足够的差值(0.5 以上),且入射光从光密介质射向光疏介质、入射角 θ 大于一定数值时,光线会产生全反射现象,这时 θ 称为临界角,也就是当折射角 φ 等于 90°时的入射角称为临界角,见图 3-16(c)。

按照折射定律: $$n_1 \sin\theta = n_2 \sin\varphi$$

当全反射时 $$\varphi = 90°, \quad \sin\varphi = 1$$

所以 $$\sin\theta = \frac{n_2}{n_1}$$

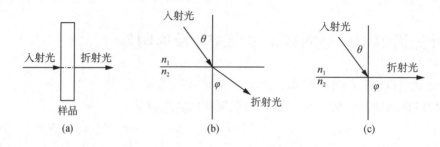

图 3-16　ATR 中临界角示意图

图 3-17 为 ATR 附件简易示意图,它主要是一个由折射率很高的材料,如 ZnSe 或 Ge 等晶体制成的全反射棱镜构成。测定时,样品紧贴在晶体表面,当入射角大于临界角时,发生全反射,但全反射不完全是在两种介质的界面上进行,一部分入射光在进入光疏介质(被测样品)一定深度(一般是几微米到几十微米)后才会折回输入全反射棱镜中。进入样品的光,在样品有吸收的频率范围内因被测样品吸收而强度减弱,在样品无吸收的频率范围内被全部反射。因此对整个频率范围而言,入射光被衰减的程度和对应频率与样品的吸收特性有关。由于 ATR 的信号很弱,许多 ATR 附件都设计为可多次内反射的形式,如图 3-17 所示,使光多次接触样品以改善信噪比。ATR 测得的全反射光谱上对应频率光的衰减程度就是样品对其的吸收强度。

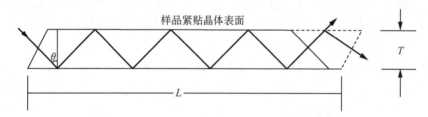

图 3-17　ATR 原理图

ATR 为许多无法进行红外常规分析的样品,如织物、橡胶、涂料、纸等,提供了独特的测试技术。ATR 技术在材料鉴定尤其是材料表面研究中显得尤其重要。

5　红外吸收光谱在材料研究中的应用

5.1　对材料进行定性分析和鉴别

红外吸收光谱的位置(频率)总是与特定的化学基团和环境相关联,据此,可定性识别某些基团以及推断材料中是否含有某种组分,这是红外吸收光谱最重要的应用。

(1) 烃类

烃类化合物的 C—H 伸缩振动吸收在 $3\,300 \sim 2\,700\ cm^{-1}$ 范围,通常炔烃、烯烃和芳烃中的 C—H 伸缩振动频率大于 3 000 cm^{-1},饱和烃的 C—H 伸缩振动频率小于 3 000 cm^{-1}。

饱和烃的 C—H 伸缩振动 饱和烃中的 CH$_3$、CH$_2$ 和 CH 的伸缩振动位于 3 000~2 700 cm^{-1} 范围。甲基 CH$_3$ 中 C—H 的 ν_{as} 2 960 cm^{-1}(s),ν_{as} 2 870 cm^{-1}(m),亚甲基 CH$_2$ 中 C—H 的 ν_{as} 2 926 cm^{-1}(s),ν_{as} 2 850 cm^{-1}(m),次甲基 CH 中 C—H 的伸缩振动比甲基和亚甲基弱得多,常被甲基和亚甲基的 C—H 的伸缩振动所掩盖。

CH$_3$,CH$_2$ 的弯曲振动频率位于 1 500~1 300 cm^{-1}。其中 δ_{as}CH$_3$ 和 δ_sCH$_2$ 都出现在 1 460 cm^{-1} 附近,δ_sCH$_3$ 在 1 380^{-1} 附近,这是甲基的又一个特征峰。当分子含有四个以上—CH$_2$—组成的长链时,在 720 cm^{-1} 附近出现较稳定的(CH$_2$)$_n$ 面内摇摆振动弱吸收峰,峰强度随相连的 CH$_2$ 个数增加而增强,如正癸烷的红外光谱(图 3-18)。

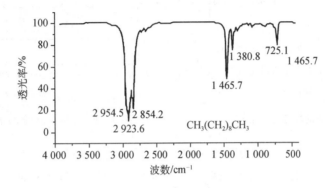

图 3-18 正癸烷的红外吸收光谱

烯烃的 C—H 和 C═C 伸缩振动 烯烃与烷烃的结构差别只是前者多了一个或几个 C═C 双键,所以烯烃与烷烃的红外光谱主要差别均与 C═C 有关,主要有三个特征:C═C 的伸缩振动($\nu_{C═C}$)位于双键区 1 680~1 600 cm^{-1} 区域,与羰基的伸缩振动相比,C═C 的伸缩振动吸收频率低,吸收强度弱。共轭的 C═C,振动频率较低,靠近 1 600 cm^{-1}。C═C 伸缩振动是一个中等强度或较弱的吸收峰,其强度受分子对称性影响。在一个完全对称的结构中,C═C 伸缩振动时没有偶极矩的变化,是红外非活性的,因此在这区域不出现 $\nu_{C═C}$ 吸收峰。

不饱和 C—H 的伸缩振动($\nu_{═C—H}$),即烯碳原子上的 C—H 伸缩振动位于 3 100~3 000 cm^{-1},比烷烃中的饱和 C—H 伸缩振动频率稍高,一般以 3 000 cm^{-1} 为界来区分饱和的 C—H 和不饱和 C—H。图 3-19 是邻二甲苯的红外吸收光谱,苯环上的 C—H 吸收对应图中 A 峰;甲基上的 C—H 吸收是 B 峰。

不饱和 C—H 的面外弯曲振动($\gamma_{面外═C—H}$)位于 1 000~650 cm^{-1} 区域,$\gamma_{面外═C—H}$ 虽然位于指纹区,但它们的强度

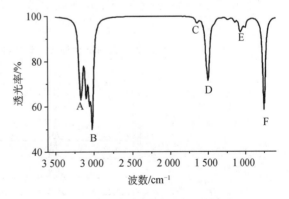

图 3-19 邻二甲苯的红外吸收光谱

大,特征性较强,吸收峰的位置与烯烃的取代类型密切相关,是鉴别烯烃类型的最重要信息,

$\gamma_{\text{面外—C—H}}$ 的倍频出现在 1 800 cm^{-1} 附近。

上述烯烃的特征吸收峰在 1-辛烯和几种不同烯烃的红外光谱中(图 3-20 和图 3-21)均十分明显。其中 1 600 cm^{-1} 附近,包括 1 643 cm^{-1}、1 604 cm^{-1} 和 1 613 cm^{-1} 都是 C=C 的特征吸收峰,同时在图谱中还可见到烷基链产生的各吸收峰,例如在 3 000 cm^{-1} 左右观察到饱和与不饱和碳的 C—H 峰。

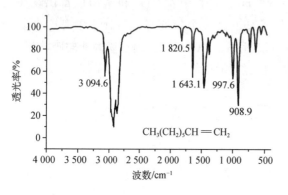

图 3-20　1-辛烯的红外吸收光谱　　　　图 3-21　几种不同烯烃的红外吸收光谱

红外吸收光谱是分析食用油成分常用的可靠方法,食用油的主要成分包括饱和脂肪酸、不饱和脂肪酸和甘油三脂等。与饱和碳和不饱和碳相连的 C—H 的特征吸收峰处于不同位置,据此可以判别不同食用油的品质,如图 3-22、图 3-23 所示。

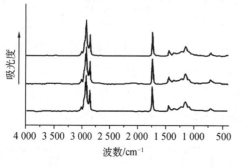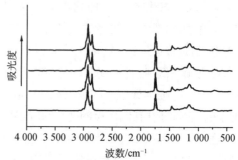

图 3-22　三种花生油(左)和 4 种橄榄油(右)的红外吸收光谱

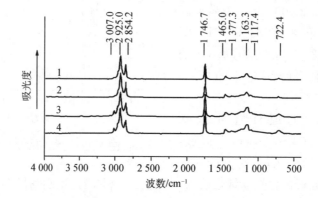

图 3-23　四种动物油的红外吸收光谱:1—牛油;2 鱼油 1;3 鱼油 2;4—猪油

各种食用油的红外光谱出现的特征峰数、峰形和峰的振动频率都基本相同,说明不同品种或同一品种、不同来源的食用油其主要成分是基本相同的,吸收峰主要包括食用油中的长碳链和其中的酯类吸收峰。其中属于长碳链的特征峰有:2 925 cm^{-1} 和 2 854 cm^{-1} 附近的吸收峰为饱和碳的 C—H 键的伸缩振动峰;在 1 465 cm^{-1} 附近的为亚甲基 CH$_2$ 的弯曲振动吸收峰;在 1 377 cm^{-1} 附近的为甲基 CH$_3$ 的弯曲振动吸收峰,甲基 CH$_3$ 只存在于长碳链的末端,数量比亚甲基 CH$_2$ 少很多,所以峰的强度比亚甲基要弱;在 722 cm^{-1} 附近的弱吸收峰,为长碳链烷基 CH$_2$ 的面内摇摆振动吸收峰。属于酯类的特征峰表现为:在 1 746 cm^{-1} 附近的强吸收,为脂肪酸酯的羰基 C=O 伸缩振动的特征吸收峰;在 1 163 cm^{-1} 和 1 117 cm^{-1} 附近,有一强一弱的两个吸收峰,为脂肪酸酯中 C—O—C 键的对称和反对称伸缩振动吸收峰。

值得注意的是在 3 006 cm^{-1} 附近,有吸收强度较弱的不饱和碳的 C—H 键的伸缩振动峰,说明食用油中含有不饱和脂肪酸酯,但其含量在不同种类油中是不同的。从图 3-22 中可以看出,四种橄榄油中 3 006 cm^{-1} 附近的吸收峰并没有比三种花生油对应的吸收峰强度高,图 3-23 中的四种动物油中,鱼油 2 和猪油倒是显示具有较高的不饱和脂肪酸含量。

不饱和炔烃的 C—H 和 C≡C 的伸缩振动 不饱和炔烃的 C—H 伸缩振动吸收频率约 3 300 cm^{-1},位于缔合态羟基和氨基伸缩振动频率范围,谱带尖锐,比羟基伸缩振动吸收弱,但比氨基伸缩振动吸收强。C≡C 伸缩振动吸收频率位于 2 280~2 100 cm^{-1},而乙炔及全对称双取代的 C≡C 伸缩振动没有偶极矩变化,在红外光谱中观察不到吸收峰。例如,1-辛炔和 1-戊炔的红外光谱除在 2 121 cm^{-1} 处有较弱的 C≡C 伸缩振动吸收峰外,在 3 300 cm^{-1} 还有一个较强的 ≡C—H 伸缩振动吸收峰,见图 3-24。

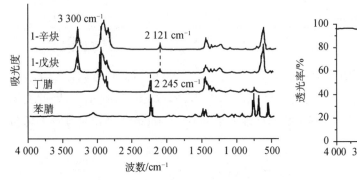

图 3-24 1-辛炔和 1-戊炔的红外光谱

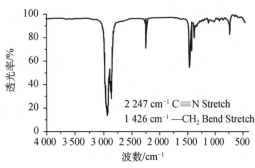

图 3-25 腈的红外吸收谱

(2) 腈基 C≡N

腈基化合物中的 C≡N 伸缩振动位于 2 250~2 240 cm^{-1} 处,图 3-25 中腈基在 2 247 cm^{-1} 处。C≡N 极性比 C≡C 强,所以 C≡N 伸缩振动谱带比 C≡C 吸收谱带强,见图 3-25。

(3) 醇和酚

在氢键区的 ν_{O-H} 是醇、酚红外光谱最显著的特征峰,游离 OH 伸缩振动出现在较高频的 3 600 cm^{-1},是一尖峰;形成氢键缔合状态的 OH 则在 3 300 cm^{-1} 左右呈现一个又宽又强的吸收峰,如图 3-26 中己醇的氢键缔合峰在 3 334 cm⁻¹ 处。

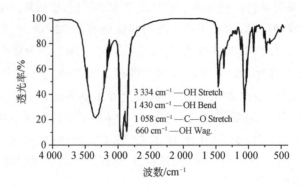

图 3-26 己醇的红外吸收光谱

醇和酚第二个主要吸收峰 ν_{C-O},位于 1 250～1 000 cm⁻¹,通常是图谱中最强吸收峰之一。伯、仲、叔醇的 ν_{C-O} 频率有些差别,而酚的则处于较高频(表 3-5)。这是因为在酚中芳环与羟基的氧有 p-π 共轭,使 C—O 键的力常数增大。

表 3-5   羟基化合物的特征基团频率

基团	振动形式	吸收峰位/cm⁻¹	备注
OH	ν_{OH}(游离) ν_{OH}(缔合)	3 600 3 300	峰形尖锐,中强 宽峰,强
C—OH(伯醇)	ν_{C-O}	1 050	峰形较宽,强
C—OH(仲醇)	ν_{C-O}	1 100	峰形较宽,强
C—OH(叔醇)	ν_{C-O}	1 150	峰形较宽,强
C—OH(酚)	ν_{C-O}	1 200～1 300	峰形较宽,强

另外,醇和酚的 OH 面内弯曲振动 $\delta_{面内OH}$ 在 1 500～1 300 cm⁻¹,面外弯曲振动 $\gamma_{面外OH}$ 在 650 cm⁻¹ 左右产生吸收峰。由于氢键缔合作用的影响,峰形宽而位置变化大,因此在结构鉴定时用处不大。图 3-27 是 2-乙基苯酚的红外光谱,图中 756 cm⁻¹ 峰位是苯环上邻位二取代的特征峰。

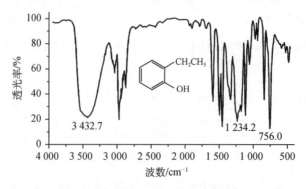

图 3-27 2-乙基苯酚的红外吸收光谱

(4) 羧酸和羧酸盐

游离羧酸的 $\nu_{C=O}$ 位于 $1\,760\ cm^{-1}$，然而固、液态羧酸以二聚体形式存在，一分子的羧基与另一分子的羟基形成氢键，此时 $\nu_{C=O}$ 移到 $1\,700\ cm^{-1}$ 附近，羧酸中的羟基也因此移到 $3\,200\sim2\,500\ cm^{-1}$，形成一个很宽的峰，此峰与 ν_{C-H} 重叠。分子的碳链短时，ν_{C-H} 完全被掩盖，随着碳链增长，可以看到 ν_{C-H} 能从展宽的 ν_{O-H} 峰中逐渐显露出来(图 3-28)。缔合的 OH 伸缩振动产生的宽峰是羧酸的最主要特征，它既能用于与其他羰基化合物区别，又能用于与其他羟基化合物，如醇、酚的区别，后者的 ν_{O-H} 出现在中心 $3\,300\ cm^{-1}$ 的较宽峰。羧酸其他一些振动有：ν_{C-O} 位于 $1\,400\sim1\,200\ cm^{-1}$，$\delta_{面内O-H}$ 在 $1\,420\ cm^{-1}$ 附近，$\gamma_{面外O-H}$ 在 $930\ cm^{-1}$，其中 $\gamma_{面外O-H}$ 特征性较强。

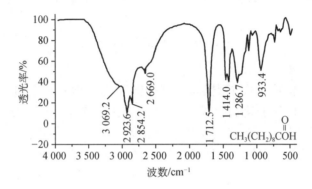

图 3-28　葵酸的红外吸收光谱

羧酸具有一定的酸性，与碱作用成为羧酸盐之后，红外光谱有很大的变化。羧酸原有 $\nu_{C=O}$，ν_{O-H} 和 $\gamma_{面外O-H}$ 产生的分别位于 $1\,735\ cm^{-1}$、$1\,188\ cm^{-1}$ 和 $1\,095\ cm^{-1}$ 附近的三个特征峰消失，新出现羧酸根($-CO_2^-$)的反对称和对称伸缩振动分别位于 $1\,565\ cm^{-1}$ 和 $1\,414\ cm^{-1}$ 左右。例如将图 3-29 中丙酸的红外光谱和图 3-30 中丙酸钠的红外光谱进行比较，可以发现两者的差异。

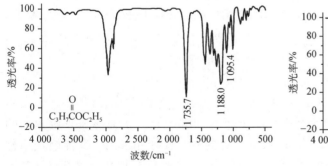

图 3-29　丙酸的红外吸收光谱

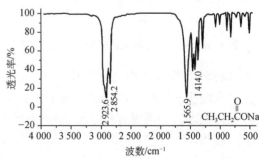

图 3-30　丙酸纳的红外吸收光谱

(5) 酯

酯的特征吸收峰是酯基中羰基(C=O)及 C—O—C 吸收。酯羰基的伸缩振动频率高于相应的酮类约 20 cm^{-1}，约在 1 740 cm^{-1} 处，也是强吸收峰。在 1 300~1 000 cm^{-1} 区有 C—O—C 的不对称伸缩振动和对称伸缩振动，此两个峰与酯羰基吸收峰是判断化合物是否具有酯类结构的重要依据，图 3-31 是丁酸乙酯的红外光谱图。

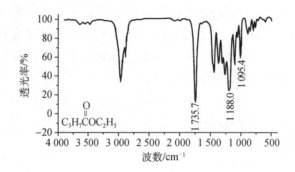

图 3-31　丁酸乙酯的红外光谱

(6) 高分子化合物

高分子化合物的相对分子质量较大，似乎应有非常大数目的振动形式和复杂的红外光谱，但实际上大多数高分子化合物的红外光谱却比较简单。例如聚苯乙烯的红外光谱（图 3-32）并不比苯乙烯的红外光谱复杂。这是因为高分子链由许多重复的单元组成，每个重复单元的原子振动几乎都相同，对应的振动频率也相同，故对于重复单元的每一个基团的振动可以近似地按低分子来考虑。正是这些特点，加上高分子化合物相对分子质量比较大，其他的分析仪器如质谱、核磁共振等很难对其进行检测，所以红外光谱法在研究高分子化合物的组成结构方面有广泛的应用。红外吸收光谱也是检测一些特定组分的常用且高效的方法，比如分析一些塑料制品中是否存在增塑剂，可以把制品的红外吸收光谱与特定增塑剂的吸收光谱进行比较。如图 3-33 所示，起始样品中含有 1 725 cm^{-1} 的吸收峰，萃取出的增塑剂也含有 1 725 cm^{-1} 的吸收峰，而纯化后的样品中增塑剂去除后该吸收峰消失，说明样品中含有酯类增塑剂。

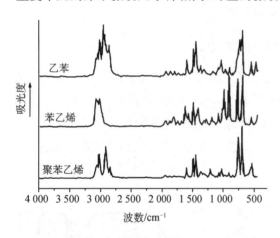

图 3-32　苯乙烯与聚苯乙烯的红外吸收光谱

聚酰胺的红外吸收光谱主要有 C═O、C—H、N—H、C—N 的伸缩振动，N—H 变角及面内振动为主要吸收峰（图 3-34）。其中位于 1 650~1 690 cm^{-1} 的是羰基伸缩振动的强吸收峰，称为酰胺Ⅰ带，位于 1 560~1 600 cm^{-1} 处的 N—H 变角和 C—N 伸缩振动称为酰胺Ⅱ带。聚酰胺分子结构含有酰胺基团，分子间存在氢键，也会与其他含有极性基团的分子，例如水等形成氢键，所以，聚酰胺是研究氢键相互作用最常用到的材料，后面会专门介绍。

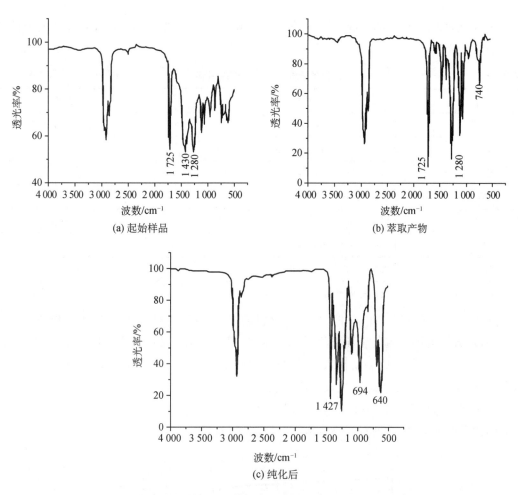

图 3-33　(a)起始样品、(b)萃取产物及(c)纯化后样品的吸收光谱

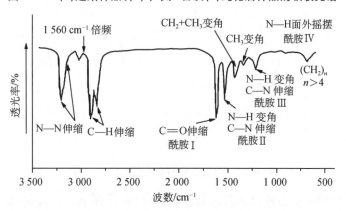

图 3-34　聚酰胺的红外吸收光谱

(7) 无机化合物的红外光谱

与有机物相比,无机化合物的红外光谱中吸收峰数目少得多,峰形大多较宽。无机化合物在中红外区的吸收主要是由阴离子的晶格振动引起的,与阳离子的关系不大。阳离子的质量增加仅使吸收峰位置稍向低波数方向移动。例如 K_2SO_4 的两个吸收峰位于 $1\,118\ cm^{-1}$ 和

617 cm⁻¹ 处,而 Cs_2SO_4 的吸收峰在 1 103 cm⁻¹ 和 609 cm⁻¹ 处。常见的无机盐阴离子的特征频率见表 3-6。

表 3-6 常见的无机盐阴离子的特征频率

基团	谱带/cm⁻¹	强度
CO_3^{2-}	1 450～1 410、880～860	vs、m
HCO_3^-	2 600～2 400、1 000、850、700、650	w、m、m、m、m
SO_3^{2-}	1 000～900、700～625	s、vs
SO_4^{2-}	1 150～1 050、650～575	s、m
ClO_3^-	1 000～900、650～600	m→s、s
ClO_4^-	1 100～1 025、650～575	s、m
NO_3^-	1 380～1 350、840～815	vs、m

注:vs—很强吸收;s—强吸收;m—中等强度吸收;w—弱吸收。

红外吸收光谱可以应用于非金属矿物材料的辨别。图 3-35 是硬石膏和石膏的红外吸收光谱,两者均为钙的硫酸盐,硬石膏属斜方晶系,石膏为单斜晶系,矿物的红外光谱主要由 SO_4^{2-} 基团振动模式、水的振动模式和晶格振动模式组成。位于 1 100～1 160 cm⁻¹ 强吸收带和 600～700 cm⁻¹ 中等强度吸收峰应归属 SO_4^{2-} 的特征峰,此范围内 2 种矿物的红外光谱十分相似。差别在于石膏在 3 500 cm⁻¹ 与 1 600 cm⁻¹ 左右出现了吸收峰,分别是水的伸缩振动和弯曲振动峰,而硬石膏不含水,此处没有吸收峰。

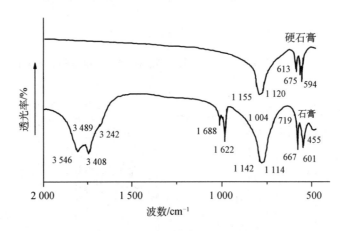

图 3-35 硬石膏和石膏的红外吸收光谱

对于一些象牙和玉石品种及其真假的鉴别,红外吸收光谱可以发挥作用,图 3-36 是象牙制品和天然绿松石及填充绿松石的红外吸收光谱。象牙的成分包含有机质(胶质蛋白、氨基酸类)和无机质(含羟基碳酸磷酸盐类为主)两大部分。如图 3-36 左图所示,在 3 306 cm⁻¹ 处宽的吸收谱带为象牙中水分子伸缩振动所致,胶质蛋白质含有的 CH_2 反对称伸缩振动(ν_{as})致红外吸收谱带位于 2 923 cm⁻¹ 处;而 CH_2 对称伸缩振动(ν_s)谱带则位于 2 853 cm⁻¹ 处。1 658 cm⁻¹ 和 1 552 cm⁻¹ 处的吸收谱带可能与 C=O 伸缩振动有关,由磷酸根基团反对称伸缩振动导致的吸收强谱带位于 1 035 cm⁻¹ 处,而磷酸根离子面内弯曲振动吸收谱带位于 602 cm⁻¹、563 cm⁻¹ 处。图 3-36 右图显示充填处理绿松石的红外吸收光谱,在官能团区内,除绿松石中羟基、水分子伸缩振动致红外吸收谱带外,在 2 931 cm⁻¹、2 857 cm⁻¹ 处显示由外来聚合物中 CH_2 的反对称(ν_{as})和 CH_3 的对称伸缩振动(ν_s)所致,而这些吸收峰是天然绿松石中没有的。三维交联的热固性聚合物如环氧树脂是经常被采用人工充填处理绿松石、翡翠等宝石的聚合物,其中 $\nu_{as}(CH_2)$(2 920~2 935 cm⁻¹),$\nu_s(CH_1)$(2 850~2 860 cm⁻¹)是这类聚合物中能检测到的吸收峰。推断,T-03、T-04 样品内可能填充环氧树脂。

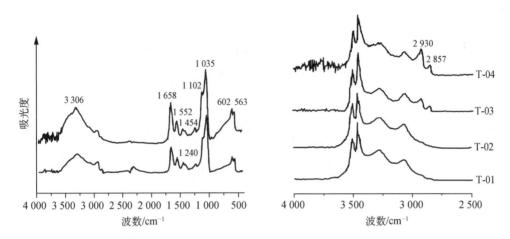

图 3-36　象牙(左)和天然绿松石(右 T-01,T-02)、充填绿松石(右 T-03,T-04)的红外吸收光谱

5.2　聚合物的立体构型、构象分析

图 3-37 是三种具有不同构型的聚丁二烯的红外吸收光谱,各自具有特征吸收峰,据此能够区分和作出判断。其中 A 为顺式 1,4-聚丁二烯,C—H 弯曲振动频率在 738 cm⁻¹ 处;B 为反式 1,4-聚丁二烯,C—H 弯曲振动频率为 967 cm⁻¹;C 为 1,2-聚丁二烯,C—H 弯曲振动频率在 910 cm⁻¹ 处。

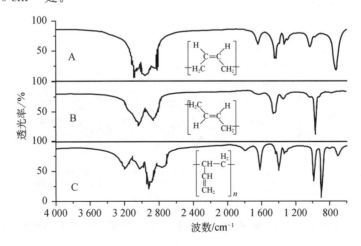

图 3-37　三种聚丁二烯:A 为顺式 1,4-聚丁二烯;B 为反式 1,4-聚丁二烯;C 为 1,2-聚丁二烯

5.3 反应过程跟踪

图 3-38 表示环氧树脂与环氧酸酐的共聚固化反应,加入 0.5% 质量分数的二胺促进剂,固化温度为 80 ℃。在差谱的处理过程中,使未参与反应的苯环吸收峰 1 511 cm^{-1} 和 1 608 cm^{-1} 完全消失。差谱中基线上方的 1 744 cm^{-1} 峰代表固化反应过程中生成的酯基,基线下方的倒峰 1 780 cm^{-1} 和 890 cm^{-1} 表示反应过程中消失的酸酐基团和环氧基团。

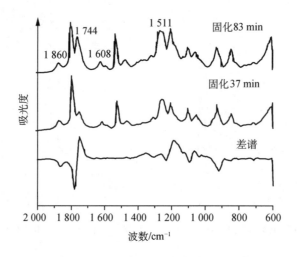

图 3-38　不同固化时间环氧树脂的红外吸收光谱

图 3-39 是 PAN 预氧化纤维在不同温度炭化后样品的红外吸收光谱,预氧化后的纤维 2 948 cm^{-1} 和 2 997 cm^{-1} 处是 C—H 键的伸缩振动,2 240 cm^{-1} 是 —C≡N 的吸收峰,3 300～3 400 cm^{-1} 是—NH 的吸收峰。随着炭化反应的进行,上述特征峰逐渐消失,仅剩下 1 600 cm^{-1} 处的—C≡N 吸收峰,这说明在低温炭化过程中发生进一步环化反应,在 2 240 cm^{-1} 处的 —C≡N 的强度已经几乎不可见,至 1 000 ℃时,非碳原子基本除去,几乎没有红外活性的特征基团存在。

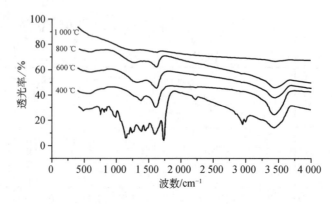

图 3-39　PAN 预氧化纤维不同温度炭化后样品的红外吸收光谱

5.4　研究氢键相关作用

有些分子中氢原子可以同时与两个电负性较大的原子(例如 N,O,F,Cl 等原子)相结合,即一个质子给体和一个质子受体形成 X—H…Y 的结合形式,称为氢键。通常,有机化合物中质子给予体是羟基、羧基、胺基、酚基或酰胺基等基团,而质子接受体是氮、氧、卤素(F 和 Cl)和硫等原子。氢键形成后 X—H 键的伸缩振动频率向低波数方向移动,吸收强度增大,谱带变宽。但其变形振动频率却向高波数方向移动,而且位移没有伸缩振动变化明显。

氢键作为分子缔合现象的一种特殊形式既可以发生在同一分子中,也能发生在不同分子之间,所以其形式可分为分子内氢键和分子间氢键两类。乙醇由于分子间氢键的存在,其羟基可分为自由羟基和缔合(形成氢键)羟基两种类型。自由羟基的吸收峰在高波数处,即孤立的 X—H 伸缩振动谱带位于高波数、峰尖锐;形成氢键后移向低波数,带形变宽。图 3-40 是乙醇在不同浓度的四氯化碳溶液中的红外吸收光谱,在极稀溶液(0.01 mol/L)中乙醇分子数量很少,互相距离很远,难以形成氢键,OH 伸缩振动在 $3\,640\ \mathrm{cm^{-1}}$;当浓度提高时,例如 0.1 mol/L,两个羟基间形成氢键,称为二缔合体,其 OH 伸缩振动在 $3\,515\ \mathrm{cm^{-1}}$;浓度进一步增大时,多个羟基间形成氢键,多缔合体 OH 伸缩振动在 $3\,350\ \mathrm{cm^{-1}}$。

图 3-40　乙醇在不同浓度 CCl₄ 溶液中的红外光谱

当聚苯胺(PANI)与聚甲基丙烯酸甲酯(PMMA)共混时,发现两者相容性很好,PANI 在 PMMA 中以网状形式分散比较均匀(图 3-41)。事实上,聚苯胺(PANI)与聚甲基丙烯酸

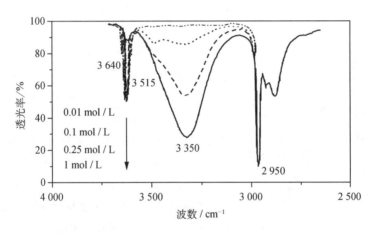

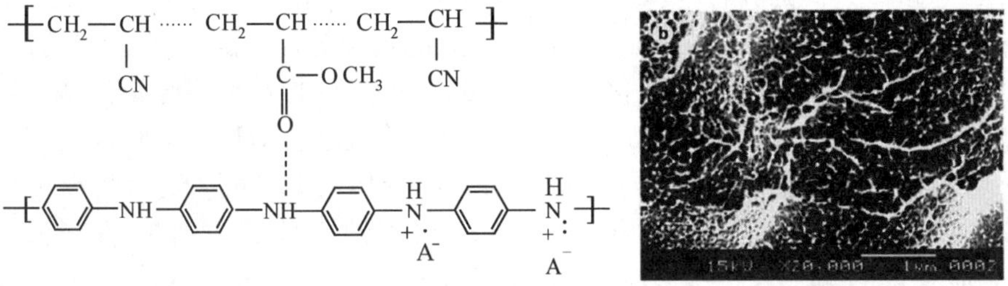

图 3-41　PANI 与 PMMA 间氢键作用以及 PANI 在其中的分散状态

甲酯(PMMA)间的氢键作用保证了两者的相容性,氢键应该建立在 PANI 的 NH 与 PMMA 的羰基之间,如图 3-42 所示,随着 PANI 含量增大,即从 0、2.5%、5.0%、7.5%(对应图中 a、b、c、d),羰基的吸收峰变宽,在低波数处出现肩峰,同时 NH 的吸收峰也向低波数移动,说明确实发生了氢键相互作用。

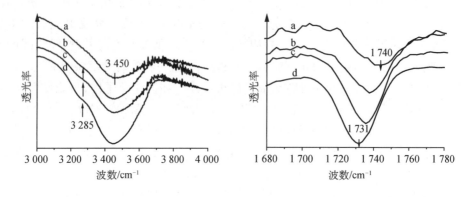

图 3-42 聚苯胺(PANI)与聚甲基丙烯酸甲酯(PMMA)共混物的红外吸收

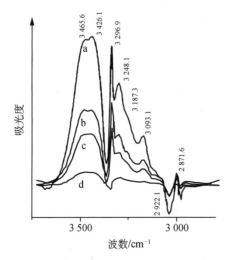

图 3-43 含水程度不同的 PA6 膜与完全干燥的 PA6 膜之间的差谱

聚酰胺 6(PA6)与水之间的氢键相互作用在红外吸收光谱中有充分的体现,尤其是从含水的 PA6 样品与不含水的 PA6 样品两个谱图的差谱中更能清晰反映,图 3-43 是含水程度不同的 PA6 膜与完全干燥的 PA6 膜之间的差谱,a 是饱和吸水的膜与完全干燥膜的差谱,而 b、c、d 则是饱和吸水后分别脱水 1.5、3.3 和 39 min 后的膜与完全干燥膜的差谱。也就是说 a、b、c、d 膜的水分因为脱水时间的增加是逐渐减小的。与差谱上几个特征峰的强度完全吻合,其中 3 465 cm^{-1}、3 426 cm^{-1} 来自水的 OH 伸缩振动吸收峰,其强度明显随着样品脱水时间的增大而减小,3 296 cm^{-1} 是与水形成氢键的 NH 的伸缩振动吸收峰,PA6 中没有形成氢键的自由 NH 的吸收峰在 3 300~3 400 cm^{-1} 之间,随着含水量增大,自由 NH 的数量逐步减小,但完全干燥后这些与水结合的 NH 将被释放出来,在图中看到的在 3 299~3 426 cm^{-1} 之间的波谷(负峰)是完全干燥样品释放出来的自由 NH。结合 1 000~1 800 cm^{-1} 之间的差谱(图 3-44),在 1 674 cm^{-1} 处的负峰是自由羰基(C=O)的伸缩振动,从 a 到 d 峰的幅度是逐渐减小的,变化规律同 1 627 cm^{-1} 处与水形成氢键的羰基吸收峰 a 到 d 峰逐渐减小一致。同理,1 665 cm^{-1} 处是与水结合的 NH 的变形振动吸收谱,而 1 528 cm^{-1} 是自由 NH 的变形振动吸收,如前所述,变形振动形成氢键后的吸收峰向高波数移动。PA6 分子中除掉羰基(C=O)与 NH 与水结合能在红外吸收光谱中体现,CH$_2$ 也受到水的影响,图 3-43 中的负峰 2 922 cm^{-1} 与 2 871 cm^{-1},图 3-44 中的 1 229 cm^{-1} 分别是 CH$_2$ 的伸缩振动和弯曲振动吸收峰。氢键形成的同时对相邻的

CH$_2$ 吸收也产生了影响。

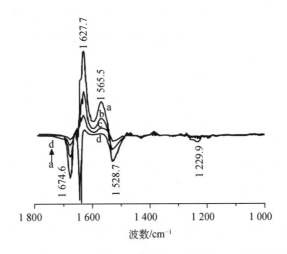

图 3-44　含水程度不同的 PA6 膜与完全干燥的 PA6 膜之间的差谱

5.5　分析共混体系的相互作用

　　两种高分子能否均匀共混,与它们的相容性有关。FTIR 可以用来从分子水平的角度研究高分子共混体系的相互作用。从红外光谱角度来看,共混物的相容性是指光谱中能否检测出相互作用的谱带,若两种均聚物是相容的,则可观察到频率位移、强度变化甚至峰的出现或消失。如果均聚物是不相容的,共混物的光谱只不过是两种均聚物光谱的简单叠加。"相互作用光谱"是从共混物光谱中减去两种均聚物光谱得到的差谱,能直观体现出相互作用是否存在。

　　例如,对于共聚共混体系即 10％丙烯酸和 90％苯乙烯的共聚物(SAAS)与聚甲基丙烯酸甲酯的共混体系(SAAS/PMMA),共混物、共聚物和均聚物以及差谱如图 3-45。

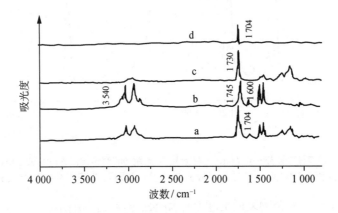

图 3-45　(a)SAAS(10％丙烯酸和 90％苯乙烯的共聚物)/PMMA(聚甲基丙烯酸甲酯)共混物光谱;(b)SAAS 共聚物光谱;(c)PMMA 均聚物光谱;(d)"相互作用光谱"(a－b－c＝d)

在差谱中 1 704 cm^{-1} 峰表明 PMMA 中酯羰基与 SAAS 中羧基之间形成了氢键。比较曲线 a 中羰基的吸收峰在 1 704 cm^{-1},而 b 和 c 曲线中丙烯酸的羰基和 PMMA 的羰基的吸收峰分别在 1 745 cm^{-1} 和 1 730 cm^{-1},氢键形成使羰基的吸收峰向低波数移动。

利用衰减全反射(ATR)能够通过分析膜表面和界面的组成,判别相容性的差异。例如,将聚羟丙基醚双酚 A 与聚乙二酸乙酯以四氢呋喃作为溶剂制成共混溶液,其中聚羟丙基醚双酚 A 的含量是 80%,将上述共混溶液(浓度 2%)涂敷在 PA6 基膜上,4 d 后可以方便地把共混膜从 PA6 基体上分离下来而没有损坏膜,得到的共混膜标识面向空气面和 PA6 基体面。通过 ATR 测试膜两个面的红外吸收光谱,以面向 PA6 基体面的吸收谱减去空气面的吸收膜得到差谱,见图 3-46。通过调整辐射的入射角改变射线进入样品的深度,得到了两个深度范围,即 0.25~0.52 μm 和 0.33~0.66 μm 内膜组成的信息,通过与两个均聚物的红外吸收图谱对比,可以发现,与 PA6 基体接触面更多富集聚乙二酸乙酯组分,聚乙二酸乙酯中的羰基与 PA6 的 NH 之间有形成氢键的可能,增强两组分的相容性。

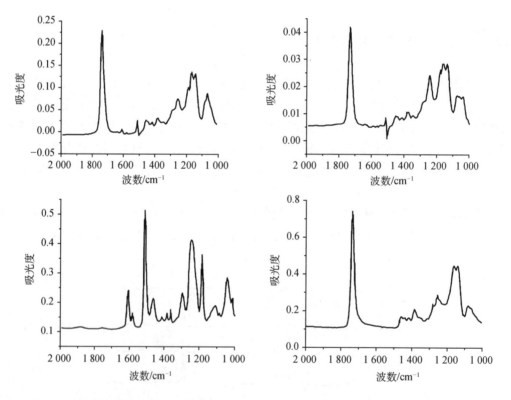

图 3-46　入射角 45°对应 0.33~0.66 μm(左上)、入射角 60°对应 0.25~0.52 μm(右上)得到的差谱;聚羟丙基醚双酚 A 的红外吸收光谱(左下)和聚乙二酸乙酯的红外吸收光谱(右下)

无机物纳米粒子与聚合物之间的相互作用也是影响这些纳米粒子在聚合物中分散性的重要因素。在聚丙烯酸/Fe$_3$O$_4$ 纳米复合材料的红外吸收光谱中发现了两个组分均没有的新的吸收峰,位于 1 582 cm^{-1} 处(图 3-47),这个吸收峰归于聚丙烯酸上的羧酸基团与无机 Fe$_3$O$_4$ 粒子表面官能团形成的络合相互作用。

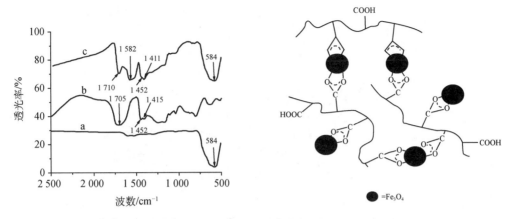

图 3-47　聚丙烯酸/Fe₃O₄ 纳米复合材料的红外吸收光谱及其相互作用示意

5.6　研究材料的结晶特性

　　高分子结晶时分子链的构象和排列不同于非晶状态,对应产生特征的红外吸收谱带。例如聚对苯二甲酸乙二酯(PET),其两个亚甲基的面内摇摆振动在结晶区处于反式构象,对应波数 848 cm⁻¹,而处于非晶区的旁式构象吸收谱带在 899 cm⁻¹,可由该两个吸收带的相对强度变化判定结晶的发展和变化。同理,PA6 的不同晶型(α、γ)除去一些共同的吸收谱带外,如 1 170 cm⁻¹、1 125 cm⁻¹,各自也有吸收谱带,α 晶以 960 cm⁻¹、γ 晶以 973 cm⁻¹ 为特征,见图 3-48。有研究对 PA6 在 25 ℃、120 ℃、200 ℃处理 2 min 后进行红外吸收光谱测试发现,在 120 ℃和 200 ℃下处理的样品,α 晶和 γ 晶都有发展,因为代表 α 晶的 959 cm⁻¹ 和代表 γ 晶的 973 cm⁻¹ 吸收峰都有所变强,见图 3-49。但如果预先对样品在 200 ℃下进行热定型 30 min,然后再于不同温度下进行红外吸收的分析,发现在热定型过程中 α 晶获得了较大发展,因为 959 cm⁻¹ 处的吸收峰明显变强,此时测试的温度影响已经不大,如图 3-50 所示,同时也发现,γ 晶在热定型过程也保持基本稳定,在 973 cm⁻¹ 处的吸收峰几乎没有变化。

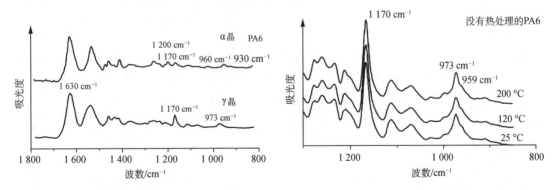

图 3-48　具有不同晶型的 PA 样品的红外吸收光谱　图 3-49　PA 样品在不同温度下测试的红外吸收光谱

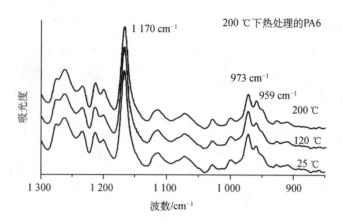

图 3-50 预先热定型的 PA 样品在不同温度下测试的红外吸收光谱

📋 复习要点

红外吸收光谱的基本原理(基团振动频率与辐射频率相同发生吸收)、红外选律(振动时偶极矩变化)、红外光谱图解析的要素(吸收峰位置、吸收峰强度和峰的形状);影响红外光谱吸收峰的因素(电子诱导、共轭、空间位阻、氢键等)。傅里叶变换红外光谱仪的基本结构,傅里叶变换红外光谱仪附件——衰减全反射(Attenuated Total Reflectance, ATR)附件。红外光谱分析的制样方法,FTIR 在材料研究中的主要应用。

参考文献

[1] 祁景玉. 现代分析测试技术[M]. 上海:同济大学出版社,2006.

[2] 邹春海,冯均利,李勇,等. 食用油的红外吸收光谱分析[J]. 光谱实验室,2013,30(3):1099-1102.

[3] 彭玉旋. 红外光谱在几种相似硫酸盐矿物判别中的应用[J]. 新疆地质,2015,33(1):130-133.

[4] 利剑,袁心强. 宝石的红外反射光谱表征及其应用[J]. 宝石和宝石学杂志,2005,7(4):21-25.

[5] Reikichi I, Hiroshi M. Infrared spectroscopic study of the interaction of nylon-6 with water[J]. Journal of Polymer Science: Part B: Physics, 2003, 41: 1722-1729.

[6] Kodama M, Kuramoto K, Karino I. Esca and FTIR studies on boundary-phase structure between blend polymers and polyamide substrate[J]. Journal of Applied Polymer Science, 1987, 34(5): 1889-1900.

[7] Vasanthan N, Salem D R. FTIR spectroscopic characterization of structural changes in polyamide-6 fibers during annealing and drawing[J]. Journal of Polymer Science: Part B: Polymer Physics, 2001, 39(5): 536-547.

第四章
拉曼光谱

拉曼光谱(Raman spectroscopy)是一种散射光谱,是由印度科学家 Raman 发现拉曼散射效应后发展而来的一种分析方法。在 20 世纪 30 年代,拉曼光谱曾是研究分子结构的主要手段。后来,随着众多实验技术的不断深入,拉曼光谱因拉曼效应太弱的缺点,其地位一落千丈。直到 20 世纪 60 年代激光问世并将这种新型光源引入后,拉曼光谱才出现了崭新的局面。加上高分辨率、低杂色光的双联或三联光栅单色仪,以及高灵敏度的光电接收系统(光电倍增管和光子计数器)的应用,使拉曼光谱测量达到了与红外光谱一样方便的水平。拉曼光谱具有与红外光谱不同的选择性准则,通过分析与入射光频率不同的散射光谱以得到分子振动、转动方面的信息,常常作为红外光谱的必要补充而配合使用。近年来一系列新型拉曼光谱技术,如傅里叶变换拉曼、表面增强拉曼、共聚焦拉曼、显微成像拉曼、共振拉曼等新技术的发展,进一步提高了它的活力,在有机、无机、高分子材料、生物、环保等领域中的作用与日俱增。

1　拉曼光谱的基本原理

拉曼光谱与红外光谱均起源于分子的振动和转动,但红外光谱反映的是分子对入射光的吸收效应,而拉曼光谱反映的是发射光谱效应。当一束频率为 ν_0 的入射光照射到分子上时,会与物质分子发生碰撞,如果是没有能量交换的弹性碰撞,碰撞后光只是改变了方向,发射光频率与入射光频率相同,此时的光散射称为瑞利散射;若入射光光子与物质分子碰撞后,发射光不仅改变了方向,而且发射光的频率与入射光频率不同,频率也发生了改变,则称为非弹性碰撞,这种光散射称为拉曼散射。产生拉曼散射的原因是光子与物质分子之间发生了能量交换,如光子把一部分能量给了物质的分子,得到的散射光能量减小,在垂直方向测量的散射光中可以测到频率为 $\left(\nu_0 - \dfrac{\Delta E}{h}\right)$ 的谱线,称为斯托克斯谱线;相反,如果光子从物质分子中获得能量,在大于入射光频率 $\left(\nu_0 + \dfrac{\Delta E}{h}\right)$ 处收到谱线,称为反斯托克斯谱线,如图 4-1 所示。频率差 ν_k 与入射光频率 ν_0 无关,由散射物质的性质决定,每种散射物质都有自己特定的频率差,其中有些与介质的红外吸收频率相一致。因此,拉曼谱带的数目、位移、强度及形状等直接与分子的振动和转动相关联,而与入射光的波数无关。拉曼光谱属于分子的振动和转动光谱,也称其为分子光谱,研究分子的拉曼光谱可以得到有关分子结构的信息。

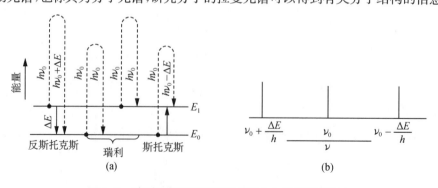

图 4-1　瑞利散射和拉曼散射能级(a);散射谱线(b)

　　与没有能量交换的弹性碰撞即瑞利散射相比,拉曼散射发生时光子与分子之间发生了能量交换,改变了光子的能量,但这部分散射的比例很低,拉曼散射光的强度约占总散射光强度的 $10^{-6} \sim 10^{-10}$。

　　在第二章讲到,分子吸收光子后,发生荧光或磷光现象。荧光和磷光都是电子从激发态跃迁到基态时释放出的辐射,波长一般都不同于入射光的波长。但拉曼效应的机制和荧光现象不同,并不吸收激发光,故引入虚的上能级概念说明拉曼效应。当分子受到入射光照射时,激发光与此分子的作用引起极化可以看作虚的吸收,表述为电子跃迁到虚态能级,然后虚能级上的电子立即跃迁到下能级而发光,散射光中与入射光频率不同的谱线称为拉曼谱线。光子与分子相互作用,几乎不需要时间间隔就发生散射光子的再发射现象,该过程与虚态密切相关。此相互作用机制中并不涉及到任何真实能级,故可以解释为何非共振拉曼效应不依赖于激发光的波长。

1.1　拉曼散射的经典理论解释

　　当物质的尺寸远小于入射光的波长时,会发生散射现象。瑞利散射光与拉曼散射光的强度都与入射光频率的四次方成正比。但是瑞利散射光的频率没有变化,而拉曼散射光的频率则发生了变化。造成这些现象的原因,从经典的理论来说,可以看作是入射光电磁波使原子或分子发生极化以后产生的。因为原子和分子都是可以被极化的,因而产生瑞利散射;又因为极化率随着分子内部的运动(转动、振动)而变化,所以产生拉曼散射。可以说拉曼散射是入射光与分子振动相互作用的结果。正因为如此,利用拉曼光谱可以去研究分子内部振动和转动特性。

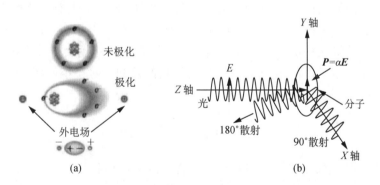

图 4-2　(a)极化示意图;(b)分子在外电场中的极化

　　在外电场的作用下,电介质分子或者其中某些基团中电荷分布发生的相应变化称为极化,见图 4-2(a),包括电子极化、原子极化、取向极化、界面极化等。

　　电子极化是外电场作用下分子中各个原子或离子的价电子云相对原子核的位移。原子极化是分子骨架在外电场作用下发生变形造成的。以上两种极化统称为变形极化或诱导极化,其极化率不随温度而变化。取向极化指有极性的分子的正负电荷的"重心"在没有外电场作用情况下并不重合,彼此之间有一固定的距离,其大小不容易受外电场的作用而改变。当有外电场时,分子电矩在外电场作用下转向外场的方向,外场愈强,分子电矩排列愈整齐,这种极化过程称为取向极化。是具有永久偶极矩的极性分子沿外场方向排列的现象,故又称偶极极化。

分子极化率是描述电介质极化特性的微观参数,简称极化率,是分子在外加交变电磁场作用下产生诱导偶极矩大小的一种度量。一般,分子的感应偶极矩与作用于它的有效电场强度 E 成正比,比例常数 α 称为分子极化率。对于非极性分子,若极化率 α 越大,则在外电场诱导出的偶极矩越大。极性分子具有永久偶极矩,它的极化率是原子极化、电子极化与定向极化的总和。极化率高,表明分子电荷分布容易发生变化。

根据经典理论,拉曼散射可以如下解释:如图 4-2(b)所示,样品分子被入射光照射时,光电场 E 使分子中的电荷分布发生周期性变化,产生一个交变的诱导偶极矩 P。偶极矩随时间变化二次辐射电磁波即形成光散射现象。诱导偶极矩与电场的关系为

$$P = \alpha \cdot E + (1/2) \cdot \beta \cdot E^2 + (1/6) \cdot \gamma \cdot E^3 + \cdots \tag{4-1}$$

式中:α、β、γ 为张力,分别表示分子极化率、hyper 极化率、次级 hyper 极化率。一般说来,它们处于以下量级:$\alpha \sim 10^{-40} \mathrm{C} \cdot \mathrm{V}^{-1} \cdot \mathrm{m}^2$,$\beta \sim 10^{-50} \mathrm{C} \cdot \mathrm{V}^{-2} \cdot \mathrm{m}^3$,$\gamma \sim 10^{-60} \mathrm{C} \cdot \mathrm{V}^{-3} \cdot \mathrm{m}^4$。由于数值极小,一般参数的影响都忽略不计。因此,在一级近似中 α 被认为是一个常数,诱导偶极矩与电场强度成正比,故式(4-1)转换为

$$P = \alpha \cdot E \tag{4-2}$$

在拉曼散射中,电磁场随着时间发生交变运动,故电场强度可以表示为

$$E = E_0 \cdot \cos(2\pi \cdot \nu_0 \cdot t) \tag{4-3}$$

式中:E_0 为电磁场振幅;ν_0 为电磁场振动频率或激光频率。在式(4-2)中,极化率 α 与分子中化学键的形状和维度有关。在振动过程中,当化学键发生变化时,极化率的大小与分子振动有关。也就是说,分子极化率 α 与电荷 Q 分布有关,反映了电子云密度变化的难易程度。对于非极性分子,若极化率 α 越大,则在外电场诱导出的偶极矩越大。极性分子具有永久偶极矩,它的极化率是原子极化、电子极化与定向极化的总和。对于小振幅的运动,两者的关系如下

$$\alpha = \alpha_0 + \left(\frac{\partial \alpha}{\partial Q}\right)_0 \cdot Q_0 + \cdots \tag{4-4}$$

式中:α_0 为平衡位置的极化率;$(\partial \alpha / \partial Q)_0$ 为随着电荷分布发生变化时各种简正频率分子的极化率的改变速率。当分子振动频率为 ν_m 时,电荷分布可以表示为

$$Q = Q_0 \cdot \cos(2\pi \cdot \nu_m \cdot t) \tag{4-5}$$

综合式(4-2)~式(4-5),可以得知

$$\begin{aligned}
P &= \alpha \cdot E_0 \cdot \cos(2\pi \cdot \nu_0 \cdot t) \\
&= \alpha_0 \cdot E_0 \cdot \cos(2\pi \cdot \nu_0 \cdot t) + \left(\frac{\partial \alpha}{\partial Q}\right)_0 \cdot Q \cdot E_0 \cdot \cos(2\pi \cdot \nu_0 \cdot t) \\
&= \alpha_0 \cdot E_0 \cdot \cos(2\pi \cdot \nu_0 \cdot t) + \left(\frac{\partial \alpha}{\partial Q}\right)_0 \cdot Q_0 \cdot E_0 \cdot \cos(2\pi \cdot \nu_0 \cdot t) \cdot \cos(2\pi \cdot \nu_m \cdot t)
\end{aligned}$$

$$= \alpha_0 \cdot \boldsymbol{E}_0 \cdot \cos(2\pi \cdot \nu_0 \cdot t)$$

$$+ \frac{1}{2} \cdot \left(\frac{\partial \alpha}{\partial Q}\right)_0 \cdot \boldsymbol{Q}_0 \cdot \boldsymbol{E}_0 \cdot \cos[2\pi \cdot (\nu_0 + \nu_m) \cdot t] \qquad (4\text{-}6)$$

$$+ \frac{1}{2} \cdot \left(\frac{\partial \alpha}{\partial Q}\right)_0 \cdot \boldsymbol{Q}_0 \cdot \boldsymbol{E}_0 \cdot \cos[2\pi \cdot (\nu_0 - \nu_m) \cdot t]$$

因此,我们可以认为,诱导偶极矩是分子振动频率 ν_m 和入射光频率 ν_0 的函数

$$\boldsymbol{P} = \boldsymbol{P}(\nu_0) + \boldsymbol{P}(\nu_0 + \nu_m) + \boldsymbol{P}(\nu_0 - \nu_m) \qquad (4\text{-}7)$$

可以看出,诱导偶极矩可以分为三部分,每一部分频率都不相同。式(4-7)中,第一项对应弹性散射,产生的辐射与入射光具有相同的频率 ν,因而是瑞利散射;后两项的频率与入射光不同,且相对于入射光对称分布,均为拉曼散射。其中,第二项中散射能量高于入射光,对应反斯托克斯散射;第三项中散射能量低于入射光,对应斯托克斯散射。

经典理论成功地解释了分子振动的拉曼散射,但是存在不足之处。推导出的公式(4-7)表明斯托克斯线和反斯托克斯线的强度应该相等,甚至斯托克斯散射光强度小于反斯托克斯散射光强度。但是实验证明这个结果并不正确,实验结果是反斯托克斯线比斯托克斯线弱几个数量级,这个疑团只能用量子理论来解释。

1.2 拉曼散射的量子理论解释

依据量子力学,分子的状态用波函数表示,分子的能量为一些不连续的能级。入射光与分子相互作用,使分子的一个或多个振动模式激发而产生振动能级间的跃迁,这一过程实际上是一个能量的吸收和再辐射过程,只不过在散射中这两个过程几乎是同时发生的。当入射的光量子与分子相碰撞时,光量子与分子无能量交换,称为弹性碰撞,由此产生瑞利散射,与入射光的频率保持不变。非弹性碰撞过程中,光量子与分子有能量交换,光量子转移一部分能量或者从分子中吸收一部分能量,从而散射光频率发生改变。但它改变的能量只能是分子两能级之间的能量差。当光子把一部分能量交换给分子时,光量子就以比入射时较小的频率射出,形成斯托克斯线,同时散射分子得到的能量转变成分子的转动或振动能量。反之,当光子从散射分子中吸收一部分能量,它将以较高的频率散射出去,形成反斯托克斯线。在一般情况下,散射分子的分布服从玻尔兹曼分布。由此可以知道,低能级上的分子数要大于高能级上的分子数,所以斯托克斯线的强度要大于反斯托克斯线的强度。

按照量子理论,频率为 ν_0 的单色光可以视为具有能量为 $h\nu_0$ 的光子,h 是普朗克常数。如图 4-3(a)所示,当光子和实验物质碰撞,物质中分子的电子吸收入射光子的能量后,从基态跃迁到受激虚态。因为这个受激虚态是不稳定的能级(一般不存在),所以分子立即跃迁到基态并发射散射光。该过程对应弹性碰撞,散射光和入射光频率相同,即为瑞利散射。处于虚态的分子也可能跃迁到振动能级上,此过程对应于非弹性碰撞,跃迁频率等于 $(\nu_0 - \nu_k)$,光子的部分能量传递给分子,为拉曼散射的斯托克斯谱线。处于虚态的分子也可能跃迁到基态,此过程对应于非弹性碰撞,光子从分子的振动或转动中得到部分能量,跃迁频率等于 $(\nu_0 + \nu_k)$,为拉曼散射的反斯托克斯谱线。斯托克斯谱线和反斯托克斯谱线与瑞利谱

线之间的频率差分别为：$\nu_0-(\nu_0-\nu_k)=\nu_k$ 和 $\nu_0-(\nu_0+\nu_k)=-\nu_k$，其数值相等，符号相反，说明拉曼谱线对称地分布在瑞利谱线的两侧。拉曼位移取决于分子振动能级的变化，不同的化学键或基态有不同的振动方式，决定了其能级间的能量变化，因此，与之对应的拉曼位移是特征性的。与分子红外光谱不同，极性分子和非极性分子都能产生拉曼光谱。这是拉曼光谱进行分子结构定性分析的理论依据。

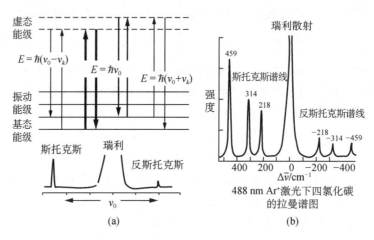

图 4-3　(a)拉曼和瑞利散射的能级图；(b)四氯化碳的拉曼谱图

　　如上所述，斯托克斯与反斯托克斯散射光的频率与激发光源频率之差，统称为拉曼位移(Raman Shift)。斯托克斯谱线和反斯托克斯谱线统称为拉曼谱线。拉曼散射谱线的波数虽然随入射光的波数不同，但对同一样品，同一拉曼谱线的位移与入射光的波长无关，只和样品的振动转动能级有关。

　　虽然斯托克斯谱线和反斯托克斯谱线位于瑞利谱线两侧，间距相等，但强度明显不同。由于室温下基态的最低振动能级的分子数目最多，与光子作用后返回同一振动能级的分子也最多，所以上述散射出现的几率大小顺序为：瑞利散射谱线＞斯托克斯谱线＞反斯托克斯谱线。拉曼散射过程中，斯托克斯和反斯托克斯拉曼散射的相对强弱与处于不同状态的分子数有关，即两者的比值具有温度相关性

$$\frac{I_S}{I_{AS}}=\frac{(\nu_0-\nu_k)^4}{(\nu_0+\nu_k)^4}\exp(\hbar\nu_k c/kT) \tag{4-8}$$

　　可见，两者的强度比遵从玻尔兹曼分布定律，是热力学温度的函数，同时还与拉曼位移有关。温度愈低则反斯托克斯谱线愈强；拉曼频率 ν_k 越小，则斯托克斯和反斯托克斯谱线的强度比越接近 1。根据玻尔兹曼定律，常温下处于基态的分子数比处于激发态的分子数多，因此斯托克斯谱线的强度 I_S 大于反斯托克斯谱线的强度 I_{AS}，和实验结果相符，如图 4-3(b)所示。总之，在一般情况下，斯托克斯谱线和反斯托克斯谱线对称分布在瑞利谱线两侧，且斯托克斯谱线比反斯托克斯谱线的强度大。随温度升高，反斯托克斯谱线的强度增加。拉曼光谱仪一般记录的是斯托克斯谱线。

2 拉曼活性和光谱分析

2.1 拉曼活性和红外活性

偶极矩是一个描述分子极性的物理量,用来衡量分子极性的大小,偶极矩越大,分子的极性越强。偶极矩定义为负电荷量或正电荷量 Q 与两电荷重心间距离 d 的乘积,常用 μ 表示,即 $\mu = Qd$。如图 4-4 所示,对于极性分子,分子的正负电荷中心不重合,偶极矩大于零,而非极性分子中正负电荷中心是重合的,偶极矩为零。

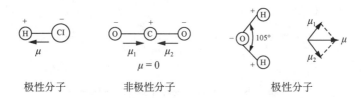

极性分子　　　　　非极性分子　　　　　　　　　极性分子

图 4-4　不同极性分子的偶极矩示意图

拉曼光谱和红外光谱同属分子光谱,但同一分子的红外和拉曼光谱却不尽相同,红外光谱是分子对红外光源的吸收所产生的光谱,拉曼光谱是分子对可见光的散射所产生的光谱。分子的某一振动谱带是在拉曼光谱中出现还是在红外光谱中出现是由光谱选律决定的。光谱选律的直观说法是,如果某一简正振动对应的分子偶极矩变化不为零,即 $\left(\dfrac{\partial \mu}{\partial Q}\right) \neq 0$,则是红外活性的;反之,是红外非活性的。如果某一简正振动对应于分子的感生极化率变化不为零,即 $\left(\dfrac{\partial \alpha}{\partial Q}\right) \neq 0$,则是拉曼活性的;反之,是拉曼非活性的。也就是说,在分子的振动过程中分子极化率发生变化,则分子能对电磁波产生拉曼散射,称分子有拉曼活性。如果某一简正振动对应的分子偶极矩和感生极化率同时发生变化(或不变化),则是红外和拉曼活性的(或非活性的)。

分子特定简正振动所引起的极化率变化的大小,可以定性地用振动所通过的平衡位置两边电子云状态差异的程度来估计。差异程度越大,表明电子云相对骨架移动越大,极化率就越大,此时表现出强的拉曼散射。

如图 4-5 所示,对于同种原子构成的双原子模型,只有拉曼活性而没有红外活性;而对于不同原子构成的双原子模型,同时具有红外活性和拉曼活性。例如同核双原子分子 N—N,Cl—Cl,H—H 等无红外活性却有拉曼活性,是由于这些分子平衡态或伸缩振动引起核间距变化但无偶极矩改变,对振动频率(红外光)不产生吸收。

对于多原子分子,可以根据分子的对称性判断该分子是否具有红外活性或拉曼活性。一般说来,对称或面内的振动和非极性的基团主要通过拉曼光谱研究,而反对称或面外的振动和极性的基团主要通过红外光谱研究。根据对称性对分子进行分类比较,可以更好地了解分子结构和振动谱图之间的关系。对称的类型一般有面内对称、轴对称和中心对称三种。

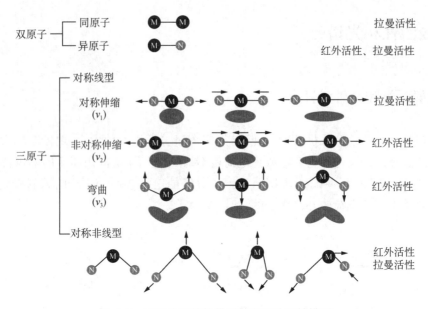

图 4-5　不同分子的拉曼活性和红外活性模型

以下将以对称性的二氧化碳分子($O\!=\!C\!=\!O$, CO_2)和非对称性的水分子($H\!-\!O\!-\!H$, H_2O)为例,分别阐述不同类型分子的振动模式和红外、拉曼活性之间的关系。

图 4-6 所示为二氧化碳(CO_2)分子的振动模型。一般说来,对于这种线型对称分子(面内振动),其振动类型可以分为三类:ν_1 为对称伸缩振动,ν_2 为反对称伸缩振动,ν_3 为弯曲振动。当原子间化学键的极化度在伸缩振动时会产生周期性变化:核间距最远时极化度最大,最近时极化度最小,由此产生拉曼位移。CO_2 分子的对称伸缩振动中,只有极化率椭球的大小变化,并没有偶极矩的变化,因此是拉曼活性而红外非活性的。反对称伸缩振动($O\!=\!C\!=\!O$)中,极化率椭球的大小略有变化,但在平衡位置,极化率实际上没有发生变化,而偶极矩发生了变化,所以是红外活性而拉曼非活性的。弯曲振动的情况与后者类似,因此也是红外活性而拉曼非活性的。可以看出,拉曼光谱恰恰与红外光谱具有互补性。

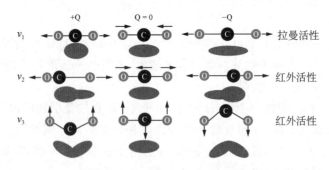

图 4-6　二氧化碳分子的振动模型

对于非对称性的水(H_2O)分子,同样存在对称伸缩、反对称伸缩和弯曲振动三种基本模式。如图 4-7 所示,在伸缩振动过程中,电荷重心间的距离发生变化,因而偶极矩发生变化,具有红外活性。同时,振动过程中极化率椭球的大小发生了变化,因而也具有拉曼活性。在弯曲振动模式下,除了电荷重心间的距离发生变化,其方向也有所改变,因而偶极矩发生变化,具有红外活性。

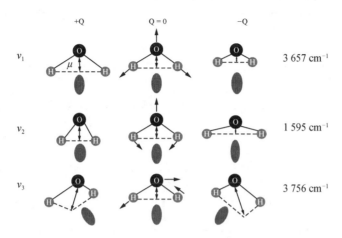

图 4-7　水分子的振动模型

综合以上分析,一个分子表现出拉曼活性还是红外活性,具有以下规则:

(1) 相互排斥规则:凡有对称中心的分子,若红外是活性,则拉曼是非活性的;反之,若红外为非活性,则拉曼是活性的。也就是说,对于对称中心分子,红外和拉曼选律不相容。例如 O_2 只有一个对称伸缩振动,它在红外中很弱或不可见,而在拉曼中较强。

(2) 相互允许规则:一般来说,没有对称中心的分子,其红外和拉曼光谱可以都是活性的。也就是说,一切没有对称中心或者对称性很低的分子,都有一些既能在红外光谱中出现,又能在拉曼光谱中出现的跃迁。例如 H_2O 的对称伸缩、反对称伸缩和弯曲振动都是红外和拉曼活性的。

(3) 相互禁阻规则:具有对称中心的分子,并不意味着在拉曼光谱(或红外光谱)中被禁阻的所有跃迁都会在红外光谱(或拉曼光谱)中出现。也就是说,有少数分子的振动在红外和拉曼中都是非活性的。例如乙烯的扭曲振动既无偶极矩变化,也无极化度变化,故在红外及拉曼中皆为非活性。

2.2　拉曼光谱分析

红外光谱和拉曼光谱均可以用来表征分子振动,拉曼光谱更适合结构对称的分子,它们一般不会表现出红外活性,而有拉曼活性。下面通过介绍几种常见分子的红外谱图和拉曼谱图,以便对两者之间的关系有更加深入的了解。

图 4-8 为对称线型分子二氧化碳(CO_2)的红外、拉曼谱图。显而易见,二氧化碳分子的对称伸缩振动并不能使分子偶极矩发生变化,但振动过程中分子极化率发生了改变。因此,对称伸缩振动的 $O\!=\!C\!=\!O$ 键在 $1\,385\ cm^{-1}$ 处表现出拉曼活性。当 $O\!=\!C\!=\!O$ 键发生反对称伸缩振动时,分子极化率在平衡位置仍对称分布,没有拉曼活性,但是平衡位置两边的电子云分布发生了改变,故在 $669\ cm^{-1}$ 处表现出红外活性。此外,$O\!=\!C\!=\!O$ 键的弯曲振动造成了电子偶极矩的变化,在 $2\,360\ cm^{-1}$ 处表现出红外活性。

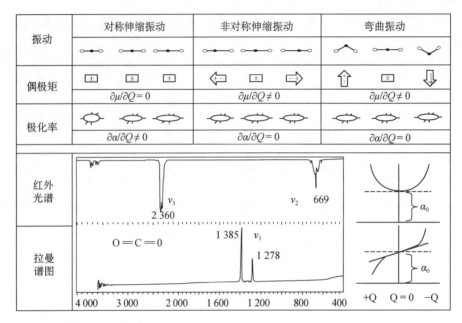

振动	对称伸缩振动			非对称伸缩振动			弯曲振动		
偶极矩	$\partial\mu/\partial Q = 0$			$\partial\mu/\partial Q \neq 0$			$\partial\mu/\partial Q \neq 0$		
极化率	$\partial\alpha/\partial Q \neq 0$			$\partial\alpha/\partial Q = 0$			$\partial\alpha/\partial Q = 0$		
红外光谱									
拉曼谱图									

图 4-8 二氧化碳分子的红外和拉曼谱图

如图 4-9(a)所示,甲烷(CH_4)是对称的非线型分子,为正四方体结构,只有 C—H 一种化学键。不过,四个相同的化学键在不同激发波长下会发生不同类型的振动,最终表现出红外活性和拉曼活性。在 463 cm^{-1} 和 219 cm^{-1} 处,分子发生对称伸缩振动,偶极矩没有变化,只表现出拉曼活性。在 776 cm^{-1} 和 314 cm^{-1} 时,其中一个 C—H 键振动方向发生改变从而变成非对称振动,或者发生弯曲振动,最终表现出红外活性;此时,整个分子的极化率也就是电子云改变的难易程度并未发生变化,所以没有表现出拉曼活性。四氯化碳(CCl_4)与甲烷具有相同的立方结构,但由于原子尺寸的不同,整个分子的红外和拉曼活性有所差异。如图 4-9(b)所示,分子在 776 cm^{-1} 处发生不对称振动体现出红外活性,而在波数较短的 219 cm^{-1}、314 cm^{-1} 和 463 cm^{-1} 发生对称伸缩振动,分子极化率发生改变,从而表现出拉曼活性。总之,

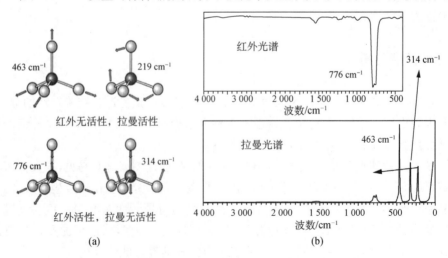

图 4-9 (a)甲烷分子的振动模型;(b)四氯化碳的红外和拉曼谱图

相同分子在不同频率激发光下会发生不同类型的振动,从而表现出不同的红外活性和拉曼活性。因此,红外光谱和拉曼光谱经常一起使用,以此获得更加全面的分子结构方面的特征。

一般说来,具有固有偶极矩的极化基团,一般有明显的红外活性,而非极化基团没有明显的红外活性。因此,红外光谱主要用于测试官能团和极性基团,如 C=O、O—H 等;拉曼光谱主要用于测试碳骨架结构和易极化的分子,如 C—C、C=C 等,且骨架信号强,极性溶剂信号弱。从图 4-10 可以看出,同一物质,有些峰的红外吸收与拉曼散射完全对应,但也有许多峰有拉曼散射却无红外吸收,或有红外吸收却无拉曼散射。因此,红外光谱与拉曼光谱互补,可用于有机化合物的结构鉴定。

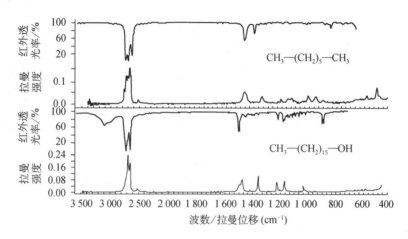

图 4-10 正庚烷和 1-十六烷醇的红外及拉曼光谱比较

2.3 拉曼光谱的谱带特征

一般说来,拉曼光谱具有以下几个重要的谱带特征:

(1)同种原子的非极性键,如 C—C,N—N,S—S 等单键,在拉曼光谱中产生强谱带,而在红外光谱中为弱谱带。

(2)同种原子的多重键,如 C=C,N=N、C≡C 等的伸缩振动产生强拉曼谱带,而在红外光谱中为很弱的谱带。

(3)C=N=C 和 O=C=O 的对称伸缩振动在拉曼中为强谱带,在红外中为弱谱带;相反,反对称伸缩振动在拉曼中为弱谱带,在红外中为强谱带。强极性基团在拉曼中是弱谱带,而在红外中是强谱带。

(4)H—C—H 和 C—O—C 类型的基团有一个对称伸缩振动和一个反对称伸缩振动,前者对应很强的拉曼谱带,而后者为较强的红外谱带。

(5)醇和烷烃的拉曼光谱相似。C—O 键与 C—C 键的力常数或键的强度没有很大差别;羟基和甲基的质量仅相差 2 单位;与 C—H 和 N—H 谱带比较,O—H 拉曼谱带较弱。

(6)环状化合物的对称呼吸振动常常是最强的拉曼谱带。形成环状骨架的键同时振动,振动频率由环的大小决定。

(7)芳香族化合物在拉曼和红外谱图中都有一系列尖锐的强谱带。

常见基团的拉曼光谱特征总结于表 4-1。

表 4-1　　　　　　　　　　　　常见化学基团的拉曼光谱特性

拉曼位移/cm^{-1}		振动基团	强度		基团
			红外	拉曼	
		O—H 伸缩振动	很强	很弱	羟基
		=C—H 伸缩振动	强-中	中	不饱和
		C—H 伸缩振动	强-中	中	饱和
		C≡N 伸缩振动	中	强	腈
		C=O 伸缩振动	强	中-弱	酯
		C=O 伸缩振动	强	弱-中	羧酸
		C=O 伸缩振动强	强	中-强	酰胺 I
		C=C 伸缩振动	中-弱	强	非共轭
		C=C 伸缩振动	中	强	反式
		C=C 伸缩振动	中	强	顺式
		N—H 弯曲振动	强	弱	酰胺 II
		C—H 剪式振动	中	中-弱	脂肪族-CH$_2$
		C—O 伸缩振动		强	羧化物
		N—H 弯曲振动	弱-中	强	酰胺 III
		P—O 伸缩振动	很强	中-弱	磷酸酯
					骨架指纹图谱
		C—O 伸缩振动	强	中-弱	酯
		主链模式		中	α-(1→4)链接
		C—O—C 主链	中-弱	中-弱	β-构型
		C—O—C 主链	中-弱	中	α-构型
		C—H 摇摆振动	弱-中	很弱	脂肪族-CH$_2$
		主链模式		很强	

2.4　拉曼光谱与红外光谱的比较

2.4.1　拉曼光谱与红外光谱在原理上的比较

（1）两者的产生机理不同：红外光谱是吸收光谱，红外吸收是由于振动引起分子偶极矩或电荷分布变化产生的。对于极性基团，分子具有永久偶极矩，振动过程中易发生变化；对于非对称分子，可以产生瞬间偶极矩，也可以产生红外吸收谱带。拉曼光谱是散射光谱，拉曼散射是由于键上电子云分布产生瞬间变形引起暂时极化，产生诱导偶极，当返回基态时发生散射，散射的同时电子云也恢复原态。对于对称的非极性分子，容易产生诱导偶极矩，表现出拉曼活性。

（2）两者反映的分子特征不同：红外光谱主要反映分子的官能团，而拉曼光谱主要反映分子的骨架特征。红外吸收波数与拉曼位移均在红外光区，都是关于分子内部各种简正振动频率及有关振动能级的情况，从而可以用来鉴定分子中存在的官能团。红外光谱适于表征对称性低而偶极矩改变大的振动，拉曼光谱适于表征对称性高而电子云密度变化大的振动，且极性分子和非极性分子都能产生拉曼光谱。

（3）两者可以互相补充：在分子结构分析中，拉曼光谱由于具有与红外光谱不同的选择性准则而常常作为红外光谱的必要补充而配合使用，可以更完整地研究分子的振动和转动能级。

2.4.2　拉曼光谱与红外光谱在方法上的比较

（1）红外光谱测定的是光的吸收，横坐标用波数或波长表示，而拉曼光谱测定的是光的散射,横坐标是拉曼位移。

（2）红外光谱的入射光及检测光均是红外光,而拉曼光谱的入射光大多数是可见光,散射光也是可见光。

（3）红外光谱用能斯特灯、炭化硅棒或白炽线圈作光源,而拉曼光谱仪用激光作光源。

（4）用拉曼光谱分析时,样品不需前处理。而用红外光谱分析样品时,样品要经过前处理制成片或者膜状。

2.4.3 拉曼光谱的优越性

相对于红外光谱来说,拉曼光谱具有以下优点：

（1）它适于分子骨架的测定,提供快速、简单、可重复且更重要的无损伤的定性定量分析,它无需样品准备,样品可直接通过光纤探头或者通过玻璃、石英和光纤测量。

（2）不受水的干扰。由于水的拉曼散射很微弱,拉曼光谱是研究水溶液中的生物样品和化学化合物的理想工具。

（3）拉曼光谱一次可以同时覆盖 $50\sim4\,000$ cm^{-1} 波数的区间,可对有机物及无机物进行分析。因拉曼光谱仪器中用的传感器都是标准的紫外、可见光器件,检测响应非常快,可用于研究寿命、跟踪反应的动力学过程等。

（4）拉曼光谱使用激光作为光源使其相当易于探测微量样品,如表面、薄膜、粉末、溶液、气体和许多其他类型的样品。因为激光束的直径在它的聚焦部位通常只有 $0.2\sim2$ mm,常规拉曼光谱只需要少量的样品就可以得到。这是拉曼光谱相对常规红外光谱一个很大的优势。而且,拉曼显微镜物镜可将激光束进一步聚焦至 10 μm 甚至更小,可分析更小面积的样品。

（5）共振拉曼效应可以用来有选择性地增强分子特个发色基团的振动,这些发色基团的拉曼光强能被选择性地增强 $10^3\sim10^4$ 倍,另外偏振测量也给拉曼光谱所得信息增加了一个额外的因素,对结构测定有帮助。

拉曼光谱技术自身的这些优点使之成为现代光谱分析中重要的一员。

3 拉曼光谱仪

拉曼光谱仪主要由光源系统、收集系统、分光系统和检测系统构成。光源一般采用能量集中、功率密度高的激光,收集系统由透镜组构成,分光系统采用光栅或陷波滤光片结合光栅以滤除瑞利散射和杂散光,检测系统采用光电倍增管检测器、半导体阵检测器或多通道的电荷耦合器件。

3.1 光源系统

由于拉曼散射很弱,因此要求光源强度大,一般用激光光源。激光光源有如下优点：

（1）极高的亮度。虽然激光器的总输出功率不高,但是激光能把能量高度集中在一微小的区域内,在此区域内样品所受的激光照射可以达到相当大的数值,因此拉曼散射的强度大大提高。

(2) 极好的单色性。激光是一种单色光,谱线宽度十分狭小,如氦氖激光器发出的632.8 nm的红色光,频率宽度只有$9×10^{-2}$ Hz。

(3) 极好的方向性。激光几乎是一束平行光。由于激光的方向性好,所以能量能集中在一个很窄的范围内,即激光在单位面积上的强度远远高于普通光源。

(4) 极高的相干性。由于激光的发散度极小,激光可以传输很长的距离而保持高亮度,因此激光光源可以放在离样品很远的地方,消除因光源靠近而导致的热效应。

拉曼仪器的校准包括三个要素:初始波长、激光波长以及强度。激光波长变化可影响仪器的波长精度和光度(强度)精度。即使是最稳定的激光器,在使用过程中,其输出波长也会有轻微变化。所以,激光波长必须被校正以确保拉曼位移的准确性。

3.2 收集系统

收集系统,又称外光路系统,是激光器之后到分光系统前面的一切设备(包括样品池),包括聚光、集光、样品架、滤光和偏振等部件。它们的作用主要是为了在试样上能够得到最有效的照射,充分滤除相对强度很大的瑞利散射线,最大限度地收集拉曼散射光,还要适合于不同状态的试样在各种不同条件(如高、低温等)下的测试。拉曼光谱仪中的光路组成示意图见图4-11。

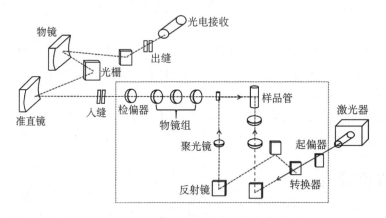

图 4-11　拉曼光谱仪中的光路示意图

图4-11是一种典型的拉曼光谱仪的光路示意图,其中虚框部分为外光路系统。调节好外光路是获得拉曼光谱的关键。首先应使外光路与单色仪的内光路共轴。激光器输出的激光首先经过起偏器,消除激光中可能混有的其他波长的激光或其他杂波。然后经过反射镜改变光路,再由聚光镜准确地聚焦在样品上。样品所发出的拉曼散射光再经多个聚光镜,常用透镜组或反射凹面镜作散射光的收集镜。为了更多地收集散射光,对某些实验样品可在集光镜对面和照明光传播方向上加反射镜。反射镜的作用是将透过样品的激光束及样品发出的散射光反射回来再次通过样品,以增强激光对样品的激发效率,提高散射光的强度。收集到的散射光,经过检偏器后准确地成像在单色器的入射狭缝上。

为了得到较强的激发光,采用一聚光镜使激光聚焦,使在样品容器的中央部位形成激光的束腰。为了增强效果,在容器的另一侧放一凹面反射镜。凹面镜可使样品在该侧的散射光返回,最后由聚光镜把散射光会聚到单色仪的入射狭缝上。用一块或两块焦距合适的会聚透镜,使样品处于会聚激光束的腰部,以提高样品光的辐照功率,可使样品在单位面积上辐照功率比不用透镜会聚前增强 10^5 倍。

由于在可见光区域内,拉曼散射不会被玻璃吸收,因此拉曼光谱在可见光区域内的一大优点是样品可放在透明的玻璃样品池中。样品池可以根据实验要求和样品的形状和数量而设计成不同的形状,见图 4-12(a)。样品架的设计要保证使照明最有效和杂散光最少,尤其要避免入射激光进入光谱仪的入射狭缝。为此,对于透明样品,最佳的样品布置方案是使样品被照明部分呈光谱仪入射狭缝形状的长圆柱体,并使收集光方向垂直于入射光的传播方向,如图 4-12(b)所示。气体的样品可采用内腔方式,即把样品放在激光器的共振腔内。液体和固体样品是放在激光器的外面。在一般情况下,气体样品采用多路反射气槽;液体样品可用毛细管、多重反射槽;粉末样品可装在玻璃管内,也可压片测量。样品池还可以根据实验的特殊需要设计成恒温样品池、高温样品池及低温样品池,这在生物医学领域有较为广泛的应用。

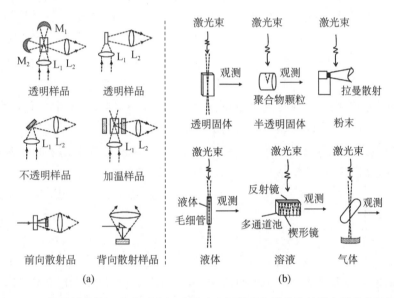

图 4-12 (a)拉曼样品的几种典型空间配置;(b)各种形态样品在拉曼光谱仪中放置方法

3.3 分光系统

分光系统是拉曼光谱仪的核心部分,它的主要作用是把散射光分光并减弱杂散光。激光照射到样品上后,除了产生所需要的拉曼散射外,还有频率十分接近的瑞利散射及其他杂散光。因此,在对散射光进行检测之前,需要将杂散光除去。分光系统使拉曼散射光按波长在空间中分开,通常使用单色仪。为了获得高的分辨率和低的杂散光,一般用双联或多联单色仪。

图 4-13 所示为三联单色仪,即三个单色仪耦合起来。第一个单色仪的出射狭缝为第二个单色仪的入射狭缝,第二个单色仪的出射狭缝为第三个单色仪的入射狭缝。三个光栅同向转动时,色散是相加的,可以得到较高的分辨率。单色仪联用固然可以提高仪器分辨率,但在光路传输过程中也会发生能量的损耗,加之拉曼散射十分微弱,因此更多联单色仪的联合使用并不常见。各种光学部件的缺陷,尤其是光栅的缺陷,是仪器杂散光的主要来源。当仪器的杂散光本领小于 10^{-4} 时,只能作气体、透明液体和透明晶体的拉曼光谱。

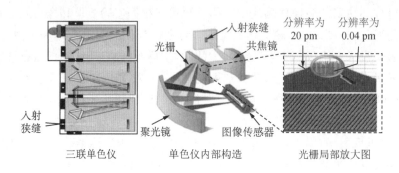

图 4-13　单色仪及光栅

如图 4-13 所示,作为分光系统中的主要部分,光栅(Optical Grafting)是由大量等宽等间距的平行狭缝构成的光学器件。光栅的狭缝数量一般每毫米上千条。单色平行光通过光栅后形成暗条纹很宽、明条纹很细的图样,这些锐细而明亮的条纹称作谱线。当复色光通过光栅后,不同波长的谱线在不同的位置出现而形成光谱。光通过光栅形成光谱是单缝衍射和多缝干涉的共同结果。一块光栅难以覆盖全光谱范围,衍射效率为非均匀性分布,在其光谱衍射工作区的两端效率较低,影响了仪器的信噪比质量。多光栅折叠光谱仪采用了时间并联模式的快速光谱信号获取的新原理和方法,利用二维面阵探测器的优点,在一台光谱仪中,同时满足宽光谱区、高分辨率和快速测量的三项关键功能要求。

3.4　检测系统

拉曼散射信号的接收类型分单通道和多通道接收两种。激光拉曼光谱仪一般采用单通道接收光电倍增管做探测器。由于拉曼散射强度很弱,因此要求光电倍增管有高的量子效率和尽可能低的热离子暗电流。液氮冷却的 CCD 电子耦合器件探测器的使用可大大提高探测器的灵敏度。

如图 4-14 所示,光电倍增管有一光电阴极和一组倍增打拿电极。当散射光撞击光电阴极后,由于光电效应,光电阴极便会发射出光电子。这些光电子受电场作用而被加速,在撞击第一打拿电极后产生更多的二次电子,逐级加速,每经一次打拿电极,都产生二次发射电子。因此,最后阳极的电子数可以达到开始的 $10^6 \sim 10^7$ 倍。可见,输入一个光子可以输出 $10^6 \sim 10^7$ 个电子的电脉冲信号。拉曼散射光经过光电倍增管的处理后,光信号变为电信号,但此时电信号较弱,还需进一步放大处理。为了提取拉曼散射信息,常用的电子学处理方法是直流放大、选频和光子计数,然后用记录仪或计算机接口软件画出图谱。

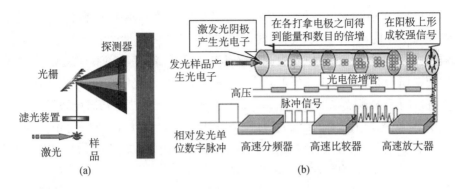

图 4-14　(a)拉曼光谱仪示意图;(b)探测器构造图

在获得拉曼光谱信号的过程中,由于受激发激光光强的漂移、CCD 检测器热稳定噪声、样品放置位置与方向等多方面因素的影响,获得的拉曼光谱往往具有较强的荧光背景和其他噪声干扰。能否去除拉曼光谱的荧光背景和其他噪声干扰,提高信噪比,是这类拉曼光谱技术能否广泛应用的关键。

现代分析仪器去除噪声的方法可分两个阶段进行。①在仪器信号采集时,可以通过信号调制、陷波滤波器、高通滤波器或者低通滤波器等滤波方法实现,也可采用重复扫描,增加取样时间或计算机累加平均等方法来消除激光器、光电倍增管及电子学系统带来的噪声。②在获得仪器输出的数字信号后,可以通过数据处理来减少噪声。针对激光拉曼光谱数据的特点,目前在拉曼光谱数据处理中主要有平滑、求导和快速傅里叶变换、扣除基线、归一化处理等方式。

4　拉曼光谱的测试及影响因素

拉曼光谱的信号强度十分微弱,因此选择合适的光谱仪和测试条件对拉曼信号的采集有很大影响。一般说来,检测器收集的光电子信号强度主要与激光源、光信号的收集和传输效率有关。

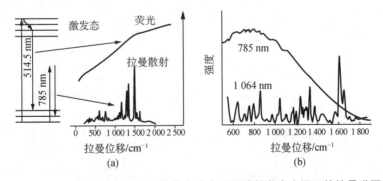

图 4-15　(a)罗丹明 6G 和(b)扑热息痛在不同波长激发光源下的拉曼谱图

在拉曼光谱实验中,为了得到高质量的谱图,除了选用性能优异的拉曼谱仪外,准确地使用光谱仪,控制和提高仪器分辨率和信噪比是很重要的。综合拉曼光谱仪的基本构造和检测器检测到拉曼信号的质量,影响拉曼光谱测试结果的因素可以从以下四个方面进行考虑:

（1）激光源，包括激发功率和激发波长。虽然增大激发功率能提高激发光强度，或增加缝宽能够提高信噪比，但在低波数测量时，这样做常常会因增加杂散光而适得其反。另外，为防止强激光照射下样品炭化以及由此带来的荧光干扰，激发功率不宜太大，有时还需要较小的激发功率（1～2 mW）。在激发波长方面，选择不同的激光波长，可以有效减少甚至抑制荧光的干扰。对于大多数样品而言，选择近红外或者紫外激光可以避免激发荧光。因为在近红外激发下，激光光子没有足够的能量以激发出分子荧光，同时还能阻止样品的光分解。如图 4-15 所示，很弱的荧光也比拉曼散射要强，很容易掩盖拉曼散射信号，因此使用更长波长（785 nm 或 1 064 nm）的激发光可使荧光显著减弱。

（2）收集系统，包括孔径角的匹配以及样品聚焦程度。孔径角要注意把散射光正确地聚焦到入射狭缝上，否则不但降低了分辨率也影响了信号灵敏度。为防止样品分解常采用的一种办法是旋转技术，利用特殊的装置使激光光束的焦点和样品的表面做相对运动，从而避免了样品的局部过热现象。样品旋转技术除能防止样品分解外，还能提高分析的灵敏度。

（3）分光系统，包括狭缝和光栅。入射、出射和中间狭缝是拉曼光谱仪的重要部分，入射、出射狭缝的主要功能是控制仪器分辨率，中间狭缝主要用来抑制杂散光。随着入射缝的增大，仪器接收到的光量也增加，但同时仪器分辨率下降。光栅的参数直接影响进入探测器的拉曼信号的质量。

（4）检测系统，主要包括光谱分辨、扫描速率、扫描次数、探测器温度等因素。

上述因素的一些具体实验结果见图 4-16 所示，改变激光波长（图 4-16(a)）、激光功率（图 4-16(b)）、狭缝宽度和曝光时间（图 4-16(c)）等因素，都会致使拉曼谱线呈现不同形貌，光栅刻线密度等的影响见图 4-16(d)，(e)，(f)。

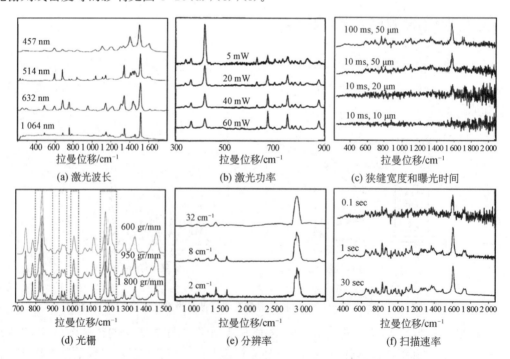

图 4-16　不同测试条件对拉曼谱图的影响

拉曼光谱测试除仪器设置及测试条件选择外,样品本身也有一些因素需要考虑。

首先是避免测试过程中的荧光效应对拉曼光谱的影响。与拉曼散射相比,荧光是一种量子效率更高的过程,甚至很少量不纯物质的荧光也可以导致显著的拉曼信号降低。所以,一旦样品或杂质产生荧光,拉曼光谱就会被荧光所湮没,致使检测不到样品的拉曼信号。

另外,样品加热会造成一系列的问题,例如物理状态的改变(熔化)、晶型的转变或样品的烧灼。这是有色的、具强吸收或低热传导的小颗粒物质常出现的问题。样品加热的影响通常是可观察的,表现在一定时间内拉曼光谱或样品的表观变化。除了减少激光通量,有许多种方法可用来降低热效应,例如在测量过程中移动样品或激光,或者通过热接触或液体浸入来改善样品的热传导。

样品测定中需考虑的重要因素还有光谱的污染。拉曼光谱是一种可以被许多外源影响掩蔽的弱效应,普通的污染源包括样品支持物(容器或基质)和周围光线。通常,这些问题可以通过细致的实验方法来识别和解决。

综上所述,对拉曼光谱最主要的干扰因素是荧光、样品的热效应和基质或样品自身的吸收。为了抑制或消除荧光对拉曼光谱的影响,除可以从上述测试条件的设置方面进行控制外,对样品进行一些处理也是有益的。可以通过以下两种方法对样品进行处理:①纯化样品或加入少量荧光淬灭剂。②测量前将样品用激光照射一定时间。这个过程被称为光致漂白,是通过降解高吸收物质来实现的。光致漂白主要针对固体样品,在液体中效果并不明显,可能是由于液体样品的流动性,或荧光物质不是痕量。

5　拉曼光谱技术的发展

5.1　傅里叶变换拉曼光谱技术

傅里叶变换拉曼光谱(FT-Raman)是近红外激光拉曼技术与傅里叶变换技术的结合。如图 4-17 所示,FT-Raman 光谱仪在结构上与普通可见激光拉曼光谱仪相似,迈克尔逊干涉仪和傅里叶变换技术的利用,使得 FT-Raman 光谱仪的波数精度、分辨率,以及信噪比大

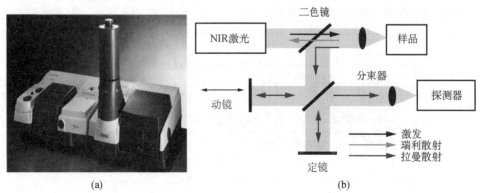

图 4-17　(a)FT-Raman 光谱仪及其(b)光路示意图

大提高,并可以在更短的时间内搜集信息,适合含荧光和对光不稳定的化合物以及生物样品的非破坏性结构分析,可快速进行全谱扫描。

与传统的色散型拉曼散射光谱仪相比,傅里叶变换拉曼光谱仪具有以下优点:

(1)可以有效避开荧光干扰,大大拓宽了拉曼光谱的应用范围。

(2)测量速度快,可匹配一些反应的动力学研究。

(3)辐射量大。在传统拉曼光谱仪中,为了提高分辨率而减小入射狭缝宽度或采用多个单色器,会使得进入和通过单色仪的拉曼散射更加微弱,不利于拉曼光谱的测定。而 FT-Raman 则不存在狭缝的限制,辐射量只与干涉仪平面镜的大小有关。

(4)测量精度高。在 FT-Raman 中,迈克尔逊干涉仪干涉仪采用激光干涉条纹测定光程差,使得在测定光谱方面更为准确。

(5)操作方便,样品的色散信号只需要聚焦于小孔中即可。

不过,FT-Raman 也存在一些不足之处,如单次扫描信噪比不高、在低波数区扫描质量不如色散型拉曼光谱仪,以及水影响傅里叶变换拉曼光谱仪的测试灵敏度等。

5.2 表面增强拉曼光谱技术

用通常的拉曼光谱法测定吸附在胶质金属颗粒如银、金或铜表面的样品,或吸附在这些金属片的粗糙表面上的样品时,被吸附样品的拉曼光谱的强度可提高 $10^3 \sim 10^6$ 倍。这种现象被称为表面增强拉曼散射(Surface-Enhanced Raman Scattering, SERS)效应,它是指在特殊制备的一些金属良导体表面或溶胶中,在激发区域内,由于样品表面或近表面的电磁场的增强,吸附分子的拉曼散射信号比普通拉曼散射信号大大增强的现象。

目前学术界普遍认同的表面增强拉曼机理主要有物理增强机理和化学增强机理两类。如图 4-18 所示,前者主要与表面增强拉曼金属基底有关,来自于金属表面离域电子的集体激发,即表面等离子共振效应,增加了金属表面的局域电磁场,同时分子的拉曼散射光对等离子的激发也增强了局域电磁场。后者则认为 SERS 与分子极化率改变有关,原子级粗糙化金属表面存在的活性位置引起化合物分子与金属表面原子间的化学吸附形成化合物或形成新的化学键,导致分子极化率的改变。除了物理/化学吸附效应外,各向异性分子取向效应和某些带电分子的电荷转移效应也用来解释 SERS。SERS 是一个复杂的过程,提出的各个模型只能在特定的场合下解释,存在局限性,其产生原因可能包括物理作用、化学作用或是两者的综合作用。

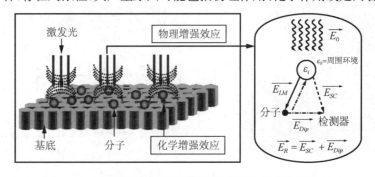

图 4-18　表面增强拉曼散射的物理增强和化学增强原理

表面增强拉曼光谱是一种非常强大的高灵敏分析技术,是检测极少量物质的有效方法,对于有些体系,它的灵敏度甚至达到检测单分子水平。

5.3 显微拉曼光谱技术

显微拉曼光谱技术是将拉曼光谱分析技术与显微分析技术结合起来的一种应用技术。图 4-19(a)为显微拉曼光谱仪的外观图。当我们将样品沿着激光入射方向上下移动,可以将激光聚焦于样品的不同层,这样所采集的信号也将来自样品的不同层,实现样品的剖层分析。显微拉曼仪具有很好的空间分辨率,样品分析时将入射光通过显微镜聚焦到样品上,从而可以在不受周围物质干扰的情况下,精确获得所照样品微区的有关化学成分、晶体结构、分子相互作用以及分子取向等各种拉曼光谱信息。可以看出,这种结构的最大特点就是可以有效地排除来自聚焦平面之外其他层信号的干扰,从而有效地排除溶液本体信号对所需要分析的层信号的影响。

显微拉曼技术应用于微区与表面分析可以获得微区内分子振动信息,从而得到相关分子信息。这种分析方法快速简便,分辨率高,适合微量样品分析。

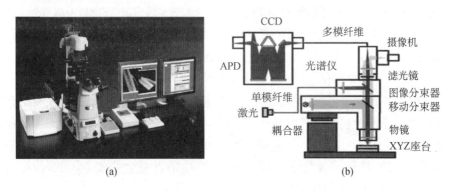

图 4-19 (a)显微拉曼光谱仪及其(b)结构示意图

5.4 激光共焦显微拉曼技术

20 世纪 90 年代共焦显微拉曼光谱技术得到广泛的应用。当激光束聚焦得很好时,光斑的尺寸比较小,能获得好的横向空间率;而当激光束快速发散时,则可以获得较好的轴向分辨率,即深度方向的分辨率。如图 4-20(b)所示,当激光未聚焦时,样品的大部分信号被挡住,无法通过针孔到达检测器;而当激光聚焦在样品表面时,被照射点可以在探测针孔处成像。将样品沿着入射光方向上下移动,可以将激光聚焦于样品的不同层,采集的拉曼信号也来自于样品的不同层,从而实现样品的逐层分析或深度分析。

在光谱本质上,激光共焦显微拉曼仪与普通的激光拉曼仪没有区别,只是在光路中引进了共焦显微镜,从而消除来自样品的离焦区域的杂散光,形成空间滤波,保证了探测器到达的散光是激光采样焦点薄层微区的信号。

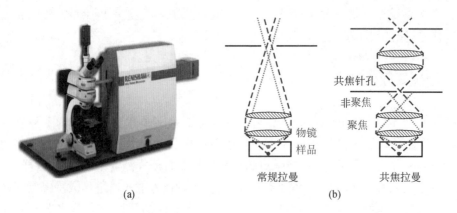

(a)   (b)

图 4-20   (a)激光共焦显微拉曼仪;(b)常规拉曼技术与共焦拉曼技术比较

5.5   拉曼 Mapping 成像技术

研究物质表面形貌的直观方法有多种,常见的如透射电镜(TEM)、扫描电镜(SEM)、原子力显微镜(AFM)等,由于仪器的原理和分辨率的差异,相应地可以获得分辨率和形貌结构不同的物相形貌图,从而直观表征物质的结构形貌。随着科技的日新月异,新一代共焦显微拉曼光谱仪实现了在微米和亚微米尺度上样品的无损分析,其空间分辨率可达 1 μm,不仅可以得到物质的拉曼光谱信息,还可以快速精确得到化学图像。其原理如图 4-21(a)所示,通过精密的 XY 自动平台或激光在样品上快速扫描,从样品上的每一个点收集到完整的拉曼光谱,再通过专业的拉曼软件分析或相应的数学软件处理,最终可以得到高精度的拉曼图像。这样所得到的拉曼图像,不仅直观地表征出物相的结构图像信息[图 4-21(b)],同时也得到物相各位点的特征拉曼光谱,使得物质的结构信息更为完整。因此,拉曼 Mapping成像技术可以广泛应用于物相结构分析。

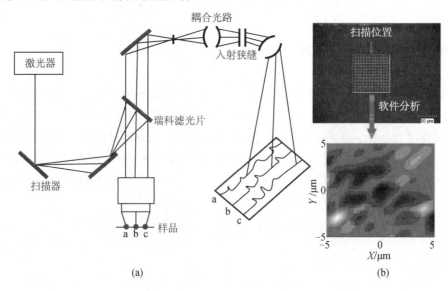

(a)   (b)

图 4-21   拉曼 Mapping 成像原理

5.6　激光共振拉曼光谱技术

拉曼光谱和红外光谱都属于分子振动光谱,可以反映分子的特征结构。但是拉曼散射是一个非常弱的过程,一般其光强仅约为入射光强的 10^{-10}。所以拉曼信号都很弱,要对表面吸附物种进行拉曼光谱研究几乎都要利用某种增强效应。当选取的入射激光波长非常接近或处于散射分子的电子吸收峰范围内时,拉曼跃迁的几率大大增加,使得分子的某些振动模式的拉曼散射达到正常拉曼散射的 $10^4 \sim 10^6$ 倍,这种现象称为共振拉曼效应(Resonance Raman, RR),它是电子态跃迁和振动态相耦合作用的结果。

如图 4-22(a)所示,当激发光的频率(能级)远低于分子的电子跃迁频率(能级),只能跃迁到虚态上时,为正常拉曼散射。而在共振拉曼散射中,激发光的频率(能级)与电子跃迁频率(能级)相一致。毫无疑问,共振拉曼散射存在与否取决于激发光的波长。因此,共振拉曼技术与常规拉曼光谱技术不同之处在于要求光源可变,可调谐染料激光器是获得共振拉曼光谱的必要条件。采用共振拉曼光谱可以观察到正常拉曼效应中难以出现的、其强度可与基频相比拟的泛音及组合振动光谱,图 4-22(b)为使用不同波长激光激发的拉曼光谱。此外,共振拉曼光谱灵敏度高,可用于低浓度和微量样品检测,结合表面增强技术,灵敏度已达到单分子检测。但是只有生色基团或与生色基团相连接的基团的振动才能被有效地选择性增强,而与此无关的振动是不能增强的。

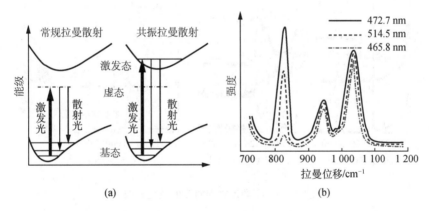

图 4-22　常规拉曼与共振拉曼的比较:(a)散射示意图;(b)拉曼谱图

6　拉曼光谱技术的应用

拉曼光谱作为一种散射光谱,具有检测范围广、制样简单、对样品无损坏的特点,在材料研究和生物医学领域起到十分重要的作用。拉曼光谱不仅可以反映无机材料的晶体类型、结晶行为和成分组成,对高分子材料的分子结构、结晶结构、取向结构和共混聚合物的相结构表征也发挥着重要作用。此外,拉曼光谱技术在痕量物质检测、成像分析、现时监测、病理诊断及新型传感器领域也起到了重要作用。

6.1 碳材料有序结构的表征

相对于红外光谱来说,拉曼光谱特别适用于非极性化学键的表征,尤其是碳链骨架材料的识别。石墨烯被认为是碳材料中最基本的单元,可以卷曲成零维的富勒烯、一维的碳纳米管,或者堆积成三维的石墨等。如图 4-23 所示,不同种类的碳材料表现出不同的拉曼位移和形状,位于 1 350 cm^{-1} 和 1 580 cm^{-1} 附近的 D 峰和 G 峰分别代表碳材料中的缺陷结构和规整结晶结构。天然石墨晶体和高取向热解石墨在 1 580 cm^{-1} 处都表现出极强的 G 峰,意味着高度规整的结晶结构存在。而对于多晶石墨,除 1 580 cm^{-1} 处的 G 峰外,在 1 357 cm^{-1} 出现 D 峰,说明多晶石墨中存在石墨片的缺陷、不连续或晶体的无序堆积。图 4-23 右中的几种碳纳米管在结晶程度和有序度方面也存在差异,位于 1 580 cm^{-1} 处的 G 峰强度越高,说明其中石墨化的结晶和有序程度越高,碳 60 因为其中有五元环、六元环存在,在多个位置出现峰,不是严格的石墨片层结晶结构。常用 D 峰和 G 峰的强度比 I_D/I_G 表示此类碳材料的石墨化晶体完善程度,比值越小,石墨化结晶程度越高。相比较,焦炭、木炭等的石墨化结晶程度低。

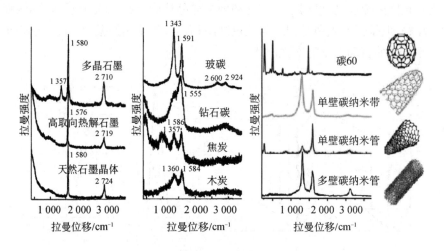

图 4-23　不同碳材料对应的拉曼光谱

6.2 晶体类型和结晶结构的检测

氧化锰有不同的组分和结晶形态。对于不同晶体类型的 MnO_2,其拉曼特征峰位置有很大变化。如 α-MnO_2 在 300 cm^{-1} 表现出较强的特征峰,其他类型的 MnO_2 出现的峰很弱或没有出现峰,而在 550~750 cm^{-1} 范围出现峰,γ-MnO_2 在 610 cm^{-1} 出现强的特征峰,λ-MnO_2 在 590 cm^{-1} 出现强峰,β-MnO_2 在 660 cm^{-1} 出现峰,而 R-MnO_2 在 590 cm^{-1} 和 650 cm^{-1} 均出现强峰。在图 4-24 中,Pr 的含义是软锰矿在斜方锰矿中的生长速度。可以看出,即使对于同晶型的 γ-MnO_2,软锰矿的生长速度不同也会造成晶体结构的差异。因此,晶体类型的差异及晶体结构的变化在拉曼谱图中均能得到很好的反映。

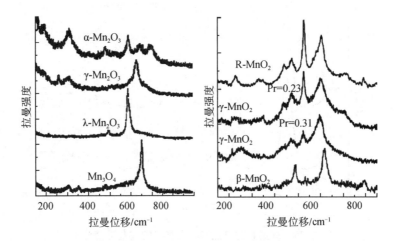

图 4-24　不同晶体结构氧化锰的拉曼光谱

对于高分子材料的结晶结构,拉曼光谱也能识别。图 4-25(a)是无定形和半结晶聚对苯二甲酸乙二醇酯(PET)的拉曼光谱,与无定形样品相比,半结晶 PET 样品在 1 000、1 100 和 1 700 cm^{-1} 附近表现出属于结晶结构的特征峰(图中箭头所示),它们应该对应其中晶体中的—CH$_2$—CH$_2$—O—链节和羧基部分。同样的,高密度聚乙烯(HDPE)在熔融纺丝过程距离喷丝孔不同距离,纤维内结晶的程度是不同的,纺程较短时(45 cm),得到的 HDPE 基本为无定形结构;随着纺程的不断增加,当位移到达 65 cm 时,在 1 070 cm^{-1} 和 1 130 cm^{-1} 的特征峰逐渐增强;位移到达 588 cm 时,表现出尖锐的特征峰,说明此时产物具有很规整的晶体结构,见图 4-25(b)。

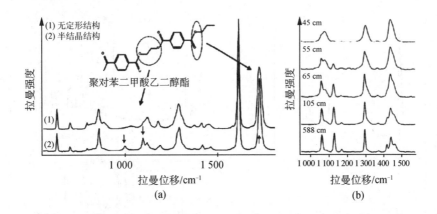

图 4-25　(a)PET 的晶体测定;(b)HDPE 纺丝过程中的结晶结构发展

微晶纤维素和苹果纤维素具有类似的化学组成,但在拉曼谱图(图 4-26)中却表现出很大差异。主要因为两者结晶程度不同,由于微晶纤维素的规整性更好,它表现出更高的结晶行为。图中+表示结晶谱带,* 是非晶谱带,相比较,苹果纤维素表现出更多非晶谱带存在。

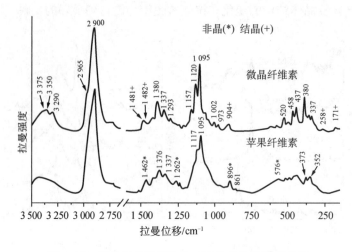

图 4-26 纤维素的结晶和非晶结构的拉曼谱带分析

6.3 材料的化学结构分析

拉曼谱图可以用来分析聚合物的结构单元、支化类型及支化度等化学结构信息。图 4-27 为聚乙烯(PE)、聚丙烯(PP)、聚碳酸酯(PC)和聚对苯二甲酸乙二醇酯(PET)等几种常见聚合物的 FT-Raman 谱图。如图所示,由于侧基结构的不同,PE 和 PP 分别在 2 880 cm^{-1} 和 1 459 cm^{-1} 表现出尖锐的特征谱带。对于 PC 来说,在 2 926 cm^{-1} 和 1 446 cm^{-1} 表现出特征峰,同样的,在 PET 的谱图上,在 1 730 cm^{-1} 附近表现出很强的碳基峰(与图 4-25(a)一致)。因此,拉曼谱图可以作为分析高分子材料化学结构的一种有效方法。

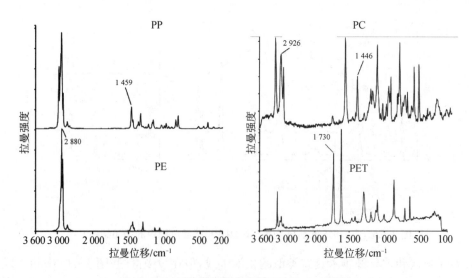

图 4-27 几种常见聚合物的 FT-Raman 谱图

拉曼光谱在异构体的定性分析中也有相当的优势。例如,顺式和反式的 1,4-聚丁二烯的 C═C 伸缩谱带分别在 1 664 cm^{-1} 和 1 650 cm^{-1},而 1,2-己二烯的 C═C 伸缩谱带在

$1\,639\ cm^{-1}$。顺式和反式的 1,4-聚异戊间二烯的 C═C 伸缩谱带在 $1\,662\ cm^{-1}$,3,4-聚异戊间二烯的 C═C 伸缩谱带在 $1\,641\ cm^{-1}$。

6.4　拉曼成像分析聚合物相态结构

传统研究聚合物相态结构的方法主要依赖于电子显微镜和光学显微镜,近年来随着拉曼光谱技术的不断发展,也逐渐用于聚合物相态结构分析。如图 4-28 所示,通过拉曼成像对 PET、PMMA 和 PS 三元复合材料进行相态分析与拉曼谱图结合,共同说明三者共混体系的相态结构更加完整清晰。

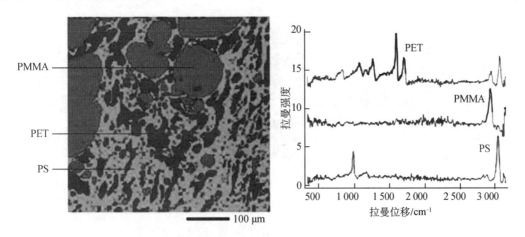

图 4-28　三相混合高分子材料的成像分析与拉曼谱图

聚对苯二甲酸乙二醇酯(PET)与高密度聚乙烯(HDPE)的共混体系中,两者的不相容性通过拉曼成像也能清晰表达,图 4-29 左中的 C 点区域是 PET 富集区,其拉曼光谱相比 a 和 b 点在 $1\,725\ cm^{-1}$ 处出现 PET 的特征谱带,而代表 HDPE 的特征谱带是 $1\,062\ cm^{-1}$,它在 a 点具有更强的光谱,见图 4-29。

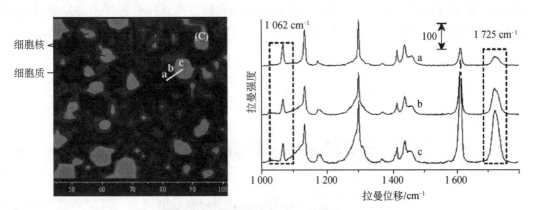

图 4-29　PET/HDPE(20/80)共混体系的拉曼成像和对应位点的拉曼光谱

拉曼成像在医疗领域同样大有用途,对生物体内、药品内部都可以进行分析。图

4-30(a)为成纤维细胞的拉曼成像及其拉曼谱图,其中○标示区域为细胞核,⌀标示区域为细胞质,⌀标示区域为液泡。蛋白质中含有大量肽键和脂肪族基团,拉曼光谱中可以明显看出此两种物质为主。液泡中主要特征峰为脂肪酸,在 1 000~1 700 cm^{-1} 之间。核酸的特征谱带主要归结于磷酸骨架和核苷酸。

拉曼成像分析另一优点为成像尺寸大。在图 4-30(b)中,药片的纵切面尺寸为 18 mm× 8.5 mm,空间分辨率为 500 μm。虽然分辨率可以达到更高(150 μm),但那样需要较小的样品尺寸。以扑热息痛中 850 cm^{-1} 处的强特征峰为参照,可以说明样品中不同成分的异相分布。经过比较可以发现,扑热息痛和咖啡因在制药混合过程中,咖啡因以颗粒的形式存在。此外,也可以根据拉曼谱图进行成分分析,由几个特征峰说明药片中为无水咖啡因。

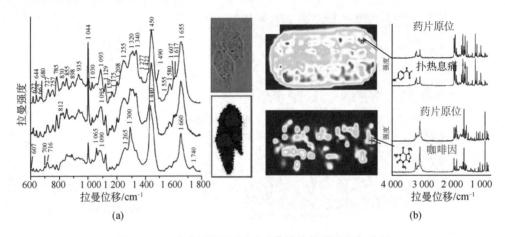

图 4-30　(a)成纤维细胞和(b)药片的拉曼成像与分析

6.5　痕量物质检测

拉曼散射的信号是十分微弱的,同时受到瑞利散射、荧光等干扰,检测的灵敏度一直受到限制。但是,随着共振拉曼、表面增强拉曼(SERS)、针尖增强拉曼等技术的发展,拉曼光谱在痕量物质分析方面得到了快速发展。如图 4-31 所示,痕量碳材料沉积到镍箔表面,常

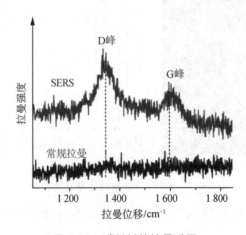

图 4-31　碳材料的拉曼谱图

规拉曼中碳材料的信号十分微弱,难以检测。但用银沉积三分钟后,碳信号大大增强,可以很明显看到 D 峰和 G 峰。由于银纳米粒(520 nm)的表面等离子体共振效应,D 峰的提高倍数比 G 峰要高。

6.6 反应动力学分析

利用表面增强拉曼技术,可以研究界面反应的动力学。ZnO 是光降解染料的催化剂,首先将 ZnO 纳米纤维沉积到银箔上,每个纳米纤维都包含若干 ZnO 纳米颗粒且无规排列,见图 4-32(a)所示,此处的拉曼增强系数可为 10^8。将甲基蓝导入界面,用紫外光辐照,每隔 1 min 记录一次甲基蓝的拉曼光谱,从 0 到 20 min 的拉曼图谱见图 4-32(c),1 127 cm^{-1} 和 1 625 cm^{-1} 处的谱带都是甲基蓝的特征谱。随光照时间延长,甲基蓝的所有特征谱强度都减小,直至消失。将谱带强度与浓度关联,得到甲基蓝在界面降解反应的动力学曲线,见图 4-32(b)。其中上面一条线是以 1 625 cm^{-1} 处的谱带进行计算,下面一条线是以 1 127 cm^{-1} 处的谱带进行计算。可见紫外光引发的甲基蓝在 ZnO/Ag 界面上的动力学反应通过 SERS 得到了很好的研究,结果比紫外可见吸收光谱更加准确。

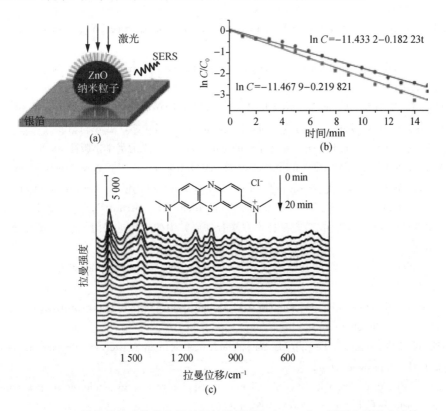

图 4-32　甲基蓝的光催化降解过程拉曼谱图和在 ZnO/Ag 界面上的反应速度

▤ 复习要点

　　拉曼光谱基本原理：非弹性散射与拉曼效应，拉曼光谱的经典理论、拉曼光谱的量子理论。拉曼光谱的选择规则，拉曼光谱与红外光谱原理上的区别及其优越性。拉曼光谱仪的构成：激光源、收集系统、分光系统、检测系统等。影响拉曼光谱的因素：激光波长、激光功率、狭缝宽度、曝光时间、分辨率及其他。常用的联合拉曼光谱技术：傅里叶变换拉曼光谱技术、表面增强拉曼光谱技术、激光共振拉曼光谱技术、激光扫描共聚焦显微技术等的优势。拉曼光谱在材料研究中的应用。

参考文献

[1] McCreery R L. Raman Spectroscopy for Chemical Analysis［M］. New Jersey：John Wiley & Sons，2000.

[2] 程光煦. 拉曼布里渊散射：原理及应用［M］. 北京：科学出版社，2001.

[3] Kumar C. Raman Spectroscopy for Nanomaterials Characterization［M］. Berlin：Springer，2012.

[4] Ferraro J R，Nakamoto K，Brown C W. Introductory Raman spectroscopy［M］. Amsterdam：Elsevier，2003.

[5] Smith E，Dent G. Modern Raman Spectroscopy—A Practical Approach［M］. New Jersey：John Wiley & Sons，2005.

[6] Larkin P. Infrared and Raman Spectroscopy—Principles and Spectral Interpretation［M］. Amsterdam：Elsevier，2011.

[7] Baddour-Hadjean R，Pereira-Ramos J P. Raman microspectrometry applied to the study of electrode materials for lithium batteries［J］. Chemical Review，2010，110(3)：1278-1319.

[8] 朱自莹，顾仁敖，陆天虹. 拉曼光谱在化学中的应用［M］. 沈阳：东北大学出版社，1998.

[9] Vandenabeele P. Practical Raman Spectroscopy—An Introduction［M］. New York：Wiley，2013.

[10] Dieing T，Hollricher O，Toporski J. Confocal Raman Microscopy［M］. Berlin：Springer，2010.

[11] Zoubir A. Raman Imaging—Techniques and Applications［M］. Berlin：Springer，2012.

[12] 胡成龙，陈韶云，陈建，等. 拉曼光谱技术在聚合物研究中的应用进展［J］. 北京：高分子通报，2014(03)：30-15.

[13] Hrandmuller J，Kiefer M. Fifty years of Raman spectroscopy spex speaker［J］. Physicist's View，1978，233：10-12.

[14] Fleischmann M，Hendra P J，McQuillan A J. Raman spectra of pyridine adsorbed at a silver electrode［J］. Chemical Physics Letters，1974，26(2)：163-166.

[15] Kneipp K，Moskovits M，Kneipp H. Surface-enhanced Raman Scattering—Physics and Applications［M］. Berlin：Springer，2006.

[16] Zhang R，Zhang Y，Dong Z C，et al. Chemical mapping of a single molecule by plasmon-enhanced Raman scattering［J］. Nature，2013，498：82-86.

[17] Li X，Blinn K，Fang Y，et al. Application of surface enhanced Raman spectroscopy to the study of SOFC electrode surfaces［J］. Physical Chemistry Chemical Physics，2012，12：5919-5923.

[19] Ji W，Zhao B，Ozaki Y. Semiconductor materials in analytical applications of surface-enhanced Raman scattering［J］. Journal of Raman Spectroscopy，2016，47：51-58.

[20] Krafft C, Schie I W, Meyer T, et al. Developments in spontaneous and coherent Raman scattering microscopic imaging for biomedical applications[J]. Chemical Society Review, 2016, 45: 1819-1849.

[21] Baranska M, Proniewicz L M. Raman mapping of caffeine alkaloid[J]. Vibrational Spectroscopy, 2008, 48: 153-157.

[22] Tolstik E, Osminkina L A, Mattaus C, et al. Studies of silicon nanoparticles uptake and biodegradation in cancer cells by Raman spectroscopy[J]. Nanomedicine: Nanotechnology, Biology, and Medicine, 2016, 12: 1931-1940.

[23] Aioub M, EI-Sayed M A. A real-time surface enhanced Raman spectroscopy study of plasmonic photothermal cell death using targeted gold nanoparticles[J]. Journal of American Chemical Society, 2016, 138: 1258-1264.

第五章
核磁共振（NMR）波谱

1 概述

核磁共振（Nuclear magnetic resonance，简称 NMR）波谱分析是根据某些原子核在磁场中产生能量分裂，形成能级。用一定频率的电磁波对样品进行照射，就可使其化学结构中特定的原子核发生能级跃迁，从而产生核磁共振现象。在照射扫描中记录产生共振时的电磁波频率和强度，就可得到 NMR 谱。由此可看出，NMR 波谱也是一种吸收光谱。

NMR 波谱的发展最早可追溯到 1939 年，美国物理学家 Rabi 等通过真空分子束技术首次观测到核磁共振现象，他因此获得 1944 年的诺贝尔物理学奖。1945 年斯坦福大学的 Bloch 和哈佛大学的 Purcell 几乎同时观察到宏观物质的 NMR 现象，这一重大发现使两人分享了 1952 年的诺贝尔物理学奖。此后 NMR 首先在化学领域中得到应用，推动了化学学科的发展。20 世纪 60～70 年代，瑞士科学家 Ernst 在脉冲傅里叶变换 NMR 和二维 NMR 波谱学方面做出了杰出贡献，使 NMR 的分析对象拓展到了生物大分子，他因此获得 1991 年的诺贝尔化学奖。瑞士 NMR 波谱学家 Wüthrich 对于用多维 NMR 技术测定溶液中蛋白质结构进行了开创性研究，分享了 2002 年诺贝尔化学奖。美国科学家 Lauterbur 和英国科学家 Mansfield 因在核磁共振成像（MRI）方面做出的突出贡献，获得 2003 年诺贝尔医学奖，目前 MRI 已经成为常规的医学诊断手段在世界各地得到普遍应用。另外，MRI 可直观观测材料内部结构或缺陷，正成为材料科学研究的重要手段。多次获得诺贝尔奖充分说明 NMR 分析方法在现代科学研究中占有非常重要的地位，未来在推动科学技术的发展上必将发挥更大的作用。

NMR 观测的对象是原子核，因此可根据观测的原子核不同对 NMR 进行分类。原则上，只有自旋量子数（I）不等于零的原子核，才能观测到 NMR 信号，因此能用于 NMR 分析的原子核并不是很多，常见的如 ^1H、^{13}C、^{19}F、^{29}Si、^{31}P 和 ^{15}N 等。测定 ^1H 核的 NMR 谱称为氢谱，常用 ^1H NMR 谱表示；测定 ^{13}C 核的 NMR 谱称为碳谱，常用 ^{13}C NMR 谱表示；其余类推。其中 ^1H NMR 谱和 ^{13}C NMR 谱是目前应用最为广泛的两种 NMR 分析方法，尤其是在有机合成、天然产物结构分析、高分子结构表征和生物大分子结构分析等领域。NMR 也可按样品的状态进行分类，测定溶解于溶剂中样品的称为溶液 NMR；直接测定固体样品的称为固体 NMR。由于固体 NMR 不仅能得到样品分子的化学结构信息，还可研究它的聚集态结构和分子运动行为，因此在材料科学研究中发挥着独特的作用。

2 NMR 的基本原理

2.1 核磁共振信号的产生

原子核由中子和质子组成，质子带正电荷，中子不带电荷，原子核带的电荷数等于所含的质子数,也等于原子序数。原子核的质量数 A 为质子数和中子数之和,通常标记为^{A}X,如氢核(^{1}H)、氘核(^{2}D)、碳核(^{13}C)等。存在自旋运动的原子核能产生磁矩,即能产生核磁共振信号。

原子核的自旋现象可用自旋量子数 I 表示,$I=0$ 的原子核没有自旋运动,$I\neq0$ 的原子核有自旋运动。按 I 值可把原子核分为三类:①质子数和中子数均为偶数,$I=0$,如^{12}C、^{16}O 等;②质子数和中子数其一为偶数,另一为奇数,I 为半整数,如 $I=1/2$,有^{1}H、^{13}C、^{15}N 等,再 $I=3/2$,有^{7}Li、^{11}B 等;③质子数和中子数均为奇数,I 为整数,如$I=1$,有 ^{2}D、^{6}Li 等。

$I\neq0$ 的原子核的自旋角动量用 P 表示,其大小为

$$P=\sqrt{I(I+1)}\,\frac{h}{2\pi}=\sqrt{I(I+1)}\hbar \tag{5-1}$$

式中:h 和 $\hbar$ 为普朗克常数。

有自旋角动量的原子核存在磁矩 μ,μ 与 P 的关系为

$$\mu=\gamma\cdot P \tag{5-2}$$

式中:γ 称为磁旋比,是反映原子核属性的重要参数。

若将自旋的原子核置于磁场强度为 H_0 的静磁场中,且磁力线沿 z 轴方向时,根据量子力学原则,原子核自旋角动量在 z 方向的投影是量子化的,只能取一些不连续的数值

$$p_z=m\hbar \tag{5-3}$$

式中:m 为磁量子数,$m=I,I-1,\cdots,-I$,即自旋量子数为 I 的原子核在静磁场中有 $(2I+1)$ 个取向,每一个取向对应一定的能量。

与此相应,原子核磁矩在 z 方向的分量 μ_z 为

$$\mu_z=\gamma p_z=\gamma m\hbar \tag{5-4}$$

磁矩和磁场的相互作用能 E 为

$$E=-\mu\cdot H_0=-\mu_z H_0=-\gamma m\hbar H_0 \tag{5-5}$$

原子核不同能级之间的能量差 ΔE 则为

$$\Delta E=-\gamma\Delta m\hbar H_0 \tag{5-6}$$

根据量子力学的选律,只有 $\Delta m=\pm1$ 的跃迁才是允许的,故

$$\Delta E=\gamma\hbar H_0 \tag{5-7}$$

另外,原子核的$(2I+1)$个取向中相邻能级之间的能量差为

$$\Delta E=\frac{\mu_z H_0}{I} \tag{5-8}$$

在静磁场中,有自旋的原子核存在能级差,当用一定频率(ν)的电磁波照射该原子核时,如果其能量正好满足该能级差时,就会产生原子核能级之间的跃迁,这就是核磁共振。故产

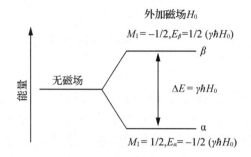

图 5-1　$I=1/2$ 的原子核磁矩在外磁场中的取向及能级示意图

生核磁共振的条件为

$$h\nu = \Delta E = \gamma \hbar H_0 \tag{5-9}$$

$$\nu = \frac{\gamma H_0}{2\pi} \tag{5-10}$$

由此可见，原子核产生核磁共振的条件除了和自身的特性（γ）有关外，还和静磁场的大小（H_0）相关。静磁场越强，其共振频率 ν 越高。以 ^{1}H 核为例，当 $H_0=2.35$T 时，其共振频率 ν 为

$$\nu = \frac{\gamma H_0}{2\pi} = \frac{(267.512 \times 10^6 \text{ rad}/(\text{T} \cdot \text{s}))(2.35\text{T})}{2\pi(\text{rad})} = 100\text{ MHz} \tag{5-11}$$

当 $H_0=9.4$T 时，其共振频率为

$$\nu = \frac{\gamma H_0}{2\pi} = \frac{(267.512 \times 10^6 \text{ rad}/(\text{T} \cdot \text{s}))(9.4\text{T})}{2\pi(\text{rad})} = 400\text{ MHz} \tag{5-12}$$

通常 NMR 谱仪的频率用相应的 ^{1}H 核共振频率标识，如 300 MHz、400 MHz、1 000 MHz 等。

2.2　弛豫

如前所述，原子核置于静磁场中会形成不同能级，在低能级分布的核数目会高于高能级分布的核数目，处于高低能级核数目分布的比例服从玻尔兹曼规律

$$N_{-1/2}/N_{1/2} = e^{-\Delta E/kT} \tag{5-13}$$

式中：$N_{-1/2}$ 和 $N_{1/2}$ 分别代表处于高能级和低能级的自旋核数目；ΔE 是能级差；k 是玻尔兹曼常数；T 是绝对温度。

以 ^{1}H 核为例，在 25 ℃温度和 14T 磁场强度条件下

$$\Delta E = \frac{\gamma h H_0}{2\pi} = \frac{(267.512 \times 10^6 \text{ rad}/(\text{T} \cdot \text{s}))(6.63 \times 10^{-34} \text{ J} \cdot \text{s})(14\text{T})}{2\pi(\text{rad})} = 3.952 \times 10^{-25}\text{ J} \tag{5-14}$$

$$N_{-1/2}/N_{1/2} = e^{-\Delta E/kT} = e^{-(3.952\times10^{-25}\text{J})/[(1.381\times10^{-23}\text{J/K})(298\text{ K})]} = 0.999\,904 \tag{5-15}$$

$$\frac{N_{+1/2} - N_{-1/2}}{N_{+1/2}} = 9.602\,54 \times 10^{-5} \tag{5-16}$$

可见处于低能级的原子核数目略高于处于高能级的原子核数目。在满足核磁共振所需频率的电磁波照射下,处于低能级的原子核向高能级发生跃迁,当高低能级上核数目相等时,则吸收电磁波的净能量为零,核磁共振信号就会消失,这种状态被称为饱和状态。但实际上只要合理地选择电磁波的照射强度及试验方法,就可连续地观测到 NMR 信号,这是由于处于高能级的原子核会以非辐射的形式释放能量回到低能级,使低能级上原子核的数目始终大于处于高能级的原子核的数目,这一过程即为弛豫。在普通核磁共振中,弛豫通常分为两类:自旋-晶格弛豫和自旋-自旋弛豫。

自旋-晶格弛豫是指处于高能级的原子核将其能量传递给周围环境并回到低能级的过程,又称为纵向弛豫,该过程需要的时间称为纵向弛豫时间(T_1)。T_1 越大,弛豫越慢。T_1 与原子核的种类、样品状态和温度等因素有关,通常溶液样品的 T_1 较短(<1 s),而固体样品的 T_1 较长。自旋-自旋弛豫,又称横向弛豫,是指处于高能级的原子核将其能量传递给同类低能级的原子核,不改变各个能级上原子核的总数目和总能量,其对应的时间为横向弛豫时间(T_2)。弛豫时间虽有 T_1 和 T_2 之分,但对每一个核来说,它在高能级所停留的时间只取决于 T_1 和 T_2 中最小者。例如固体样品的 T_1 虽然很长,但它的 T_2 特别短,短的 T_2 使每一个核高速往返于高低能级之间。T_2 的大小还与 NMR 波谱峰宽度有关,在溶液 NMR 中,T_2 较大,对应的谱峰较窄。在固体样品中,线宽不仅受 T_2 影响,还受到偶极相互作用、化学位移各向异性、化学位移分布等因素的影响,因此固体 NMR 波谱的谱峰较宽。

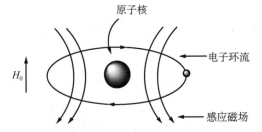

图 5-2　由核外电子产生的逆磁屏蔽效应示意图

2.3　化学位移

根据核磁共振产生的条件即式(5-10),同一种原子的裸核在固定的静磁场中产生共振的电磁波频率是不变的。但事实上,裸原子核是不存在的,所有的原子核外都存在电子云。核外电子云在外磁场(H_0)作用下,会产生一个与 H_0 方向相反的感应磁场,使外加磁场的作用减弱,对原子核产生逆磁屏蔽效应,如图 5-2 所示。

原子核实际感受到的外磁场强度就不是 H_0,而是比 H_0 小的 H

$$H = H_0(1-\sigma) \tag{5-17}$$

式中:σ 称为屏蔽常数,与原子核外电子云密度有关,电子云密度越高,σ 越大。

相应地,实际原子核产生核磁共振的电磁波频率应该为

$$\nu = \frac{\gamma H_0(1-\sigma)}{2\pi} \tag{5-18}$$

物质分子中同一种原子所处的位置（或所在基团）不同，即化学环境不同，其核外电子云密度存在差别，从式(5-18)可推断它们在同一磁场强度下产生核磁共振所需的电磁波频率不一样。例如，2-巯基乙醇分子中的六个氢原子分别位于两个亚甲基(CH_2)、巯基(SH)和羟基(OH)中，如图 5-3 所示，它们所处的化学环境不同，因此它们的共振频率不一样。即使这六个氢原子都位于亚甲基中，由于亚甲基 a 和亚甲基 b 连接的基团不同，致使其上氢原子的化学环境也存在差异。一般地，把分子中同类磁核因化学环境不同而产生的共振频率的变化量，称为化学位移。

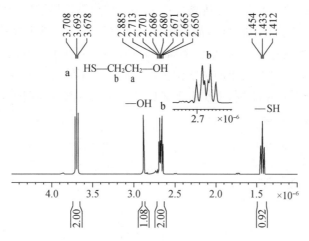

图 5-3　2-巯基乙醇的 ^1H NMR 谱图

由式(5-18)可知，用频率(Hz)表示的化学位移与静磁场强度(H_0)有关，即不同磁场强度的谱仪测定的化学位移值不同。另外，相对于外加磁场强度（几到二十几特斯拉），由核外电子云产生的感应磁场不到万分之一特斯拉，屏蔽常数 σ 很小，直接用共振频率之差表示的化学位移是以 Hz 为单位的很小值，读写不够方便。为了克服上述问题，在实际应用中，通常使用与磁场强度无关的相对量 δ 表示，如式(5-19)所示。其中，ν_s 是被测物质（样品）原子核的共振频率，ν_R 是基准物质中同种原子核的共振频率，使用两者频率差和基准物质频率的比值，得到的是无量纲的化学位移 δ。因其数值很小，故乘以 10^6，得到的化学位移结果过去通常以 ppm 为单位，表示百万分之一，现在很多文献不用 ppm 为化学位移单位。从式(5-19)可看出，δ 的大小与谱仪中的磁场强度无关。

$$\delta = \frac{\nu_s - \nu_R}{\nu_R} \times 10^6 \tag{5-19}$$

^1H 化学位移的范围通常在 0～20 之间。化学位移主要受取代基诱导效应、化学键的各向异性、共轭效应、氢键等内部因素的影响，同时也受浓度、温度、溶剂等外部因素的影响。

(1) 取代基诱导效应

分子中取代基电负性越大，吸电子能力越强，引起被测原子核周围电子云密度下降，抗磁屏蔽作用减弱，结果化学位移增大。如 $\delta(CH_3F，4.26) > \delta(CH_3OCH_3，3.24) > \delta(CH_3Cl，3.05) > \delta(CH_3Br，2.68) > \delta(CH_3I，2.16)$。取代基的诱导效应可沿碳链延伸，但随取代基与被测原子间隔键数的增加而迅速减弱。当碳原子上被吸电子基团取代的氢原子逐渐增多,剩余氢原子的化学位移逐渐增大。

(2) 化学键的各向异性

　　与氢相连的碳原子有不同的杂化方式(sp^3、sp^2 和 sp),随着 s 电子成分的增加,对相连的氢原子核产生的去磁屏蔽作用增强,其化学位移移向低场。但炔烃的化学位移相对于烯烃的低,这是由化学键的各向异性引起的。氢核与某功能基团的空间位置会影响其化学位移的变化,这种影响称为各向异性效应。图 5-4～图 5-7 是不同杂化方式形成的化学键的屏蔽区域和去屏蔽区域的示意图,屏蔽区是指抗磁性磁场区(＋),引起化学位移减小;去屏蔽区是指顺磁性磁场区(－),位于去屏蔽区的氢原子的化学位移增大。对炔烃分子,氢原子位于屏蔽区,具有较小的化学位移值,如乙炔氢的 $\delta=2.86$。而对于双键和苯环,氢原子位于去屏蔽区,具有较大的化学位移,如乙烯氢的 $\delta=5.84$,苯分子中氢的 $\delta=7.2$。对于与饱和碳相连的氢原子,通常具有较小的化学位移值。对于有不同构象的环己烷,处于直立键和平伏键的氢原子的化学位移不同,平伏键上氢原子位于去屏蔽区,其化学位移值大于直立键上的氢原子的化学位移。

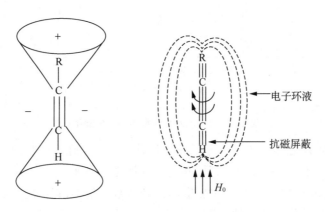

图 5-4　炔烃质子的屏蔽效应(sp 杂化)

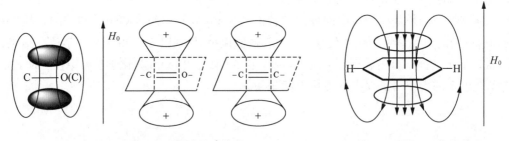

图 5-5　双键的环电流效应(sp^2 杂化)　　　　图 5-6　苯环的环电流效应

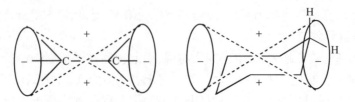

图 5-7　饱和质子的屏蔽效应(sp^3 杂化)

（3）共轭效应

同诱导效应一样，共轭效应也是通过改变核外电子云密度来引起化学位移的变化。以图 5-8 中的含双键化合物为例，化合物（Ⅰ）中，由于存在 p-π 共轭键，氧原子上未共享的 p 电子对向双键方向移动，使双键上氢原子核外电子云密度增大，抗屏蔽性增强，化学位移变小。相反，在化合物（Ⅲ）中，存在 π-π 共轭键，双键上氢原子受到的顺磁屏蔽作用增强，化学位移增大。

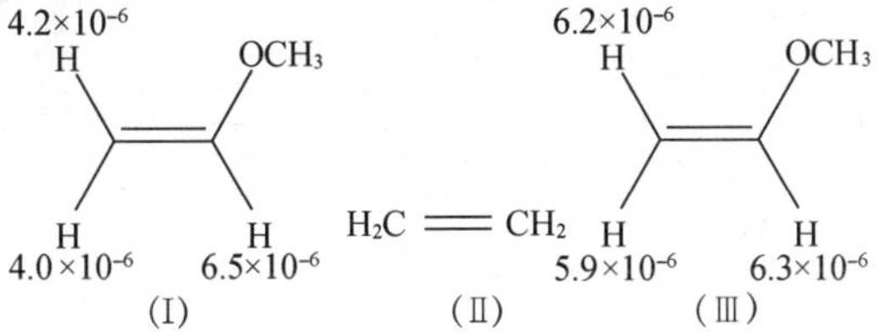

图 5-8　双键共轭效应对氢原子化学位移的影响

同样，对于苯环上的氢原子，当取代基为推电子基团时（如—OH、—OR、—NH_2、—NHR 等），化学位移变小。当取代基为吸电子基团时（如—CHO、—COR、—COOR、—COOH、—NO_2 等），化学位移增大，如图 5-9 所示。

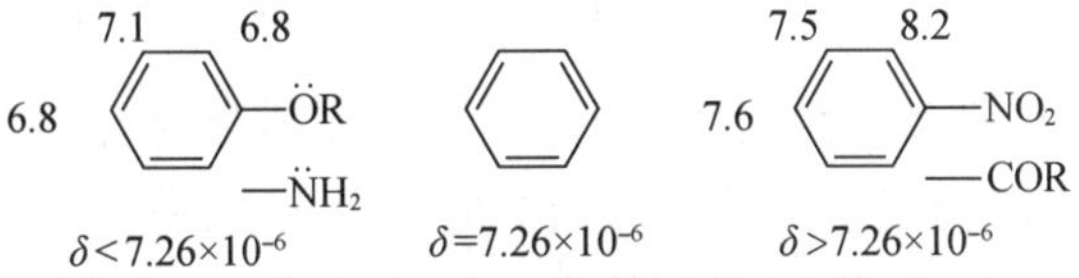

图 5-9　苯环共轭效应对氢原子化学位移的影响

（4）氢键

当分子内或分子间形成氢键时，形成氢键的氢原子化学位移变大。氢键对化学位移的影响比较大，和样品温度、浓度、所用溶剂的化学性质等外部因素有很大关系。因此，与能形成氢键的羟基、氨基、巯基相连的氢原子通常有比较大的化学位移范围，被称为活泼氢。活泼氢能够和重水中的氘原子发生交换，可通过重水交换的方法进行鉴别。交换的速度以羟基、氨基、巯基的顺序递减，如在图 5-3 中，羟基的谱峰明显宽于巯基的谱峰。

其他如测试温度、样品浓度等外部因素也会对样品分子中氢原子的化学位移产生影响。以 N,N-二甲基乙酰胺为例，如图 5-10 所示，低温时，C—N 键有部分双键的性质，两个甲基上氢原子有两个不同的化学位移。随着测试温度升高，C—N 键逐渐能够自由旋转，N 原子上两个甲基的氢原子的化学位移逐渐接近，由两个峰变为一个宽峰，最终成为一个窄峰，表示它们的化学位移值逐渐趋同。

综合考虑各种影响因素，不同类分子中氢原子的化学位移从小到大依次为烷烃、炔烃、烯烃、芳烃、醛、羧酸。

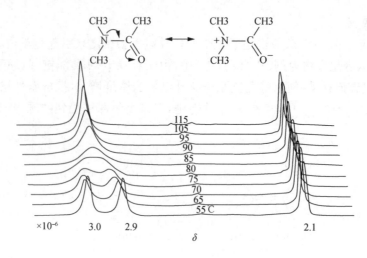

图 5-10　温度对化学位移的影响

2.4　自旋耦合和自旋裂分

核磁共振中的耦合分为两种：直接耦合和间接耦合。直接耦合是核磁矩之间直接的偶极相互作用引起的耦合，而间接耦合（又称自旋耦合或 J 耦合）是指原子核通过核外电子云间接的传递作用而产生的耦合。在固体 NMR 中，两种耦合同时存在；在溶液 NMR 中，只能观察到间接耦合，直接耦合由于样品在溶剂中的快速运动而得到了平均。

由图 5-3 可以看出，不同基团中氢原子有不同的化学位移，同时，亚甲基和巯基氢原子的谱峰并非单峰，这是由自旋耦合产生的 NMR 信号的裂分。在磁场 H_0 中，$I=1/2$ 的原子核有两个自旋态：与 H_0 方向相同的 $I=+1/2$ 自旋态和与 H_0 方向相反的 $I=-1/2$ 自旋态。当自旋态与 H_0 方向相同时，相邻核感受到的磁场强度略有增加，当自旋态与 H_0 方向相反时，相邻核感受到的磁场强度略有减弱，因此在原谱峰左、右距离相等处各有一个谱峰，裂分成等强度的双峰。以 1,1,2-三溴乙烷为例，如图 5-11 所示，位于 a 处的氢原子有两种自旋状态，使 b 处的氢原子谱峰裂分为两个，而 b 处的两个氢原子分别有两种自旋态，放在一起有三种不同的排列方式，使 a 处的氢原子峰裂分成三重峰，且峰面积比例为 1：2：1。推而广之，如果与自旋核有耦合作用的核有 n 个（其耦合作用均相同），每个核在静磁场中有 $2I+1$ 个取向，则 n 个核有 $2nI+1$ 个不同的能级，使受到耦合作用的核的 NMR 谱峰裂分成 $2nI+1$ 个谱峰。如果 $I=1/2$，则裂分成 $n+1$ 个谱峰，这就是 $n+1$ 规律。

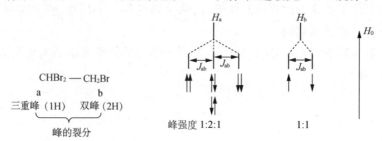

图 5-11　1,1,2-三溴乙烷的耦合裂分

相邻核自旋之间的相互干扰作用称为自旋-自旋耦合，由此产生的裂分叫做耦合裂分。裂分后两峰的间距称为耦合常数 J，单位是 Hz。J 的大小反映了核自旋相互干扰的强弱，通常在 J 的左上方标以两自旋核相距的化学键数目，如相邻碳上的 ^1H 之间相隔三个键，用 ^3J 表示。自旋耦合有以下特点：

1）与化学位移不同，J 的大小与外加磁场强度无关。

2）自旋-自旋耦合作用只发生在化学键相隔不远的原子核之间。如：饱和碳氢化合物中 ^1H 与 ^1H 的 J 耦合通常只发生在三个键（邻位）以下的原子间，当它们之间有双键存在时，$n=4\sim5$，也会出现耦合（远程耦合）。自旋-自旋耦合作用提供了原子间相互连接的结构信息。

3）邻位 ^1H 之间自旋耦合作用的大小（J 值，耦合常数）与两个 ^1H 构成的两面间的角度有关，它提供了原子间在空间取向上的结构信息（空间结构）。

4）自旋耦合具有相互性：$^nJ_{xy}=^nJ_{yx}$（J 值相同）。

5）耦合是固有的，只有当相互耦合的核化学位移不等时，才会表现出耦合裂分。

6）J 值有正负，但在谱图上不直接反映出来，解谱时一般不予考虑。

7）当化学位移的差值与耦合常数的比值 $\Delta v/J>10$ 时，为一级谱图，满足 $n+1$ 规律，耦合裂分峰的面积比为二项式 $(x+1)^n$ 展开式中各项系数之比。

若分子中两相同原子核（或两相同基团）处于相同化学环境时，它们是化学等价的，具有相同的化学位移。而两个核磁等价必须同时满足两个条件：①化学位移值相同；②它们对组外某一磁性核的耦合常数（数值和符号）也相同。如图 5-12 所示的化合物（Ⅰ）和（Ⅱ）中，由于单键的自由旋转，亚甲基上的两个氢原子是化学等价的，同时是磁等价的；但对于化合物（Ⅲ），双键上的两个氢原子是化学不等价和磁不等价的；化合物（Ⅳ）中，从分子对称性很容易看出两个 H 是化学等价的，两个 F 也是化学等价。但对于某一个 F 来说，H_a 或 H_b 一个和它是顺式耦合，另一个是反式耦合，不符合磁等价的第二个条件，是磁不等价的，同样，两个 F 也是磁不等价的。

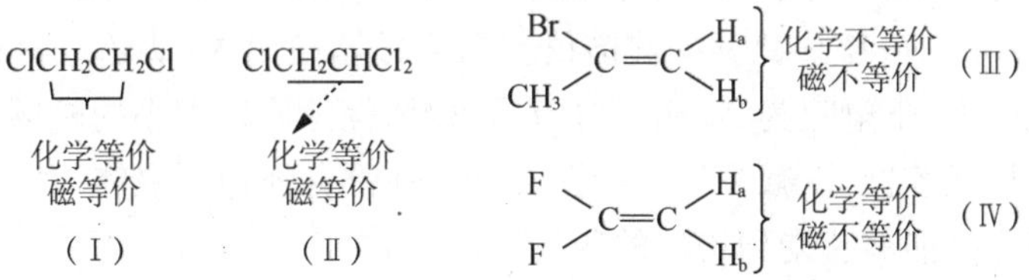

图 5-12　化学等价、磁等价、化学不等价和磁不等价的例子

对于图 5-13 中苯环取代衍生物（Ⅰ），H_A 和 $H_{A'}$ 是化学等价的。但对于 H_B（或 $H_{B'}$），

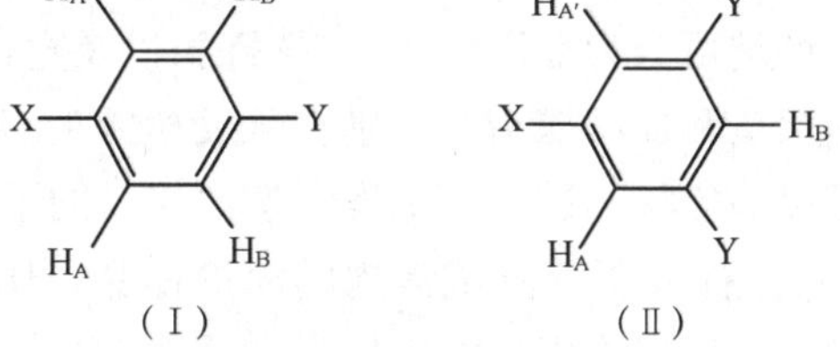

图 5-13　苯环取代衍生物的化学等价和磁等价

H_A 和 $H_{A'}$ 中一个是邻位耦合,另一个是间位耦合,因此是磁不等价的。而苯环取代衍生物(II)中,H_A 和 $H_{A'}$ 既是化学等价,又是磁等价的,它们对 H_B 均是间位耦合。

3 核磁共振波谱仪及主要附件

自 1953 年第一台商品核磁共振波谱仪问世以来,核磁共振在仪器、实验方法、理论和应用等方面有了飞速发展。谱仪的共振频率从 30 MHz 已经发展到 1.2 GHz,谱仪从连续波 NMR 谱仪发展到脉冲傅里叶变换 NMR 谱仪,实验方法从一维发展到二维、三维甚至更高维数 NMR,液相色谱-核磁共振波谱(LC-NMR)联用也成为了现实。在此期间,固体 NMR 也取得了迅速发展,目前魔角旋转的转速已达到 100 kHz 以上,已经成为材料科学研究中不可或缺的重要手段。

核磁共振波谱仪分为两种:连续波核磁共振波谱仪(CW-NMR)和脉冲傅里叶变换核磁共振波谱仪(PFT-NMR)。CW-NMR 主要采用扫频或扫场两种方式进行工作,效率低,采样慢,难于累加,更加无法实现新的核磁共振技术,已被 PFT-NMR 所取代。相对于 CW-NMR,PFT-NMR 的优点主要体现在以下两方面:①在短脉冲作用下,被检测同位素所有的核同时共振,脉冲重复使用,可进行累加测量,提高了检测灵敏度,节省了实验时间;②能够实现各种脉冲序列,可以进行去偶碳谱、DEPT、同核/异核多维谱、固体交叉极化/魔角旋转等多种实验。PFT-NMR 的主要组成部分有磁体、探头、前置放大器、控制柜和操作控制台等。

3.1 磁体

常用的磁体有电磁铁、永磁铁和超导磁体三种。200 MHz 以上的高频谱仪一般采用超导磁体,目前超导磁体的磁场强度已经能够达到 23.5 T,对应 ^{1}H 的共振频率为 1 000 MHz,相应的谱仪即为 1 000 MHz 核磁共振波谱仪。超导磁体使用铌-钛超导材料制成圆柱形螺旋管,在液氦温度(4 K)下电阻为零,通上电流后,始终保持原来大小的磁场。在液氦杜瓦容器之外,还有液氮杜瓦容器,以减少液氦的挥发。磁体部分还包括磁体匀场线圈和探头匀场线圈,以保证被测样品能够感受到均匀的磁场。

3.2 探头

探头位于磁体腔中央,为 NMR 谱仪的核心部件,装有发射和接收线圈、样品架等。探头种类很多,按照被测核的种类可分为专用探头、多核探头以及宽带探头。根据检测方式可分为正相和反相探头,正相探头和反相探头的区别在于反相探头测试氢核的线圈在内侧,测试其他核的线圈在外侧,可提高氢核测试的灵敏度。按照样品的不同可分为液体探头、HR-MAS 探头、固体探头等。液体探头用于测试常规的溶液样品,HR-MAS 探头主要用于生物样品或凝胶态样品的测试,固体探头则用于固体粉末或颗粒状样品的测试。

3.3　控制柜和操作控制台

　　谱仪的控制柜包括射频发生器、射频接收器、场频连锁系统、功率放大器、采样控制系统等多个部件，用于 NMR 信号的采集和放大处理等。而操作控制台通常为操作谱仪的电脑和匀场键盘，起到操作控制谱仪和数据后处理等作用。

4　常用的 NMR 实验方法

4.1　^{1}H NMR 谱

　　^{1}H 元素天然丰度高，在 NMR 所检测的原子核中属于丰核，因此检测灵敏度高。通常使用单脉冲激发即能得到理想的 ^{1}H NMR 谱图，单脉冲的脉冲序列如图 5-14 所示，其中的 d1 为弛豫延迟时间，又称重复时间，p1 为射频脉冲，如果在 ^{1}H 检测的样品中溶剂峰很强，则可以使用预饱和或水门脉冲压制溶剂峰进行实验。

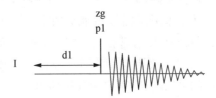

图 5-14　^{1}H NMR 谱测试的单脉冲的脉冲序列

　　^{1}H NMR 谱图上不同化学环境 ^{1}H 谱峰的积分面积与其个数成正比，通过积分面积可以得到不同基团的定量信息。如图 5-3 中，硫醇、两个亚甲基、羟基的 ^{1}H 的积分面积比为 1∶2∶2∶1。结合化学位移、自旋耦合和谱峰积分，从 ^{1}H NMR 谱图中可以得到以下信息：①从吸收峰的组数判断分子中氢的种类；②从化学位移判断分子中基团的类型；③从峰的积分面积计算不同基团中氢原子的相对数目；④从耦合裂分个数和耦合常数判断各基团的连接关系。

4.2　^{13}C NMR 谱

　　碳原子构成了有机物的骨架，是除 ^{1}H 以外研究最多的原子核，^{13}C NMR 的特点为：

　　(1) 由于 ^{13}C 元素的天然丰度低(1.1%)，同时旋磁比(γ)只有 ^{1}H 的 1/4，因此它的检测灵敏度大约只有 ^{1}H 的六千分之一。

　　(2) 化学位移范围宽，一般 ^{1}H NMR 谱的化学位移(δ)范围为 0~20，而 ^{13}C NMR 谱的位移用 δ_C 表示为 $0 \sim 250 \times 10^{-6}$。^{13}C 的化学位移受取代基电负性、空间效应、超共轭效应、重原子效应等的影响，不同种类基团 ^{13}C 化学位移与 ^{1}H 的化学位移有相同的变化趋势。

　　(3) 自旋-晶格弛豫时间长，而且不同种类的碳原子弛豫时间相差较大。

　　(4) 可直接观测不带氢的官能团。

　　(5) ^{1}H—^{13}C 之间存在异核耦合。^{13}C—^{1}H 耦合常数($^1J_{CH}$)一般很大，如 sp^3 饱和碳

的$^1J_{CH}$约为 125 Hz,sp^2 芳碳的$^1J_{CH}$约为 165 Hz,sp 炔碳的$^1J_{CH}$约为 250 Hz,常规 ^{13}C NMR 谱采用异核(通常为^{1}H)去偶的方法,得到的各种碳的谱峰都是单峰。

^{13}C 异核去偶常用的方法有两种,在采样时间和弛豫延迟时间同时采用异核去偶(门控 去偶)或者只在采样时间采用异核去偶(反门控去偶)两种方法,所用的脉冲序列如 图 5-15 所示,其中 CDP 代表^{1}H 去偶。其中门控去偶方法会产生核 Overhauser 效应 (Nuclear overhauser effect,简称 NOE),使^{13}C 信号增强,提高了^{13}C 谱的信噪比,但不同种 类^{13}C 的 NOE 效应不同,得到的^{13}C NMR 谱图不能用于定量分析。NOE 效应是对分子中 某一个自旋核进行电磁波照射,使之发生能级跃迁并达到饱和状态时,记录得到的与其空间 相距较近的自旋核的核磁共振峰的信号强度。与照射前相比,该信号强度会发生变化,这是 由自旋核之间直接的耦合作用,即偶极相互作用引起的,与原子核之间的距离有关,与相隔 的化学键数目无关。因此 NOE 效应能够提供立体化学结构的信息。NOE 效应可以发生 在同核(如^{1}H—^{1}H)之间,也能够发生在异核(如^{1}H—^{13}C)之间,不同碳原子所连的氢原子 数目不同,引起信号增强的倍数不同。

采用反门控去偶脉冲程序,同时设置较长的弛豫延迟时间($>5\ ^{13}$C T_1),则得到的 ^{13}C NMR 谱可用于定量分析。用门控去偶方法和反门控去偶方法得到的香豆精的 ^{13}C NMR 谱见图 5-16,反门控去偶法得到的每个碳的谱峰有相同的强度。考虑^{13}C NMR 的灵敏度,用于定量分析的^{13}C NMR 谱测试通常需要比较长的时间。

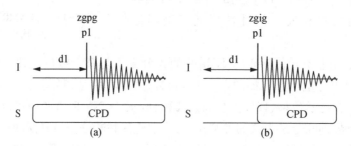

图 5-15　门控去偶(a)和反门控去偶(b)的脉冲序列

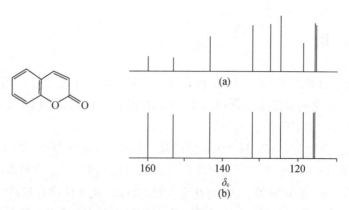

图 5-16　门控去偶法(a)和反转门去偶法(b)测得的香豆精的^{13}C NMR 谱

为了区分不同种类的^{13}C,通常采用 DEPT 实验,典型的如 DEPT135 和 DEPT90,其脉冲序列见图 5-17。在脉冲序列中[1]H 通道所加的脉冲 α 是 135°，则为 DEPT135；脉冲 α 是 90°，则为 DEPT90。在 DEPT135 ^{13}C NMR 谱图中，甲基和次甲基中碳形成的谱峰是正的，而亚甲基中碳的峰为负的，季碳不出峰。通过 DEPT135 碳谱和常规[13]C NMR 谱的比较可以归属亚甲基和季碳的峰。在 DEPT90[13]C NMR 谱图中，只有次甲基上碳的谱峰会出现，结合 DEPT135，可以对甲基和次甲基碳的谱峰进行归属，同时也可以参考它们的化学位移进行归属。综上所述，利用常规[13]C NMR、DEPT90 和 DEPT135 ^{13}C NMR 谱，可以区分分子结构中甲基、亚甲基、次甲基的碳和季碳（图 5-18），因此在有机化合物的结构鉴定中能发挥重要作用，已经成为常规的测试手段。

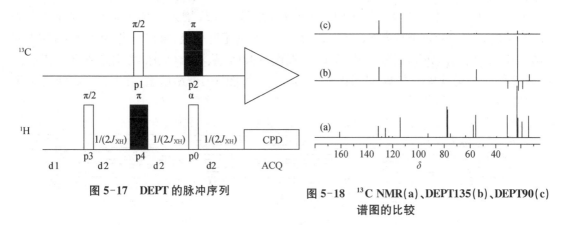

图 5-17　DEPT 的脉冲序列

图 5-18　^{13}C NMR(a)、DEPT135(b)、DEPT90(c) 谱图的比较

4.3　其他核的核磁共振谱

^{1}H 和[13]C 是 NMR 最常检测的原子核，其他如[19]F、[31]P、[29]Si、[15]N 等在实际体系中也有应用。其中[19]F 和[31]P 的检测灵敏度相对较高，采集[19]F NMR 的方法和[1]H 接近，^{31}P NMR 可以用质子去偶或不去偶两种方式检测。而[29]Si 和[15]N 由于其 NOE 为负值，灵敏度低，需要用反门控去偶方法检测，测试时间比较长。同时，溶液 NMR 通常使用的样品管由玻璃材料制成，会产生[29]Si 背景峰，如果所测样品的峰和样品管信号重叠，则需专用样品管进行[29]Si NMR 测试。

4.4　二维核磁共振谱

1974 年 Ernst 首先通过分段步进采样，然后进行两次傅里叶变换，得到了第一张二维 NMR 谱，从而开创了多维 NMR 谱研究的新纪元。目前，二维 NMR 已经成为常规的实验手段，三维、四维 NMR 也有所发展。事实证明，二维 NMR 技术对生命科学、药物学、高分子材料科学的研究和发展发挥了不可替代的重要作用。

在常规 NMR 测量中，自由感应衰减信号通过傅里叶变换，从时域谱变成频域谱，得到谱线强度与频率相关的一维 NMR 谱。二维 NMR 谱是指有两个时间变量，经过两次傅里叶变换得到的两个独立的频率变量的谱图。一般用第二个时间变量 t_2 表示采样时间，第一

个时间变量 t_1 则是与 t_2 无关的独立变量。二维 NMR 谱有多种方式,但其时间轴可归纳为下面的方块图:

$$预备期 \longrightarrow 发展期(t_1) \longrightarrow 混合期(\tau_m) \longrightarrow 检出期(t_2)$$

预备期:预备期在时间轴上通常是一个较长的过程,它使实验前体系能恢复到平衡状态。发展期(t_1):在 t_1 开始时由一个脉冲或几个脉冲使体系激发,使其处于非平衡状态,发展期的时间 t_1 是变化的。混合期(τ_m):在这个时期建立信号检出的条件。混合期有可能不存在,它不是必不可少的。检出期(t_2):在检出期内以通常方式检出 FID 信号。二维 NMR 谱的形成可以用图 5-19 来说明。图 5-19(a)从左到右为 t_2 增大的方向,曲线簇从下到上为 t_1 增大的方向。初始函数为 $S(t_1, t_2)$。对 t_2 进行傅里叶变换,暂将 t_1 作为非变量,结果如图 5-19(b)所示。如果在图 5-19(b)的左端作一截面,从右端(t_1)的方向来看是一正弦曲线,进行对 t_1 的傅里叶变换,最后得到 $S(\omega_1, \omega_2)$,如图 5-19(c)所示,其中 ω_1, ω_2 为两个维度的频率。

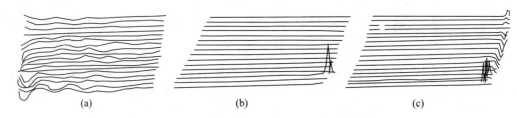

图 5-19 $S(t_1, t_2)$ 经两次傅里叶变换变成 $S(\omega_1, \omega_2)$

可以用数学式来表达上述过程

$$\int_{-\infty}^{\infty} dt_1 e^{-i\omega_1 t_1} \int_{-\infty}^{\infty} dt_2 e^{-i\omega_2 t_2} S(t_1, t_2) = \int_{-\infty}^{\infty} dt_1 e^{-i\omega_1 t_1} S(t_1, \omega_2) \tag{5-20}$$
$$= S(\omega_1, \omega_2)$$

或简写作(其中 Ft^2 表示对时间进行二次傅里叶变换)

$$S(t_1, t_2) \Rightarrow Ft^2 \Rightarrow S(\omega_1, \omega_2) \tag{5-21}$$

二维 NMR 谱有两种主要展示形式:一是堆积图谱;另一是等高线图谱。堆积图谱由很多条"一维 NMR"谱线紧密排列而成,堆积图直观,有立体感,但难以找出吸收峰的频率,大峰后面有可能隐藏较小的峰。等高线图类似于等高线地图,最中心的圆圈表示峰的位置,圆圈的数目表示峰的强度。这种图示法的优点是易于找出峰的频率,缺点是低强度的峰可能被漏掉。等高线图较常采用,位移相关谱全部采用等高线图。

二维 NMR 谱可分为三大类:①J 分辨谱(J resolved spectroscopy);②化学位移相关谱;③多量子谱。J 分辨谱简称 J 谱,或称 δ-J 谱,它的一个频率轴 F_1 包含耦合信息,另一个轴 F_2 包含化学位移的信息,它把化学位移和自旋耦合的作用分辨开来。J 谱包括同核 J 谱及异核 J 谱。化学位移相关谱也称为 δ-δ 谱,它的两个频率轴都包含化学位移的信息。有三种位移相关谱:异核耦合、同核耦合、交叉弛豫和化学交换。二维交换谱反映了由化学位移、构象和分子运动以及 NOE 引起的磁化矢量交换的信息。通常所测定的 NMR 谱峰为单量子跃迁（$\Delta m = \pm 1$）。发生多量子跃迁时，Δm 为大于 1 的整数。用二维谱方法可以检出多量子跃迁。由它引入的 2D IN-ADEQUATE 方法可用于研究碳原子的连接顺序。

由于二维 NMR 谱的灵敏度比普通的去偶碳谱要低，对于高分子样品，其峰形较宽且互相叠合，给做二维 NMR 谱带来一定的困难。但随着仪器及软件的发展，二维 NMR 谱已可提供关于高分子样品的结构、构象、组成和序列结构的信息。各类二维 NMR 谱在高分子结构研究中能给出的信息列于表 5-1 中。

表 5-1　　　　　　　　　　　　各种二维 NMR 实验信息表

实验名称	频率轴		信息内容
	F_1	F_2	
异核 J 谱	J_{CH}	δ_C	异核耦合常数
同核 J 谱	J_{HH}	δ_H	同核 J 和 δ
异核位移相关谱	δ_H	δ_C	δ_H 和 δ_C 的相关性
COSY	δ_H	δ_C	标量耦合相关性
NOESY	δ_H, J_{HH}	δ_H / J_{HH}	关联交叉弛豫的核
INADEQUATE	$\delta_A + \delta_X$	δ_X	碳原子连接顺序

4.5　高分辨固体 NMR 谱

溶液 NMR 之所以获得如此高的分辨率，是因为其自旋算符中的各向异性相互作用[特别是化学位移各向异性（CSA）相互作用，偶极-偶极相互作用等]因溶液中样品分子的快速运动而被平均掉的缘故。但是在固体 NMR 中，几乎所有的各向异性相互作用均被保留而导致谱峰加宽。

固体物质中原子核所受到的各种相互作用主要有下列五项

$$\mathcal{H}_{总} = \mathcal{H}_Z + \mathcal{H}_{CS} + \mathcal{H}_Q + \mathcal{H}_D + \mathcal{H}_J \qquad (5-22)$$

第一项 $\mathcal{H}_z$ 为自旋核与外磁场间的 Zeaman 相互作用（一般为 10^8 Hz 数量级，是所有相互作用中最大的一项）。

第二项 $\mathcal{H}_{CS}$ 为在外磁场的作用下，核外电子云对核的屏蔽作用（也就是化学位移的各向异性项，一般为 10^3 Hz）。

$$\mathcal{H}_{CS} = \sum \gamma_i \cdot h \cdot I_i \cdot \sigma_i \cdot H \qquad (5-23)$$

式中：σ_i 为二阶张量；$\sigma_i \cdot H$ 为核外电子在第 i 个核上产生的诱导局部磁场；γ_i 为 i 核的旋磁比；I_i 为 i 核的自旋量子数。

第三项 $\mathcal{H}_Q$ 为核的四极矩的相互作用，其大小为

$$\mathscr{H}_Q = \sum \left[e \cdot Q_i / 2 \cdot I_i (2 \cdot I_i - 1) \right] \cdot I_i \cdot V_i \cdot I_i \tag{5-24}$$

式中：$e \cdot Q_i$ 为核的电四极矩项；V_i 为 i 核的电场梯度张量（通常为 $10^5 \sim 10^7\,\mathrm{Hz}$），但对 $I = 1/2$ 的核，此项基本上无影响；I_i 为 i 核的自旋量子数。

第四项 $\mathscr{H}_D$ 为核与核之间的直接耦合作用（又称为偶极-偶极相互作用）。

$$\mathscr{H}_D = \sum (\gamma_i \cdot \gamma_k / r^3) \cdot I_i \cdot D_{ik} \cdot I_\kappa \tag{5-25}$$

式中：D_{ik} 为对称二阶张量，其数量级为 $10^4\,\mathrm{Hz}$；γ_k 为 k 核的旋磁比；I_k 为 k 核的自旋量子数；r 为 i 核和 k 核之间的距离；I_i 为 i 核的自旋量子数。该项是引起固体 NMR 谱峰增宽的主要因素。

最后一项 $\mathscr{H}_J$ 是核自旋间的间接耦合作用，即 J 耦合作用，其数量级为 $10^1 \sim 10^2\,\mathrm{Hz}$，在固体 NMR 谱中不重要。

从以上分析可知：固体 NMR 谱峰增宽的主要原因是氢原子所引起的异核偶极相互作用以及化学位移各向异性相互作用。为了获得高分辨率的固体 NMR 谱，目前通常采用以下三种方法来实现：

(1) 偶极去偶技术（Dipolar Decoupling，简称 DD），用于消除氢原子引起的异核偶极相互作用。对固体 ^{13}C NMR 来说，消除 ^{13}C—^{1}H 核的偶极-偶极相互作用的方法是用高功率去偶，采用频率宽达 $40 \sim 50\,\mathrm{kHz}$ 的电磁波辐射激发所有的 ^{1}H 核，从而达到去偶的目的。DD 可以采用连续法或反门控法。

(2) 魔角旋转（Magic Angle Spinning，简称 MAS）方法，用于消除化学位移各向异性相互作用引起的谱峰变宽。要想解决 CSA 相互作用引起的谱峰变宽问题，可通过 MAS（$\theta = 54.7°$）方法来解决。MAS 能够消除任何相应于 $(\cos^2\theta - 1)$ 几何因素的相互作用，包括偶极作用、CSA 和四极作用。因此固体 NMR 谱的各向异性相互作用可通过 MAS 方法加以消除。

(3) 交叉极化（Cross Polarization，简称 CP）方法。由于 ^{13}C 核的自然丰度低，旋磁比小，又由于自旋-晶格弛豫时间等因素，^{13}C NMR 的检测灵敏度较低。采用 CP 法可以把 ^{1}H 的较大的自旋状态的极化转移到较弱的 ^{13}C 核，从而可以大大地提高 ^{13}C 信号的强度。交叉极化是一种异核的双共振实验。

一般，将 MAS/DD/CP 三种技术结合使用就可以实现固体高分辨 NMR 的测定，目前 CP/MAS/DD 三种技术结合使用得到的固体 ^{13}C NMR 谱已经成为常规的测试手段。由图 5-20 的聚甲基丙烯酸甲酯（PMMA）在不同实验条件下测得的固体 ^{13}C NMR 谱可以看出，如果采用溶液实验中低功率去偶的实验方法，在固体状态

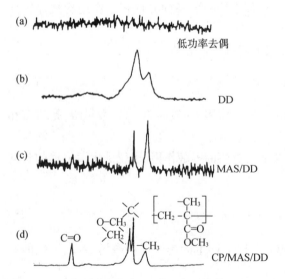

图 5-20　不同实验条件下 PMMA 的固体 ^{13}C NMR 谱

下则得不到任何信息(a)；只采用高功率去偶，得到的谱峰很宽(b)；结合 MAS 和 DD，谱峰得到了窄化，但信噪比差(c)；只有结合 CP/MAS/DD，才能够得到固体状态下的高分辨 NMR 谱图(d)。多维固体 NMR 谱是近年来发展比较活跃的领域，能够提供固体材料结构、构象、链扩散、分子运动等多方面独特的信息。

4.6　制样方法

进行核磁实验的样品可以是溶液或固体，溶液和固体使用不同的探头和实验方法，对样品的要求也不相同。对溶液实验，主要有以下几点要求：

（1）对所要分析的样品必须有初步了解，熟知其溶解性、纯度和其他特殊要求。样品必须干燥。

（2）核磁共振实验须用 5 mm NMR 专用样品管和氘代试剂，根据样品溶解性能选择合适的氘代试剂，常用的有氘代氯仿、氘代二甲亚砜、氘代丙酮、重水等。

（3）样品管外壁贴上标有样品名称的标签，标签纸应沿着核磁管上端外壁全部贴住。标签以下至管底须留有 15 cm 长的干净管壁。

（4）通常测 ^{1}H NMR 谱样品的量需要 3 mg 以上，一般为 10 mg 左右比较合适，若测定 ^{13}C NMR 谱（包括测碳氢相关的二维谱），只要溶解度允许，应尽量多放样品，以节省测试时间。

（5）把样品装入 5 mm 的样品管中，加入 0.5 mL 氘代试剂，样品管内溶液的高度应大于 3.5 cm，并且不能有悬浮的固体颗粒存在，以免影响 NMR 谱图的分辨率。

（6）化学位移基准物质（内标）的选择。对有机溶剂，氢谱和碳谱的基准物质通常选择四甲基硅烷。四甲基硅烷作为基准物质主要有以下优点：其共振信号只有一个单峰，不容易对样品峰产生干扰；通常位于高场（$\delta=0$）；沸点低（26.5 ℃），容易回收。在重水溶剂中，一般选用 3 - 三甲基硅丙烷磺酸钠 $(CH_3)_3SiCH_2CH_2CH_2SO_3^-Na^+$（DSS）作为基准物质。

对固体 NMR 实验则需要 0.2 g 左右的固体粉末状样品，或者是细小颗粒状样品，装入专用的样品管内，并加盖密封。

5　NMR 在材料研究中的应用

^{1}H NMR 和 ^{13}C NMR 是目前发展最为成熟的两种 NMR 分析方法，而高分子材料主要由 C 和 H 两种元素组成，尤其是高分子的链骨架主要由 C 元素构成，因此 NMR 在高分子材料结构表征中发挥着独特的作用。^{29}Si NMR 在无机材料研究中用的较多。溶液 NMR 和高分辨固体 NMR 在高分子材料结构研究中发挥着互相补充的作用，能比较全面地了解高分子材料的化学组成、链结构、聚集态结构和链运动等。下面通过举例介绍一些 NMR 在高分子材料结构研究中的主要用途。

5.1 单体结构的确证

单体合成是制备高分子材料的基础研究工作,用 NMR 可对合成的单体结构进行确证。图 5-21(a)是合成的单体 3-丙烯酰胺基苯硼酸(AAPBA)的 ^{1}H NMR 谱图,图中每一个谱峰都能在其分子结构中找到对应的氢原子,见图 5-21(b)。反过来,AAPBA 分子结构中每一种氢原子都能在其 ^{1}H NMR 谱图中找到对应的谱峰。由这样的一一对应关系可判断合成的单体确实为 AAPBA。如果要进一步确证,可做合成样品的 ^{13}C NMR 谱和 ^{11}B NMR 谱,通过同样的谱峰归属,确认合成的单体就是 AAPBA。

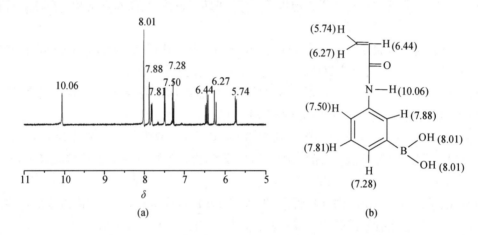

图 5-21　(a)AAPBA 的 ^{1}H NMR 谱图;(b)AAPBA 的化学结构式及其氢原子的化学位移

5.2 聚合物相对分子质量测定

由于 ^{1}H NMR 谱峰面积之比与分子结构中相应的氢原子个数成正比,因此可利用骨架链碳原子上氢原子谱峰面积与端基氢原子的面积之比来测定聚合物的数均相对分子质量。不过该方法只适合测定相对分子质量较低的线性聚合物。以测定端甲基聚乙二醇(MeOPEG)的相对分子质量为例,其 ^{1}H NMR 谱图见图 5-22,利用主链上亚甲基的氢原子峰(a)的积分面积和端甲基氢原子峰(b)的积分面积可以得到其数均相对分子质量,计算方法为

$$\overline{M}_n = \frac{I_a}{I_b} \times \frac{3}{4} \times 44 + 32 \tag{5-26}$$

式中:$\overline{M}_n$ 为聚合物的数均相对分子质量;I_a 为 a 处氢原子峰的积分面积;I_b 为 b 处氢原子峰的积分面积;44 是聚乙二醇重复单元的摩尔质量;32 是端基的摩尔质量。

5.3 共聚物组成测定

在共聚物的 ^{1}H NMR 谱中,各共聚单元结构上的氢原子个数与其谱峰面积成正比,由

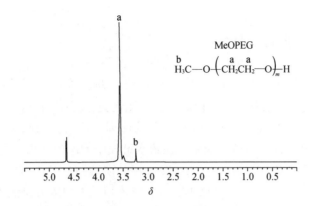

图 5-22　MeOPEG 的 ^{1}H NMR 谱

此可定量计算共聚物的组成。例如，由上述相对分子质量为 5 229 的 MeOPEG 和丙交酯与己内酯通过开环聚合法合成的两亲性嵌段共聚物 MeOPEG-P(LA-co-CL)，不仅可利用 ^{1}H NMR 谱（图 5-23）测定它的数均相对分子质量[式(5-27)]，还可利用 LA 单元中氢原子 g 和 CL 单元中氢原子 f 的谱峰面积之比（I_g/I_f）来计算共聚物中 LA 单元和 CL 单元的质量比（M_{LA}/M_{CL}），见式 5-28。

$$\overline{M}_n = 5\,229 + \frac{(5\,229-32)}{44} \times 2 \times \frac{I_f}{I_a} \times 114 + \frac{(5\,229-32)}{44} \times 4 \times \frac{I_g}{I_a} \times 72 \quad (5\text{-}27)$$

$$\frac{M_{LA}}{M_{CL}} = \frac{I_g \times 2 \times 72}{I_f \times 114} \quad (5\text{-}28)$$

式中：5 229 为 MeOPEG 链段的数均相对分子质量；114 是 CL 单元的摩尔质量；72 是 LA 单元的摩尔质量；I_a、I_f 和 I_g 分别是嵌段共聚物 MeOPEG-P(LA-co-CL)的 ^{1}H NMR 谱图中氢原子 a、氢原子 f 和氢原子 g 的积分面积。

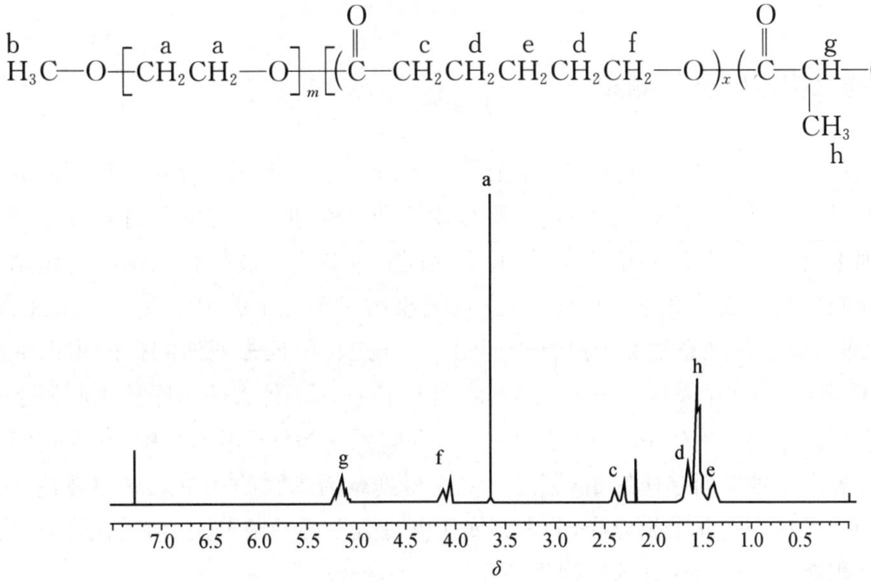

图 5-23　MeOPEG-P(LA-co-CL)的 ^{1}H NMR 谱

5.4 共聚物序列结构的研究

共聚物在化学组成确定的情况下,共聚单元的序列结构对其性能也有很大影响,而 NMR 是研究共聚物序列结构的最有效方法。如上述两亲性嵌段共聚物 MeOPEG-P(LA-co-CL)的疏水链段中 LA 单元和 CL 单元的序列结构对其结晶性和生物降解性都有明显影响,因此有必要了解这两种共聚单元在疏水链段中的序列结构。图 5-24 是采用反门控去偶法获得的 MeOPEG-P(LA-co-CL)聚合物的溶液 ^{13}C NMR 谱图中 LA 单元和 CL 单元的羰基碳谱图,可通过 ^{1}H—^{13}C HMBC 二维异核相关 NMR 谱对图中谱峰与相应的序列结构进行归属,利用各谱峰的积分面积可计算出各种序列结构所占的比例。由于丙交酯单体发生开环聚合形成的是 LL 整数倍序列结构(如 CapLLCap、CapLLLLCap 等),然而图中谱峰归属结果还发现存在 LL 非整数倍序列结构(如 CapLCap、CapLLLCap 等),说明丙交酯单体和己内酯单体发生开环聚合时存在酯交换反应。

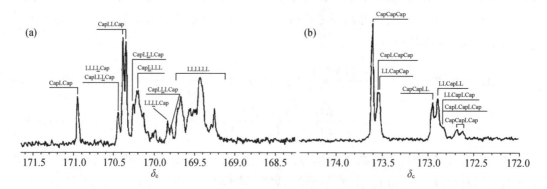

图 5-24　MeOPEG-P(LA-co-CL)聚合物的溶液 ^{13}C NMR 谱图中 LA 单元(图中标为 L)和 CL 单元(图中标为 Cap)的羰基碳谱图

5.5 聚合物立构规整度的测定

在 α 取代乙烯基聚合物分子链中,存在全同立构、间同立构和无规立构三种不同的立体结构,这三种结构的比例(即立构规整度)对聚合物的结晶性和力学性能等有直接影响。如无规立构聚丙烯腈是生产化纤腈纶的原料,而由全同立构或间同立构聚丙烯腈纺丝制成的纤维经常用作制备高性能碳纤维的原丝,其立构规整度对碳纤维的力学性能有重要影响。NMR 是测定聚合物立构规整度的经典方法。图 5-25 是反门控去偶法测得的聚丙烯腈的溶液 ^{13}C NMR 谱,图中次甲基碳裂分的三个峰按化学位移从小到大的顺序分别归属于三个丙烯腈单元形成的全同立构(mm)、无规立构(mr)和间同立构(rr)序列结构,利用它们的面积积分值可计算出三种序列结构的相对含量,从而得到聚丙烯腈的三单元立构规整度。从放大的氰基碳峰可观察到九个裂分峰,分别归属于九种五个丙烯腈单元形成的序列结构,由它们的积分面积能得到更长序列的立构规整度。

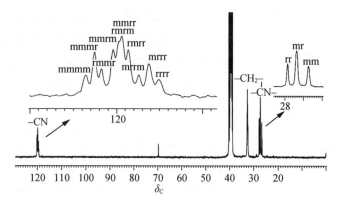

图 5-25　聚丙烯腈的溶液^{13}C NMR 谱

5.6　聚合物几何异构结构的研究

　　二烯类单体聚合形成的聚合物的几何异构结构可通过 NMR 来进行表征。图 5-26 是聚丁二烯的^{13}C NMR 谱，图中化学位移为 130.85 和 130.75 的两个峰归属于反式结构单元中的双键碳，而化学位移为 130.28 和 130.10 的两个峰归属于顺式结构单元中的双键碳。从两组峰的积分面积可得到这两种几何异构单元的相对含量。

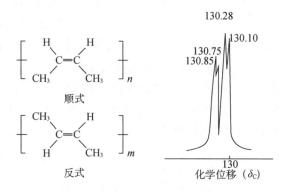

图 5-26　聚丁二烯的烯碳的^{13}C NMR 谱

5.7　研究共混聚合物的相容性

　　多种聚合物共混形成的共混物，往往结合了各种聚合物的优点，而它们之间的相容性决定了共混物最终的性能。固体 NMR 可用来研究共混聚合物之间的相容性，主要基于聚合物共混相容时应该有一个共同的弛豫时间，若共混物不相容发生相分离则拥有各自的弛豫时间。不过，不同的弛豫时间在表征相容性的微观尺度上仍有差别，按 T_1、$T_{1\rho}$、T_2 的顺序依次递减（$T_{1\rho}$ 是在旋转坐标系下的自旋-晶格弛豫时间）。此外，利用二维自旋扩散谱也能够得到共混物相容性的信息。图 5-27(a)和(b)是聚苯乙烯（PS）和聚甲基乙烯基醚（PVME）分别在氯仿和甲苯溶剂中制备的共混物的 2D ^{1}H 自旋扩散谱，图 5-27(a)中只存在 PS 中苯环上质子

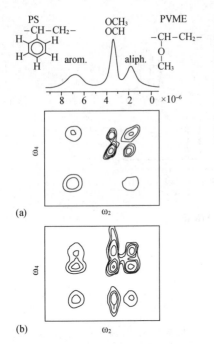

(a)

(b)

图 5-27 PS 和 PVME 共混物的氢谱以及在氯仿(a)和甲苯(b)溶剂中制备的共混物的 2D ¹H 自旋扩散谱

(arom)和脂肪质子(aliph)之间的相关峰以及 PVME 中甲氧基和脂肪质子之间的相关峰,表明两种聚合物之间没有发生自旋扩散,共混物中存在相分离,聚合物没有在分子水平上相容(即链段相混程度)。而图 5-27(b)中除了存在图 5-27(a)中的相关峰以外,还能观察到 PS 中苯环质子和 PVME 中甲氧基质子的相关峰,表明它们之间能够发生自旋扩散,在分子水平上是相容的。利用不同扩散时间得到的共聚物之间相关峰的强弱,能够进一步定量得到两种高分子在不同相中的分布情况。上述实验结果表明,对相容性很好的 PS/PVME 共混物来说,共混工艺和方法也很重要,在甲苯中 PS/PVME 共混物达到了分子相容的水平,两种聚合物分子链紧密地交织在一起。然而,在氯仿中 PS/PVME 共混物的相容性较差,存在一定程度的微观不均匀性。

5.8 聚合物结晶结构的表征

固体 NMR 被认为是唯一可与 X 射线衍射相比的聚合物结晶结构的表征方法,在晶体形态的表征方面具有较强的能力。纤维素是一种 β-1,4-D-糖苷键连接的线性聚合物,由 X 射线衍射发现存在四种结晶形态,即纤维素Ⅰ、Ⅱ、Ⅲ和Ⅳ,不同晶型纤维素的 C1、C4 和 C6 的化学位移有明显的差别,这种差别可能是由于不同晶型纤维素的链构象转变或晶体堆砌对吡喃葡萄糖单元 C4 和 C6 的影响差异造成的。固体 NMR 不仅能够反映不同纤维素晶型化学位移的差别,还能显示同属纤维素Ⅰ型的天然纤维素在 C1 和 C4 上不同的精细结构,如图 5-28 所

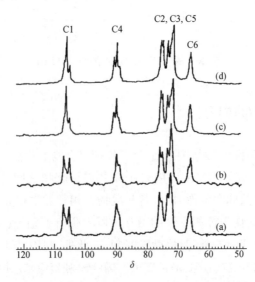

图 5-28 具有纤维素Ⅰ型晶体结构的天然纤维素的固体¹³C NMR 谱:
(a)棉;(b)苎麻;(c)细菌纤维素;(d)海藻纤维素

示。此外，NMR 还能用于测定聚合物的结晶度。基于非晶区较强的链段运动显示窄谱线，而晶区较弱的链段运动显示宽谱线，因此可利用宽、窄谱线的峰面积（S_c 和 S_a）求取聚合物的结晶度 X_c。

$$X_c = S_c/(S_c + S_a) \tag{5-29}$$

5.9　聚合物分子链构象的研究

　　聚合物由于链的旋转通常存在反式（trans，t）、右旁式（gauchet，g^+）和左旁式（gauchet，g^-）三种构象。在固体聚合物中，链的运动因受到空间位阻的限制，会因链旋转及其形成的螺旋构象的差别发生 NMR 谱峰的分裂。立构规整性不同的聚合物有不同的螺旋构象，如全同立构聚丙烯（iPP）是 3_1 螺旋结构（tgtgtg 形式），而间同立构聚丙烯（sPP）是 2_1 螺旋结构（ggttggtt 形式），因而两者的固体 ^{13}C NMR 谱图差别很大，见图 5-29 所示，sPP 的谱图中显示出处于螺旋体外和螺旋体内的两种亚甲基碳峰。即使对于 3_1 螺旋结构的 iPP，也会因形成的晶型不同而产生差异，α 晶型（单斜晶系）的谱图上发生了甲基和亚甲基碳峰的裂分，而 β 晶型（六方晶系）和近晶型的相应碳峰则不发生裂分，见图 5-30。

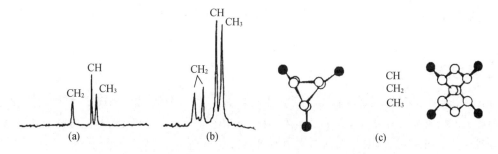

图 5-29　全同立构聚丙烯(a)和间同立构聚丙烯(b)的固体 ^{13}C NMR 谱图

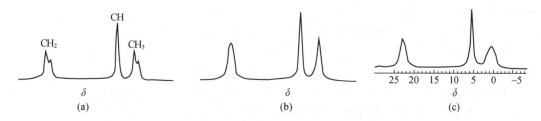

图 5-30　α 晶型(a)、β 晶型(b)和近晶型(c)全同立构聚丙烯的固体 ^{13}C NMR 谱图

5.10　NMR 在无机材料研究中的应用

　　随着 NMR 分析技术的不断发展，NMR 在无机材料研究中的应用逐渐增多，特别是高分辨固体 ^{29}Si NMR 在含硅元素的无机材料研究中的应用较多。如用固体 ^{29}Si NMR 研究有机硅聚合物热解制备陶瓷材料过程中产物的结构状态及其物相转变过程，图 5-31 是固化后

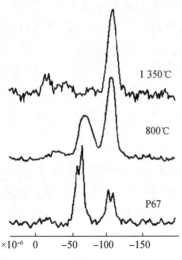

图 5-31　聚硅氧烷(P67)及其在 800 ℃ 和 1 350 ℃ 热解产物的固体 ^{29}Si NMR 谱图

的聚硅氧烷经 800 ℃、1 350 ℃ 热解后,产物的固体 ^{29}Si NMR 谱图。在固化后的聚硅氧烷(P67)谱图中有两组峰,一组峰的化学位移位于 -55×10^{-6} 和 -61×10^{-6} 处,对应于 $SiCO_{3/2}$ 结构单元,即在 Si—Si 主链上的硅原子连有—CH_3 基团;另一组峰的化学位移处于 -100×10^{-6} 和 -108×10^{-6} 处,对应于 $SiO_{4/2}$ 结构单元,即固化交联后的 Si—O—Si 骨架结构。从图中可看出,经过 800 ℃ 热解后,化学位移为 -65×10^{-6} 的 $SiCO_{3/2}$ 结构单元峰减弱,而 -104×10^{-6} 处的 $SiO_{4/2}$ 结构单元峰逐渐增强,表明部分 Si—CH_3 键发生了裂解,形成了更多的 Si—O—Si 骨架交联结构,这时的热解产物应该是非晶态的氧碳化硅(SiO_xC_y)。再经过 1 350 ℃ 热解后,化学位移为 -65×10^{-6} 的峰完全消失,而 $SiO_{4/2}$ 结构单元对应的 -110×10^{-6} 峰增强,同时在 -17×10^{-6} 处出现一个小峰,这是 β-SiC 的特征峰。这表明聚硅氧烷结构中的 Si—CH_3 键在最终的热解产物结构中已基本不存在,而主要是交联的 Si—O—Si 骨架结构,同时夹杂少量的 β-SiC 结构。

复习要点

　　NMR 的基本原理(核磁共振信号的产生)、影响化学位移的因素(取代基诱导、化学键各向异性、共轭、氢键)、自旋耦合与自旋裂分、^{1}H—NMR 谱、^{13}C—NMR 谱、其他核的核共振谱、高分辨固体 NMR 谱,NMR 在材料研究中应用。

参考文献

[1] 宁永成. 有机化合物结构鉴定与有机波谱学[M]. 北京:科学出版社,2000.

[2] 杜一平. 现代仪器分析方法[M]. 上海:华东理工大学出版社,2008.

[3] 殷敬华,莫志深. 现代高分子物理学[M]. 北京:科学出版社,2003.

[4] 刘密新,罗国安,张新荣,等. 仪器分析[M]. 北京:清华大学出版社,2008.

[5] 朱诚身. 聚合物结构分析[M]. 北京:科学出版社,2004.

[6] 朱善农. 高分子链结构[M]. 北京:科学出版社,1996.

[7] 赵辉鹏,查刘生. 单甲氧基聚乙二醇-聚(己内酯-co-丙交酯)嵌段共聚物的 NMR 表征[J]. 波谱学杂志,2007,24(3):303-310.

[8] 赵辉鹏. 新型茂金属聚烯烃弹性体 Vistamaxx 的溶液 ^{13}C NMR 研究[J]. 波谱学杂志,2010,27(2):194-205.

[9] 王雨松,庞文民,徐国永,等. 聚丙烯腈七单元组空间立构性的高分辨 ^{13}C NMR 表征[J]. 波谱学杂志,2008,25(2):176-183.

[10] Katsuraya K, Hatanaka K, Matsuzaki K, et al. Assignment of finely resolved ^{13}C NMR spectra of

polyacrylonitrile[J]. Polymer，2001，42(14)：6323-6326.

[11] Mirau P A. Nuclear Magnetic Resonance，Solid State in Analysis of Polymers and Rubbers[M]. New Jersey：John Wiley & Sons，2006.

[12] Kameda T，Miyazawa M，Ono H，et al. Hydrogen bonding structure and stability of α-chitin studied by ^{13}C solid-state NMR[J]. Macromolecular Bioscience，2005，5(2)：103-106.

[13] Kono H，Numata Y，Erata T，et al. ^{13}C and ^{1}H resonance assignment of mercerized cellulose II by two-dimensional MAS NMR[J]. Spectroscopies Macromolecules，2004，37(14)：5310-5316.

[14] Caravatti P，Neuenschwander P，Ernst R R. Characterization of heterogeneous polymer blends by two-dimensional proton spin diffusion spectroscopy[J]. Macromolecules，1985，18(1)：119-122.

[15] Simonutti R，Comotti A，Negroni F，et al. ^{13}C and ^{29}Si solid-state NMR of rubber-silica composite materials[J]. Chemistry of Materials，1999，11：822-828.

第六章
热　分　析

第一节　差示扫描量热分析（DSC）

DSC（Differential Scanning Calorimetry）是一种热分析技术。国际热分析协会于1977年将热分析定义为"热分析是测量在程控温度下,物质的物理性质与温度依赖关系的一类技术。"DSC 则是在一定的程控温度下,用功率补偿器测量物质与参比物（在测量温度范围内没有热效应）之间的温差时刻保持为零时所需的热量（补偿功率）与温度的关系。

1　DSC 的原理

DSC 是在差热分析（DTA）基础上发展起来的热分析技术。DTA 指在相同的程控温度变化下,测量样品与参比物之间的温差（ΔT）随温度（T）的变化关系。DTA 的测试原理和典型的曲线如图 6-1 所示,在一个加热池内对试样和在实验温区内没有热效应的参比物进行同时加热,当样品因为相转变需要吸收或者放出热量时,样品的温度就会与参比物有差异,放出热量时样品温度高于参比物（ΔT 是正值）,吸收热量时样品温度比参比物低（ΔT 是负值）;曲线的纵坐标是温差,横坐标是温度。从 DTA 曲线即 $\Delta T\text{-}T$ 曲线中,根据基线突变的温度可以判定样品在哪个温度发生了放热或者吸热转变。

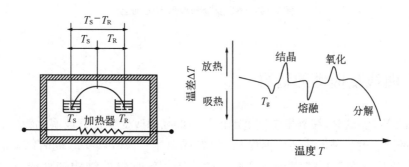

图 6-1　DTA 原理及曲线

需要说明的是,在试样没有发生吸热或放热变化且与程控温度间不存在温度滞后时,试样和参比物的温度与线性程控温度是一致的。若试样发生放热变化,由于热量不可能从试样内瞬间导出,于是试样温度偏离线性升温线且向高温方向移动;反之,在试样发生吸热变化时,由于试样不可能从环境瞬间吸取足够的热量,于是试样温度低于程序温度。只有经历一个传热过程,试样才能回复到与程序温度相同的温度。克服这种影响的方法是在缓慢的升温速率下进行测试,但考虑到效率,升温速率一般选 2～20 ℃/min。

虽然 DTA 能测出样品发生相态变化的温度,但不能量度发生变化时放出或者吸收热量的多少,而 DSC 则能够弥补 DTA 的不足。与 DTA 不同的是,DSC 通过在试样和参比物下面安装两组补偿加热单元,测定保持样品与参比物的温差时刻为零时补偿加热的功率,作为样品发生相转变时放出或者吸收热量的量度。仪器原理和得到的 DSC 曲线如图 6-2 所示,试样和参比物分别放在两个样品池内,样品池下各有单独控制的加热单元,共同处于一个加热炉中。加热炉以一定的速率升温,若试样没有热反应,则它的温度和参比物温度之间的温差 $\Delta T=0$,无额外功率输入/输出,DSC 曲线为一条直线,称为基线。若试样在某温度范围内有吸热(放热)反应,即当试样在加热过程中由于热反应而和参比物间出现温差 ΔT 时,通过差热放大和差动热量补偿使流入补偿加热单元的电流发生变化维持温差为零。当试样吸热时,补偿就是使试样一边的电流立刻增大;反之,在试样放热时使参比物一边的电流增大,直到两边达到热平衡,温差 ΔT 消失为止。换句话说,试样在热反应时发生的热量变化,由于及时输入电功率而得到补偿。记录的补偿功率就是试样状态改变时的熵变(热量)。DSC 曲线横坐标是温度,纵坐标是功率或者热流量单位。与 DTA 相比,DSC 不仅能得到样品发生状态改变的温度,而且还能知道状态改变时发生了多少热量的变化。

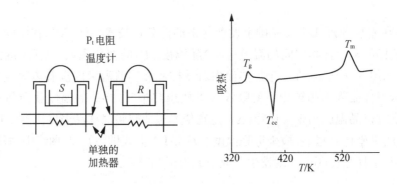

图 6-2　DSC 原理和典型 DSC 曲线

2　DSC 曲线及提供的信息

在进行 DSC 测试时,在测量温度范围内发生的相态改变主要有玻璃化转变、结晶、晶体熔融,对应的温度就是玻璃化转变温度(T_g)、结晶温度 T_c、熔点 T_m,同时结晶和熔融状态改变时发生的热熵变化也能得到。这些参数对于理解材料的结构和性能关系是十分重要的。

在 DSC 曲线上,一般把结晶峰和熔融峰峰顶对应的温度称为结晶和熔融温度,玻璃化转变台阶中部对应的温度是玻璃化转变温度(图 6-3)。峰面积对应的热熵是结晶或者熔融时发生的热效应,峰面积越大,对应的热熵值越高,发生结晶和熔融时放出或者吸收的热量愈多。曲线峰面积的界定见图 6-3 所示。

用测试样在熔融时的热熵比上试样 100%结晶的热熵(文献中可查)就是待测样品的结晶度。

DSC 既可以测量升温过程,也可以测量降温过程。升温过程指从一定温度开始(一般是室温,在有冷媒存在时可以从需要的低温开始),按照一定的速率升到设定的某一个温度

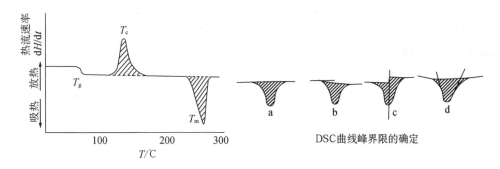

图 6-3　PET 的 DSC 曲线以及峰面积的界定

停止,得到的曲线称为升温曲线。在升温过程中,当温度达到样品的玻璃化转变温度时,样品的热容增大,需要吸收更多的热量,基线发生位移,玻璃化转变一般都表现为基线的转折(向吸热方向);如果样品能够结晶,并且处于过冷的非晶状态或者结晶不完全的状态,那么在 T_g 以上就会发生结晶,结晶是放热过程,会出现一个放热锋(T_c);进一步升温,晶体熔融(吸热过程),出现吸热峰,对应熔点(T_m)。DSC 测试一般会在熔点以上 20～30 ℃停止,因为再进一步升温,样品可能发生氧化、交联反应,最后样品会发生分解,DSC 一般不进行熔融以后的测试,除非特殊需要。降温过程指从熔点以上某一个温度按照一定速率降至设定温度,能结晶的试样从熔体冷却过程中会发生结晶,出现放热峰,为了与第一次升温过程从玻璃态的结晶温度区别,从熔体冷却过程的结晶温度可以 $T_{c,m}$ 标识。对降至设定温度的样品再次按照一定速率进行升温至熔点以上的某一个温度称为第二次升温过程,在第二次升温过程中,一般不会出现结晶放热峰,因为样品的结晶在前面的降温过程已经完成,但有些样品结晶速率很慢,在降温过程中没能实现结晶,则可以在第二次升温过程观察到结晶放热峰。温度到达熔点时晶体熔融,出现熔融吸热峰,得到对应的熔点 T_m。第一次升温曲线对应的熔点与第二次升温曲线对应的熔点往往不会完全一致,见图 6-4 所示。因为第一次升温过程测试到的熔点和热焓主要反应样品前期热历史过程形成的结晶结构;第二次升温过程仅反映在 DSC 测试的降温过程形成的结晶结构。例如图 6-4 显示 PE 第二次升温过程的

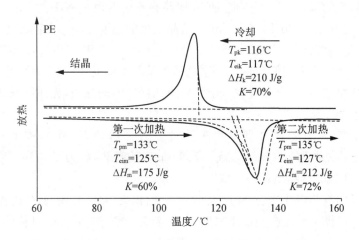

图 6-4　PE 的 DSC 曲线

熔融温度是 135 ℃,而第一次升温过程的熔融温度是 133 ℃。所以在科研究工作中,对样品进行多次升温常被采用以消除样品前期热历史的影响,以准确分析试样的结构和组成改变对结晶和熔融温度的影响。

DSC 曲线可以像图 6-3 那样呈现一个样品的结果,但经常是多个样品共同在一张图上呈现,如图 6-5 所示是 PET 与 PET-PBT 共聚酯当 PBT 含量不同时的一系列样品的DSC 曲线,共同绘制在一张图上,不但能清晰看出样品结晶温度和熔融温度的变化,而且能看出峰形状的差异。

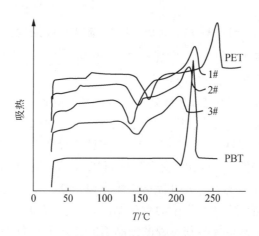

图 6-5　PET-PBT 共聚酯(1#、2#、3# 分别对应 PBT 含量为 15%、20%、25%)

3　影响 DSC 测试的因素

在进行 DSC 测试时,一些参数设置和样品特性会对测试结果产生影响,需要注意。

升温速率是一个重要的实验设置参数,随升温速度加快,会使转变峰迁移至较高温度发生,给出较大、较锐的峰形。图 6-6 是 PET 样品在不同升温速率下的 DSC 曲线,随升温速率从 5 ℃/min 到 10 ℃/min 和 15 ℃/min,结晶发生的温度逐渐移向高温处,结晶峰变得较大,但对熔点(T_m)影响较小。如果 DSC 记录的是熔体的降温冷却过程,随降温速率增大,自熔体冷却的结晶温度则向低温移动。这是因为结晶不但需要一定温度,也是时间过程,当升温或者降温速率增大时,意味着在每个温度点的停留时间缩短,完成结晶需要的一定时间对应显示出温度的变化。

样品的量影响灵敏度和分别率。样品量多时分辨率低,样品量少时灵敏度降低。图 6-7(右)是样品分别为 2.5 mg、5 mg、7.5 mg 时的吸热峰,为了在分辨率和灵敏度之间取得平衡,DSC 测试时样品质量一般取 5～10 mg。

样品的粒径影响热传导,试样粒度太小,其表面积大,热传导快,转变温度会较早即在相对低温处出现。试样尺寸也影响堆砌密度,试样堆砌紧密,热传导大,试样测试的再现性好。图 6-8 左图是粒径从上到下分别为 368 nm、280 nm、68 nm 时 DSC 曲线的玻璃化转变台阶,样品尺寸越小,T_g 开始的温度降低,结束温度不变,转变区变宽,T_g 减小。从图 6-8 右图也可见,样品尺寸小,结晶开始的温度较低,样品尺寸分布窄时,样品的结晶温度范围也较窄,反之,结晶温度范围变宽。熔融温度随样品尺寸增大而稍微升高,这都与样品尺寸影响热传导相关。

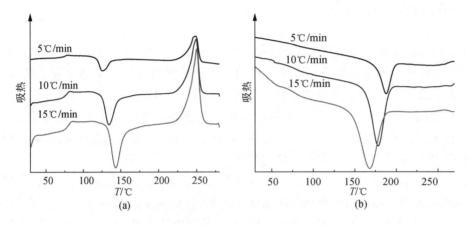

图 6-6 PET 在不同升温(左)和降温(右)速率下的 DSC 曲线

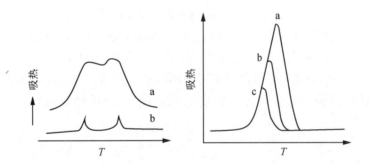

图 6-7 样品量的影响:左图样品量多分辨率相对低(a),样品量少灵敏度相对小(b);右图是样品量为 10 mg (a)、7.5 mg (b) 和 2.5 mg (c)

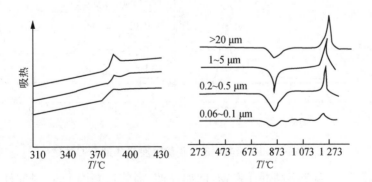

图 6-8 不同尺寸样品得到的 DSC 曲线

4 DSC 在材料研究中的应用

4.1 测定玻璃化转变温度

聚合物的玻璃化转变在 DSC 曲线呈现出向着吸热方向的一个台阶,一般取台阶中心对应的温度为玻璃化转变温度(T_g)。聚合物的玻璃化转变温度受化学结构和结晶特性的影响比较大。以聚乙烯为例,其玻璃化转变温度$-68\ ℃$,当其链上挂一个甲基变成聚丙烯时,玻璃化转变温度增至$-10\ ℃$,当侧基是苯环成为聚苯乙烯时,玻璃化转变温度已经到$100\ ℃$,使分子链刚性增大的基团导致玻璃化转变温度提高,这是因为这类结构使链的运动变得困难,需要在高温下才能进行玻璃化转变。

值得注意的是,玻璃化转变仅发生在聚合物的非晶区,完全结晶的聚合物看不到玻璃化转变,完全结晶聚合物链段只有到熔融温度才能运动,此温度即为熔点,也是结晶结构瓦解变成无序熔体的温度。所以,对于半结晶聚合物,玻璃化转变温度的高低和观察到的转变台阶是否明显与其中的结晶程度,即非晶部分的相对含量有关。图 6-9 给出的是一组试样,即在 PET 聚合时添加不同含量的联苯二甲酸得到的共聚物,在结晶程度不同时的 DSC 曲线。左图对应样品中共聚物结晶程度低,在玻璃化转变温度附近显示出陡峭的台阶,尤其当联苯二甲酸含量大于 10%摩尔比以后。而当对样品进行充分热处理,让其发生结晶后再次测定的 DSC 曲线(右图)上,玻璃化转变已经变得不甚明显,台阶趋于平坦,可以认为此时发生玻璃化转变的非晶聚合物链的质量分数减小了,结晶部分的质量分数增大了,熔融峰清晰可见。

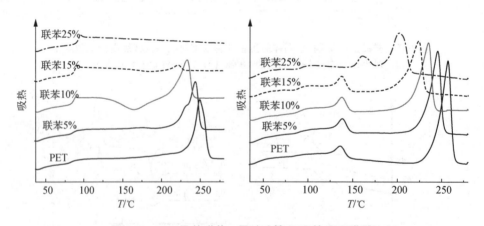

图 6-9 PET 及其联苯二甲酸改性 PET 的 DSC 曲线

对于玻璃化转变温度很高的无机物,例如玻璃,当使用高温 DSC 时同样能测出它们的玻璃化转变温度和结晶温度,图 6-10 是 $Li_2O \cdot 3SiO_2$ 玻璃以及在其中分别添加 1.5% K_2O 和 9%SrO 后样品的 DSC 曲线,在 484~493 ℃处的吸热台阶为玻璃化转变温度,600~680 ℃处的放热峰为玻璃的晶化温度。加入 SrO 使玻璃的玻璃化转变温度和晶化温度都提高,而加入 K_2O 仅提高晶化温度,对玻璃化转变温度几乎没有影响。

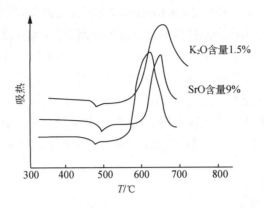

图 6-10　玻璃($Li_2O \cdot 3SiO_2$)DSC 曲线

4.2　研究交联和固化程度

环氧树脂的固化交联是放热的,常用 DSC 测定加入特定固化剂体系环氧树脂的固化制度,即发生固化最适宜的温度。例如在环氧树脂中添加酸酐作为固化剂,然后在 330～440 ℃的温度区间进行预固化,对固化后的产物进行 DSC 测试,结果见图 6-11。可以发现,在固化温度 410 ℃以下,随固化温度升高,固化程度逐步增大,表现出放热峰面积逐渐减小,T_g 逐渐提高。这是因为随固化程度提高,交联度增加,剩余未固化的比例低,只有发生固化即交联反应才发生放热效应。当在 400～410 ℃进行的固化样品,其 DSC 曲线上几乎没有放热峰,说明该温度范围是最适宜的固化温度,保证固化完全。而在继续升高温度情况下,其固化产物的 T_g 反而有所下降,可能由于高温裂解,使交联密度降低,致使 T_g 降低。从图中 330 ℃对应的 DSC 曲线明显看出放热峰顶对应的扫描温度是 400～410 ℃,说明该温度是固化反应最快的温度。

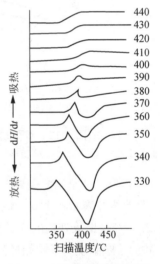

图 6-11　添加酸酐的环氧体系在不同温度下完成预固化试样的 DSC 升温曲线

4.3　研究结晶和熔融行为

图 6-12 的一组 DSC 曲线反映了在不同纺丝速度下得到的 PET 纤维其结晶结构有很大的差异。曲线 1～7 分别对应纺丝速度为 1 000 m/min、2 000 m/min、一直到 7 000 m/min,在最高的纺丝速度 7 000 m/min 下,纤维在 DSC 曲线上仅表现出一个尖锐的熔融峰,说明纤维在如此高的纺丝速度下成型时,已经完成了结晶,以至于纤维样品在 DSC 测试过程中几乎没有可以再发生结晶的分子链,熔融峰所代表的结晶结构是样品在测试时已经具备的。而在 1 000 m/min 低速时得到的样品,纺丝过程中发生的结晶很少,因为在 DSC 的升温曲线上

140～150 ℃的温度间出现了比较大的结晶放热峰,随后在大于 250 ℃的某一温度结晶熔融,
呈现一个吸热峰。低的纺丝速率提供的纺程张力较低,应力不足以诱导结晶的充分发展。
但随着纺丝速率增大,样品在升温过程的结晶温度逐渐移向低温,说明自玻璃态的结晶更加
容易发生,归于在较高纺丝速率下大分子链获得了较高沿纤维轴的取向,排列趋于规整,结
晶需要的位磊降低,所以在后续的加热过程中便能在相对低温处就发生结晶。但也可以发
现,结晶峰的面积随纺丝速率增加是减小的,说明剩余可结晶部分的分数随纺丝速率增大而
减小。也就是说,中间的几个纺丝速率得到的样品,其熔融峰来自两个部分的结晶:一是在
纤维测试时就具备的结晶;另一是 DSC 测试升温过程中形成的结晶。

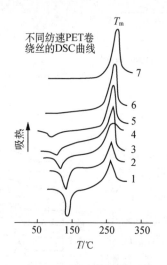

图 6-12　不同纺丝速度下 PET
纤维的 DSC 曲线

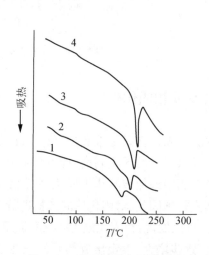

图 6-13　聚醚型聚氨酯在不同
退火下样品的 DSC 曲线

　　图 6-13 是聚醚型聚氨酯在不同退火下样品的 DSC 曲线,曲线 1 表示起始样品,未处
理;曲线 2 表示在 160 ℃恒温 20 min;曲线 3 是在 174 ℃恒温 20 min;曲线 4 指 174 ℃恒温
4 h。经过退火处理的样品获得更高的结晶程度,结晶结构变得完善,结晶尺寸变大,所以样
品的熔融温度高于起始样品。相同处理时间,曲线 3 在更高温度下获得更高的结晶程度,其
熔融峰面积大于曲线 2,相同温度下处理时间更长的样品 4,不但比样品 3 有更大的熔融峰
面积,熔融峰对应温度也最高。

4.4　研究共混体系相容性

　　玻璃化转变温度在聚合物共混前后的变化可以作为衡量聚合物共混体系相容性的判
据。当共混体系只有一个玻璃化转变时认为两者是相容的;如果共混体系仍然有两个与
原来单组分各自相同的玻璃化转变温度,认为该共混体系中两者完全不相容;但如果两个
玻璃化转变温度与各自均聚物不同,两者互相靠近,则认为部分相容。实际上,能在分子
水平完全互相的共混体系不多,从完全不相容到完全相容,中间存在相容程度不同的一系
列状态。

聚 3 羟基丁酸酯(P3HB)与聚 3 羟基丙酸酯(P3HP)虽然化学组成相似,但两者的共混体系是完全不相容的。从图 6-14 中两者共混体系的 DSC 曲线可清楚证明这一结果,左图是 P3HB/P3HP 比例从 100/0 到 0/100 一系列共混物结晶完成后的升温过程,可以清楚看出各自的熔点分别在 165 ℃和 65 ℃附近,熔融峰面积随组分比例的减小而减小。右图是对于未结晶的两组分共混体系再次升温的 DSC 曲线,除更清楚看到各自的熔融温度外,各自的结晶温度也清晰可见,50 ℃是 P3HB 的结晶温度,10 ℃左右的放热峰是 P3HP 的结晶峰;P3HB 的玻璃化转变温度表现在 0 左右的台阶,P3HP 的玻璃化转变温度在−25 ℃左右。当两组分比例 50/50 时,曲线上有两个放热峰代表各自的结晶,有两个吸热峰代表各自的熔融,只是玻璃化转变因为相互交叠难以分开。结果表明:该两组分完全不相容。

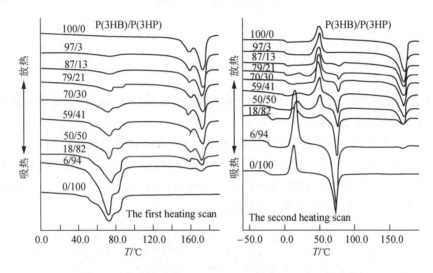

图 6-14　聚 3 羟基丁酸酯(P3HB)与聚 3 羟基丙酸酯(P3HP)共混体系的 DSC 曲线

当聚碳酸亚丙酯(PPC)与聚苯乙烯(PS)共混时,两者也是几乎完全不相容。图 6-15 是

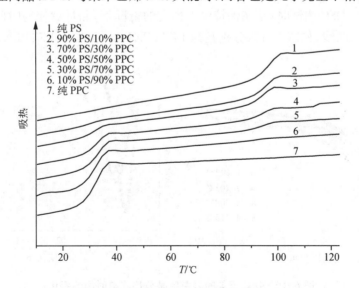

图 6-15　聚碳酸亚丙酯(PPC)与聚苯乙烯(PS)共混体系的 DSC 曲线

PS/PPC 以不同比例混合得到的共混物的 DSC 曲线,纯的 PPC(曲线 7)玻璃化转变温度在 30 ℃左右,纯 PS 的玻璃化转变温度在 105 ℃附近。两者的共混体系在 30 ℃ 和 105 ℃ 附近显示出两个玻璃化转变温度,且在各个玻璃化转变温度发生热熔变化的程度(曲线台阶的变化)与共混体系中组分含量成正比。

4.5　结晶动力学分析

结晶动力学可以用阿弗拉米(Avrami)方程描述

$$1 - x(t) = \exp[-k(T)t^n] \tag{6-1}$$

对上式取对数有下式

$$\log[-\ln(1 - x(t))] = \ln k(T) + n\ln(t) \tag{6-2}$$

式中:$x(t)$ 是 t 时间结晶的转化率;n 为 Avrami 指数,它是与成核机理和晶体增长维数有关的常数;$k(T)$ 为结晶速率常数。

用 $\log[-\ln(1 - x(t))]$ 对 $\ln(t)$ 作图得直线,由直线的斜率和截距得到 n 和 $k(T)$ 值。

如果能获得结晶过程的熔变与时间的关系,分析结晶动力学、获得结晶速率常数等是可能的。在 DSC 的结晶过程中,把结晶开始到某一时刻(t)的热熔与结晶过程结束的全部热熔相比就是时刻(t)的结晶转化程度,可表达为

$$x(t) = \frac{\Delta H_c(t)}{\Delta H_c(\infty)} = \frac{\int_0^t \frac{dH_c(t)}{dt}dt}{\int_0^\infty \frac{dH_c(t)}{dt}dt} \tag{6-3}$$

在进行等温 DSC 测试时,是在保持温度恒定的情况下,测量熔变与时间的关系,直接得到热熔与时间曲线,如图 6-16,分别是纯 PET(PET-0)和改性 PET(PET-3)样品在不

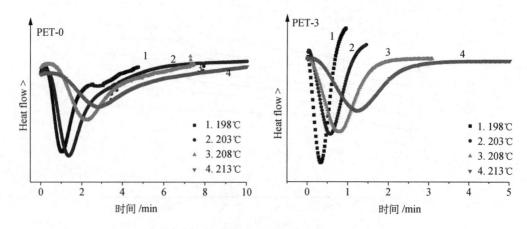

图 6-16　DSC 记录的等温结晶放热峰随时间的变化

同温度下的等温结晶放热峰,仅从 DSC 曲线,也可以发现两者结晶速率的差异,在同一结晶温度下,例如 213 ℃,PET-0 完成结晶需要时间大于 6 min,而 PET-3 在 2.5 min 时基本完成结晶。由结晶过程的热焓变化曲线图很容易获得 $x(t)$ 与 t 的关系曲线。如图 6-17 所示是在相同温度 213 ℃ 下等温结晶不同样品的结晶转化程度与时间的关系。再按式(6-2)进行作图得到图 6-18,从直线的截距和斜率即能得到结晶动力学数据。

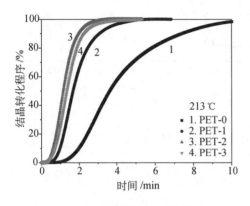

图 6-17 结晶转化程度与时间的关系

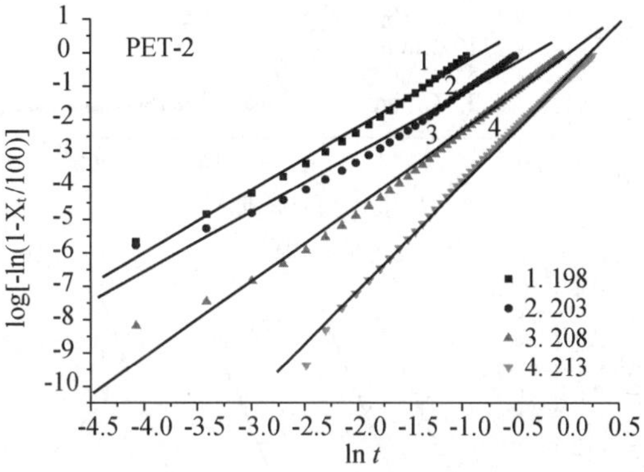

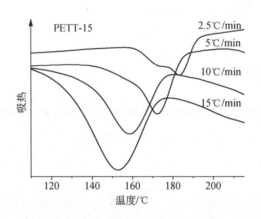

图 6-18 结晶转化程度与时间的对数关系图

图 6-19 DSC 记录的非等温结晶放热峰

利用 DSC 测量等温结晶过程需要使用液氮将聚合物熔体从熔融状态快速冷却到设定的结晶温度,以避免聚合物在冷却过程中发生结晶。

由 DSC 考察非等温结晶过程则相对容易,只要在给定的冷却速率下记录样品的结晶放热峰即可,见图 6-19,因为在一定速率下,温度范围等同时间尺度,利用式(6-4)能方便地将温度区间换算成时间,其中 R 是降温速率。图 6-20 是结晶转化程度与温度和时间的关系曲线以及对数图。

$$t = \frac{|T_0 - T_c|}{R} \tag{6-4}$$

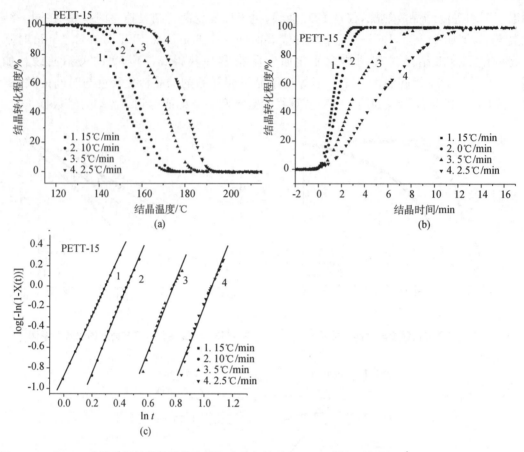

图 6-20 由 DSC 曲线获得的结晶转化率随温度的起始关系(a),经转化后与时间的关系(b)和对数关系(c)

5 DSC 仪器设备

　　一般 DSC 热分析仪的外观如图 6-21 所示,左上方是腔体,打开后如右图所示,参比物和样品对称放置。仪器内部由温控单元(电炉)、差热放大单元、差动热补偿单元、气氛单元、数据处理接口单元、计算机、打印机等组成。其温度控制范围在室温到 800 ℃之间。

图 6-21　DSC 仪器外观

（1）温度控制系统 该系统由程序控温单元、控温热电偶及加热炉组成。程序控制单元可编程序模拟复杂的温度曲线，给出毫伏信号。

（2）差热信号测量系统 该系由差热传感器、差热放大单元等组成。差热传感器即样品支架，由一对差接的点状热电偶和四孔氧化铝杆等装配而成，测试时试样与参比物（$\alpha\text{-}Al_2O_3$）分别放在两只坩埚内，加热炉以一定速率升温，若试样没有热反应，则它与参比物的温度差 $\Delta T = 0$，差热曲线为一直线，称为基线；若试样在某一温度范围有吸热（或放热）反应，则试样温度将停止（或加快）上升，试样与参比物间产生温度差，把该温度信号放大，由计算机数据处理系统画出 DTA 峰形曲线，根据出峰的温度和峰面积的大小、形状，可进行各种分析。

（3）差动热补偿系统 差动热分析的原理和差热分析相似，所不同的是利用了装置在试样和参比物容器下面的两组补偿加热丝，当试样在加热过程中由于热反应而出现温度差 ΔT 时，通过差热放大和差动热量补偿使流入补偿丝的电流发生变化。当试样吸热时，补偿使试样一边的电流 I_s 立即增大。反之，在试样放热时则是参比物一边的电流增大，直至两边热量平衡，温度差 ΔT 消失为止。总之，试样在热反应时发生的热量变化，由于及时输入电功率而得到补偿。

（4）数据处理系统 该系统由接口放大单元、A/D 转换卡、计算机、打印机、系统软件等组成。

（5）双路气氛单元 该系统由净化器、稳压阀、压力表、流量计、气体调节阀等气动元件组成，并用二位三通电磁阀控制气体的切换。气氛单元在使用中可用于控制单气路气体的流量，也可控制两种气体的切换。

第二节　动态力学分析（DMA）

动态力学分析（dynamic mechanical analysis，DMA）指在程控温度下，测量样品在一定频率振动负荷下的动态模量和力学损耗与温度的关系。需要提及的是 DMA 测量系统可以根据不同试样尺寸和特性而选择三点弯曲、压缩、拉伸、剪切、扭转等多种受力测量方式。

DMA 测量的温度范围低至液氮冷却温度 $-170\ ℃$，最高温度可达到 $500\sim600\ ℃$。

1　动态力学分析的原理

高分子材料（聚合物）是一种黏弹性物质，应力与应变不是同相位发生的，因此在交变应力作用下，应变总是落后于应力一定的相位差（图 6-22）。如果在施加按一定频率变化的应力下测试不同温度的相应应变，能够得到动态力学的温度谱，它们能够提供材料样品不同尺度单元的运动和发生相态转变的信息。

如果施加在试样上的交变应力是 σ，应变是 ε，应变落后应力的相位角 δ，则应力与应变

的关系可以用式(6-5)、式(6-6)表示

$$\sigma = \sigma_0 e^{i\omega t+\delta} \tag{6-5}$$

$$\varepsilon = \varepsilon_0 e^{i\omega t} \tag{6-6}$$

式中：σ_0 和 ε_0 是应力和应变的幅值；ω 是频率。

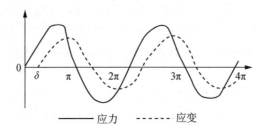

图 6-22　DMA 应力与应变的位相关系

定义储能储量(E' 或 G')、损耗模量(E'' 或 G'')和损耗角正切($\tan\delta$)如下

$$E' = \frac{\sigma_0}{\varepsilon_0}\cos\delta \tag{6-7}$$

$$E'' = \frac{\sigma_0}{\varepsilon_0}\sin\delta \tag{6-8}$$

$$\tan\delta = \frac{E''}{E'} = \frac{G''}{G'} \tag{6-9}$$

复数模量 E^* 的展开式成为

$$E^* = \frac{\sigma_0}{\varepsilon_0}(\cos\delta + i\sin\delta) = E' + iE'' \tag{6-10}$$

如果能在实验中测出 σ_0、ε_0 以及相位角 δ，那么就能得到聚合物的储能模量和损耗模量以及损耗角正切的数值。一个典型聚合物的 DMA 温度谱如图 6-23 所示。典型无定形聚合物 DMA 曲线随温度不同显示三种力学状态，即玻璃态、高弹态、黏流态。在玻璃态，模量高，材料抵抗变形能力强，与玻璃态对应的运动单元尺寸小，运动幅度小；随着温度升高，从玻璃态向高弹态的转变称为玻璃化转变，也叫 a 转变，对应聚合物大分子连段的运动，此时材料的储能模量快速下降；继续升高温度进入黏流态(熔融态)，整个大分子链开始运动，材料失去抵抗外界变形的能力，熔融加工和塑形正是在这个阶段实施的。在玻璃态区域中出现三个次级转变(β、γ、δ)，分别对应更小运动单元，即侧基和端基运动以及键角振动、曲轴运动，但大部分聚合物难以测出这些次级转变。由 DMA 谱求取玻璃化转变温度(T_g)，既可以由损耗峰顶对应的温度，也可以由损耗角正切峰顶对应的温度获得，但由这两个峰分别获得的玻璃化转变温度往往是不一致的。这是正常的，因为玻璃化转变本来就是一个区间，在实际应用时只要在具体研究体系中统一即可。例如，图 6-24 是 PET 在宽温度范围的 DMA 曲线，从损耗角正切峰值读取的玻璃化转变温度是 87.6 ℃，而从损耗模量曲线峰值读取的玻璃化转变温度是 77.5 ℃，另外在 -40 ℃附件可见一个次级转变峰。

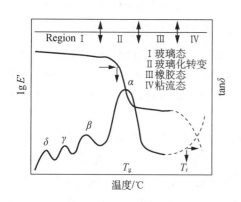

图 6-23　聚合物的 DMA 图谱

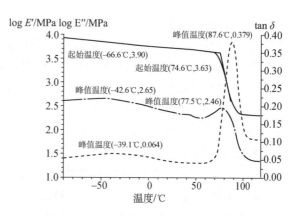

图 6-24　PET 在宽温度范围的 DMA 图

2　动态力学图谱的测定

　　传统上采用扭转/扭辩分析测定聚合物的动态力学图谱,聚合物试样一端被固定夹具夹住,另一端与一个惯性体(杆或者盘)相连,当此惯性体连同试样扭转一定角度突然松开后,则此惯性体运动的振幅会逐步减小,这是因为聚合物样品的黏弹性会产生的力学损耗。但该法比较麻烦,测试不方便。现在普遍采用强迫非共振黏弹谱仪,仪器结构示意如图 6-25 所示。试样 5 在夹具间用伺服电机 10 先施加一个拉应力,这是为了使试样在振动时永远处于受拉的状态(因为振动的往复是拉压的形式)。同时随着温度升高,试样发生膨胀时还要不断用伺服电机调节预应力以保持原设定值。振动源由电磁振动头 1 提供,它由可调超低频音频发生器通过功率放大器来驱动。这样即可按音频发生器的频率强迫试样受

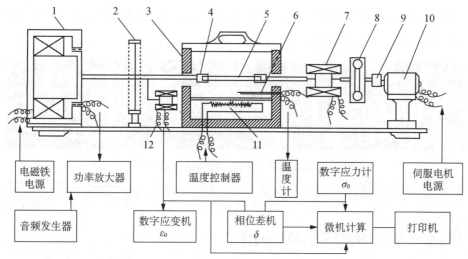

1—电磁振动头;2—支持簧;3—控温箱;4—夹头;5—试样;6—热电偶;7—测力差动变压器;
8—测力臂;9—齿轮;10—直流伺服电机;11—电热丝;12—测应变差动变压器

图 6-25　黏弹谱仪测试原理示意图

拉振动。在振动头与样品夹具之间串联一个应力测定计,另一个夹具则与位移计并联以测量应变。这样应力和应变的正弦电信号分别通过各自的电路和数字显示器给出试样应力和应变的最大振幅 σ_0 和 ε_0,同时还通过另一个电路比较应力、应变两个正弦信号的相位差 δ。这样由 σ_0 和 ε_0 可以通过式(6-3)~式(6-5)计算出储能模量(E')、损耗模量(E'')和损耗角正切($\tan\delta$)。现代化的黏弹谱仪均配有微计算机系统,测试实时计算,并给出 E'、E'' 和 $\tan\delta$ 三根曲线的温度谱。

该黏弹谱仪属于强迫非共振型动态热机械分析,应力和应变具有单独控制和测定的系统,温度和频率也是两个独立可变的参数,因此它可得到不同频率下的 DMA 曲线。

现在 DMA 仪器集成度高,尺寸小巧紧凑。以日立 EXSTARDMS6100 动态机械黏弹性分析仪为例,见图 6-26,左图是外观,右图是构造和功能示意。力源产生的力作用到样品上,样品产生的形变由线性差动变压器检测,并以应力和应变的形式输出信号。

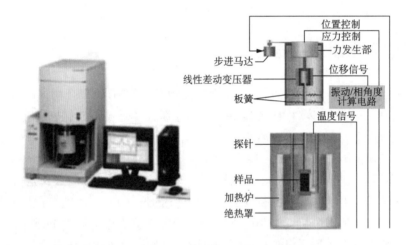

图 6-26　DMA 仪器外观(左)和内部构造(右)示意图

该仪器重复性好,试样制作方便。通过选择夹头类型,可以对样品实施不同的受力状态,包括拉伸、压缩、三点弯曲等(图 6-27)。

图 6-27　不同施力和变形状态

3　DMA 在聚合物研究中的应用

聚合物的 DMA 图谱提供了玻璃化转变温度、储能模量、损耗模量以及损耗角正切值的信息,这些信息在材料研究中有重要作用。

3.1 表征材料的玻璃化转变

材料的玻璃化转变对于实际应用是一个重要参数,在玻璃化转变之前材料的模量是稳定的,应用过程变形小。另一方面,对于橡胶类弹性材料,在玻璃化温度以下就会失去弹性或者弹性下降,这对于利用橡胶作为密封材料使用的场合也是尤为重要的。所以需要知道不同材料的玻璃化转变温度。在三点弯曲的施力模式下测定了碳纤维增强环氧树脂复合材料的 DMA 曲线,结果示于图 6-28(测试条件:1 Hz,2 ℃/min)。可见,玻璃化转变开始的温度 154.1 ℃,从 E'' 和 $\tan\delta$ 读取的玻璃化转变的峰值温度分别是 174.3 ℃和 196.4 ℃。在玻璃化转变之前,E' 基本保持恒定,也就是说,应用温度在玻璃化转变温度之前材料是稳定的。

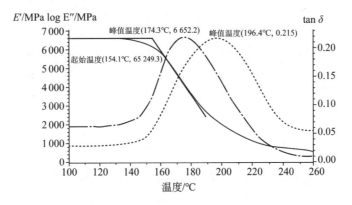

图 6-28 碳纤维增强环氧树脂 DMA 图谱

同样在三点弯曲模式下,测试条件也是频率 1 Hz,升温速率 2 ℃/min,对玻璃纤维增强聚对苯二甲酸丁二醇酯(PBT)在平行于纤维和垂直于纤维两个方向测试得到的 DMA 曲线如图 6-29 所示。可见,在两个方向受力测试得到的玻璃化转变温度相差不大,因为他们都是反映基体聚对苯二甲酸丁二醇酯的玻璃化转变,但储能模量有很大差异,平行于纤维方向有更高的模量,这是因为玻璃纤维增强的方向上能承受更大应力,抵抗外界变形能力强。

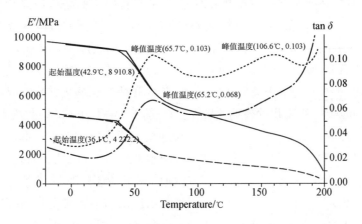

图 6-29 玻璃纤维增强 PBT 的 DMA 图谱

3.2 分析聚合物共混/聚体系的相容性

图 6-30 是三个样品的 DMA 图谱。其中 B-KGM 是一种聚多糖,脆而硬;PU 是聚氨酯弹性体;UB-20 是 PU 和 B-KGM 的半互穿聚合物网络结构的共聚物(semi-IPNs)。在两者的共聚物中,仍然存在两个玻璃化转变温度,其中聚多糖的玻璃化转变向低温移动,由 160 ℃降低到 120 ℃附近,而 PU 的玻璃化转变基本保持不变。应该说,在两者的共聚体系中,聚多糖与 PU 有一定程度的相容。

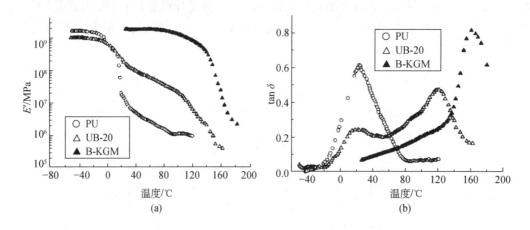

图 6-30 B-KGM 与 PU 以及其共聚体系的 DMA 曲线

3.3 研究聚合物的微相结构

编者曾经合成了一种含有硬段和软段结构的嵌段聚酰胺酯共聚物,其中的硬段由对苯二甲酸二甲酯与丁二胺先反应制备,两端含有甲酯基的酰胺酯称为 T4T,软段采用两种二元醇,一种是相对分子质量为 1 000 的聚丁二醇(PTMO),另外一种是小分子戊二醇(PDO),将此两种醇按照不同摩尔比共混后与 T4T 进行缩聚制备嵌段聚合物,嵌段聚合物中应该含有 T4T-PTMO 和 T4T-PDO 链段(图 6-31)。对得到的嵌段聚合物进行 DMA 分析,其损耗模量谱见图 6-32,当其中 PDO 含量较低时(图中曲线 a, b, c),在 −65 ℃处出现一个玻璃化转变温度,属于 T4T-PTMO 均聚物的玻璃化转变,当 PDO 含量较高,到 40%、60%、100%时,在 120 ℃处出现玻璃化转变,但 −65 ℃处的玻璃化转变仍存在,只是峰有些变宽。对比 T4T-PDO 均聚物的玻璃化转变温度是 120 ℃(图 6-32 中曲线 f),T4T-PTMO 均聚物的玻璃化转变温度是 −65 ℃(图 6-32 中曲线 a),而在 T4T-PTMO/PDO 共聚物中,当 PDO 含量超过 40%时,嵌段共聚物出现两个玻璃化转变,且与两个对应均聚物的玻璃化转变温度相同。为了进一步理解嵌段聚合物的微相结构,对其进行了 DSC 测试,见图 6-33,发现当 PDO 含量大于 40%时,嵌段聚合物出现两个熔融温度,高温处的熔融温度随 PDO 含量增加逐步增大,逐渐接近 T4T-PDO 的熔融温度,低温处的熔融温度接近

T4T-PTMO 的熔融温度。由此推测,在 T4T-PTMO/PDO 嵌段聚合物中存在两个熔融温度不同的结晶区、两个玻璃化转变温度不同的非晶区,还有一些中间相的存在,可用图 6-34 表示。其中Ⓐ是由 PTMO 分子链构成的无定形区,对应玻璃化转变温度是−65 ℃的非晶相;Ⓑ是由均一链长的 T4T 构成的结晶相,片晶的厚度为 T4T 的链长,为低熔融温度对应的结晶相;Ⓒ是 T4T-PDO 聚合物的无定形相,其玻璃化转变温度 120 ℃;Ⓓ为 T4T-PDO 聚合物的结晶相,其中 PDO 参与了结晶,片晶厚度大,熔融温度高;Ⓔ是处于晶体的边缘,以邻近折叠形式存在的 PDO 链。

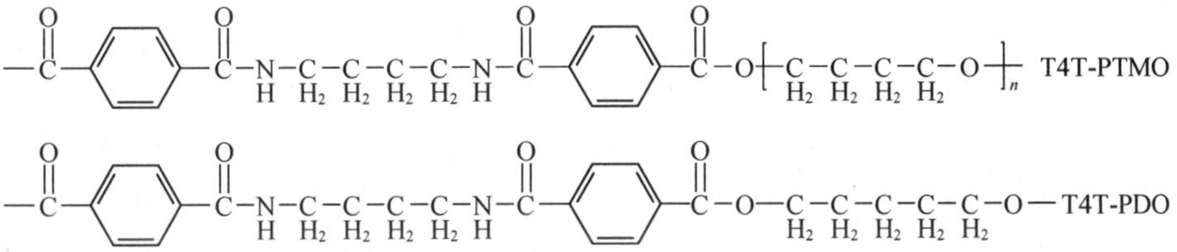

图 6-31 嵌段聚合物中两种链节的结构

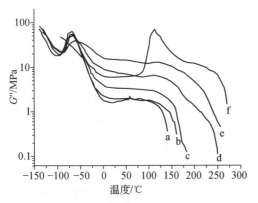

图 6-32 T4T-PTMO/PDO 不同比例时的损耗
模量与温度的关系

(a)100/0,(b)90/10,(c)80/20,(d)60/40,(e)40/60,
(f)0/100

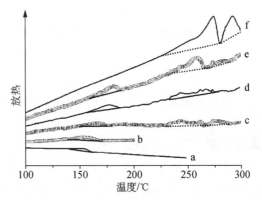

图 6-33 T4T-PTMO/PDO 不同比例时
的 DSC 曲线

(a)100/0,(b)90/10,(c)80/20,(d)60/40,(e)40/60,
(f)0/100

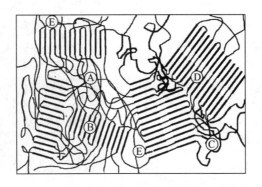

图 6-34 T4T-PTMO/PDO 嵌段聚合物的微相结构

3.4 研究材料结构与性能的关系

材料的模量与结晶程度关系很大,对于塑料与橡胶的共混体系,相的分散状态也影响模量大小,损耗峰面积和损耗峰宽窄也能体现材料中的结构信息。图 6-35 是用聚氧化乙烯

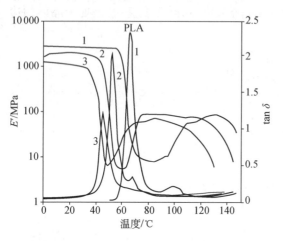

图 6-35 聚氧化乙烯 PEG 增塑聚乳酸(PLA)
的 DMA 曲线

PEG 含量:1—0 质量分数%,2—10 质量分数%,
3—20 质量分数%

(PEO)增塑聚乳酸(PLA)体系的 DMA 曲线,随增塑剂含量的增加,其玻璃化转变向低温移动,这是因为增塑剂有利于大分子链段的运动,玻璃化转变温度降低。但同时发现玻璃化转变峰面积减小,这意味着能够发生玻璃化转变的大分子链比例降低,即非晶区含量降低。结合在玻璃化转变后的储能模量(E')增加,说明增塑剂加入改善链段运动的同时有利于结晶的发展,增塑剂含量越高的储能模量高,对应更高的结晶程度。因此增塑后的 PLA,虽然玻璃化转变温度降低,但因为非晶含量的下降导致玻璃化转变峰面积或者损耗峰($\tan\delta$)的峰高减小。

由模量和损耗峰面积变化反映的结构和性能的变化,从塑料与橡胶共混体系的 DMA 曲线也能看出,图 6-36 是聚丁二烯/聚苯乙烯共混体系的 DMA 曲线,其中曲线 1 是纯 PS;曲线 2 为橡胶 10% 的机械共混(其形态为单向连续的不规则分散相结构);曲线 3、4 为橡胶 5% 和 10% 的本体共聚合得到的高抗冲聚苯乙烯(HIPS),在 HIPS 中橡胶颗粒呈蜂窝状结构。比较几条曲线可以看出,橡胶含量高的体系其在 −80 ℃ 到 −90 ℃ 之间的损耗峰面积大,因为更多橡胶大分子链对玻璃化转变做出贡献,但橡胶含量相同的曲线 2 和曲线 4 相比,曲线 4 呈现更高的玻璃化转变面积,归于在 HIPS 中,橡胶不是简单的以分散相状态存在,橡胶相里含有更小的 PS 组分,类似蜂窝结构,由此橡胶相占据更大表观体积(见图 6-36 右侧的蜂窝相态结构图)。

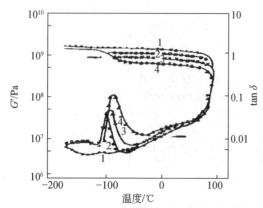

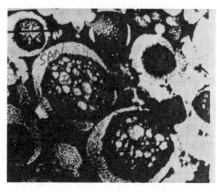

图 6-36 聚丁二烯/聚苯乙烯共混(HIPS)的 DMA 曲线(左)和相态结构图(右)

3.5 研究高聚物链的相互作用

当大分子链之间有交联结构存在时,大分子链段的运动变得困难,对应的玻璃化转变温度升高。图 6-37 是不同交联度的聚氨酯的 DMA 曲线,从左到右交联度逐步增加,损耗角正切的峰逐步向高温移动,而且峰变宽,表明玻璃化转变区的边界变得不清晰,有更多过渡区域,归于交联把大分子链连接在一起。

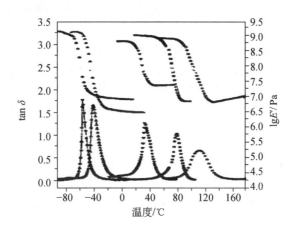

图 6-37 不同交联度的聚氨酯的 DMA 曲线(从左到右交联度逐步增加)

对于添加纳米填料的复合体系,添加剂与聚合物大分子链之间是否存在相互作用可以从它们的 DMA 曲线进行判断。图 6-38 是含有 SiO_2 的聚氧丁撑(PTMO)复合体系(SiO_2/PTMO)的储能模量和损耗正切。图中随着 SiO_2 含量从 0 增加到 70%(质量分数),玻璃化转变温度向高温移动,说明 PTMO 链段受到 SiO_2 网络的强烈作用,运动变得困难。

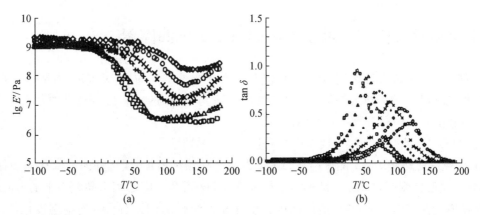

图 6-38 添加不同含量 SiO_2 的 SiO_2/PTMO 复合体系的 DMA 曲线   (a)贮能模量;(b)损耗角正切

SiO_2 含量:□0,△20,＋40,×50,○60,◇70%

3.6　研究聚合物链的次级转变和支化

结晶性聚合物结晶程度的变化不但体现在影响玻璃化转变上,对次级转变也有影响。图 6-39 是具有不同结晶度的 PP 的玻璃化转变和次级转变曲线,由实线到虚线,结晶程度逐渐增加,储能模量随结晶度增加而增大,玻璃化转变温度随结晶度增加不断移向高温,但转变峰的强度逐渐降低,同时次级转变峰(β峰)的强度也随结晶度增加不断下降,这都是归因于能发生玻璃化转变和次级转变的链段或者单元分数减小,即非晶区比例降低。

对于聚乙烯(PE),次级转变 β 峰代表主链上支链的运动损耗,因此可以利用其 β 峰的强度估计支化度,如图 6-40 所示,曲线 1、2 和 3 对应的支化度分别是 3.2/100、1.6/100 和 0.1/100,可见,随支化度增加,β 峰的强度逐渐增大。支化度定义为主链上每 100 个 CH_2 含有支化 CH_3 的个数。

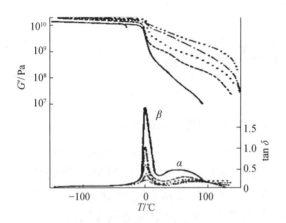

图 6-39　具有不同结晶度的 PP 的 DMA 曲线

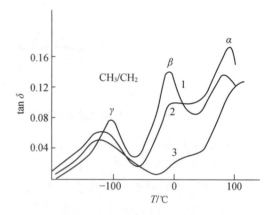

图 6-40　不同支化度的 PE 损耗正切曲线

4　DMA 对试样的要求和影响 DMA 测试的因素

DMA 测试时需要使用受力面积计算模量,因此要求试样均匀、无气泡、有固定的形状,尺寸要准确测量。另外对试样施加的应变量要适当,较硬的材料应变位移要小些(1%～5%),较软的材料位移要大些(5%～10%)。

影响 DMA 测试的因素主要是应变的频率和升温速率。

(1) 频率是影响 DMA 测试结果的主要因素　随频率增加,损耗峰向高温移动,对应的玻璃化转变温度变高,如图 6-41 是一个样品在 1 Hz 到 20 Hz 之间不同频率下的 DMA 曲线,储能模量基本保持恒定,但玻璃化转变峰随频率增加不断移向高温,对应温度也由 1 Hz 时的−29 ℃到 20 Hz 时的−21.9 ℃。这种变化也很容易理解,高分子材料都是黏弹体,应变都是时间过程,当频率增加时,样品的响应并不会因为频率的增加而变快,仍然需要一定时间,推迟的响应就出现在高温区了。

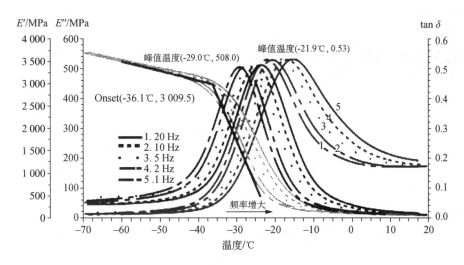

图 6-41　不同频率下测得的 DMA 曲线

　　另外由 DMA 得到的玻璃化转变温度与 DSC 得到的玻璃化转变温度也并非完全相同，一般认为在频率为 1 Hz 的扭摆振动测试的 DMA，由损耗峰所对应的 T_g 与 DSC 测定的 T_g 接近。

　　(2) DMA 的升温速率也是影响因素之一　随升温速率加快，玻璃化转变也移向高温。考虑样品应变的时间依赖性，DMA 测试时的升温速率通常较低，在 2～5 ℃/min。

复习要点

　　DSC 与 DMA 的原理，从 DSC 和 DMA 曲线分别能获得哪些信息，影响 DSC 和 DMA 测试的因素分别是什么，DSC 与 DMA 在材料研究中各自有什么作用。

参考文献

［1］张俐娜，薛奇，莫志深，等.高分子物理近代研究方法[M].武汉:武汉大学出版社,2003.

［2］封朴.聚合物合金[M].上海:同济大学出版社,1997.

［3］王培铭,许乾慰.材料研究方法[M].北京:科学出版社,2005.

［4］李光,Gaymans R J,杨胜林,等.共聚聚醚酯酰胺的多重转变及其相态结构[J].化学物理学报,2004,17(1):105-110.

第七章
透射电子显微镜

1 概述

透射电子显微镜(简称透射电镜)是以电子束作为光源通过电磁透镜成像,并与机械、电子、高真空技术相结合而构成的综合性电子光学仪器。它的问世增强了人类的观察和进行结构研究的能力,加速了对材料结构的认识和新材料的开发。功能是物质结构的表现形式,结构是功能的物质基础。构效关系是进行材料分析,研制新材料、改善材料性能的理论支撑。透射电子显微镜亚埃级的分辨能力、成像技术、分析方式为材料研究提供了丰富的信息,对科学的发展产生不可估量的作用。

随着电子显微学和电子器件加工技术的发展,透射电镜的结构和性能都得到了完善和提高。表现在:①分析能力增强。20 世纪 50 年代后开始配有选区电子衍射装置,透射电镜不再只是获得形貌图像,还可以进行微区的结构分析。扫描透射成像功能的使用,并配以 X 射线能谱仪、电子能量损失谱仪等附件可把样品的组织结构和元素组成对应起来。近年来,温度、力学、电学等多种传感芯片应用在样品杆上,透射电镜能够分析样品的多种物理性质。②成为原位研究的平台。样品测试环境方面也有很大变化,原来只是在高真空、室温下观察形貌,现在可以通过样品杆改变样品的热、力、电、磁、气等环境,原位动态观察样品在制备条件下或接近使用状况下的结构变化,实时观察和控制气相反应和液相反应的进行,寻求性能改变的真相和机理。③分辨率不断提高。分辨率一直是透射电镜发展的目标和方向,由于新一代单色器和球差矫正器的发明,透射电镜的能量分辨率和空间分辨率不断提高,几乎达到原子级分辨率,对于晶体结构的分析有重要意义。④自动化程度提高,操作简便。以前透射电镜操作人员透过光学显微镜观察荧光屏上的图案,用胶片记录实验结果,为防止自然光的干扰,透射电镜室是一个暗室。随着数据采集和传输技术的发展,透射电镜已不再需要荧光屏,实现人机分离,在正常环境下进行测试。自动进样的出现更是降低了对操作人员的要求,提高了测试效率和仪器安全。现在透射电镜种类不断增加,出现了高压电镜、原位电镜、球差校正电镜、冷冻电镜等,与纳米科学、生物学等的紧密结合,使得电子显微镜的功能更加丰富,成为材料评价的重要手段,同时也促进了这些领域的飞速发展。

2 透射电镜成像原理

与扫描电镜图像反映样品表面微观形貌不同,透射电镜采用很高的加速电压(大多在 $100\sim300$ kV 之间),让电子枪产生的高能电子束与非常薄的样品相互作用,采集透过样品的信号,把一个薄的三维样品投影成了二维图像。透射电镜图像的景深小,能更多地反映样品的内部结构。透射电镜的光路与光学显微镜相似,遵循阿贝成像原理,但光源由高能电子束代替了可见光。

电子束由透射电镜的电子枪产生,具有亮度高、相干性好、束流稳定的特点,通过聚光镜的控制可以实现从平行照明到大会聚角的照明条件。电子束穿过厚度小于 100 nm 的样品,与样品发生作用,包括弹性散射和非弹性散射两个过程,产生二次电子、背散射电子、俄歇电子、特征 X 射线等多种信息。透射电镜主要采集透过样品的电子,反映样品微区厚度、原子序数、晶体结构或相位。透过样品的电子束,在不同的实验条件下得到不同的衬度像,主要包括质厚衬度像、衍射衬度像、Z 衬度像和相位衬度像。经过物镜聚焦放大成像,再经过中间镜和投影镜进一步放大,最后用 CCD(charge-coupled device)相机记录图像。电子束透射电镜不仅能显示样品微观形貌,而且可以利用电子衍射同时获得晶体学信息。改变中间镜的电流,使中间镜的物平面从一次像平面移向物镜的后焦面,可得到衍射花样,经物镜、中间镜和投影镜的接力放大,最终在荧光屏上呈现电子显微像和电子衍射花样,并能通过半导体相机数字化,便于分析和存贮。若中间镜的物平面从后焦面向下移到一次像平面,又可看到投影像,其光路如图 7-1 所示,这就是透射电镜既能成像又能得到衍射花样的原因。

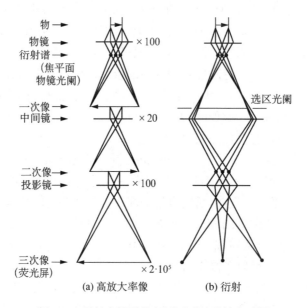

物 →
物镜 →
衍射谱 →
(焦平面
物镜光阑)
×100

一次像 →
中间镜 →
×20

二次像 →
投影镜 →
×100

三次像
(荧光屏) →
×2·10⁵

选区光阑

(a) 高放大率像   (b) 衍射

图 7-1　透射电镜成像(a)和衍射(b)的光路图

电子束通过样品进入物镜,在其像平面形成第一电子像,中间镜将该像进一步放大,成像在相应的像平面上,投影镜将中间镜成的像再次放大成像,在荧光屏上形成最终像。最终像(与样品相比)的放大倍率 M 为各成像透镜放大倍率的乘积,见式(7-1)

$$M = M_1 \cdot M_2 \cdot M_3 \cdot \cdots \cdot M_n \tag{7-1}$$

入射电子束与样品相互作用后逸出样品下表面,电子束强度不再均一分布,聚焦后得到带有材料结构信息的电镜图像,图像明暗分布不均匀,就是有一定的衬度。衬度(C)是指图像中两个相邻位置的信号强度(I)相对差值,可用下式表示

$$C = \frac{I_1 - I_2}{I_2} = \frac{\Delta I}{I_2} \tag{7-2}$$

透射电镜图像衬度可以分为振幅衬度和相位衬度,振幅衬度是电子束在样品下表面强度的不同,即电子波振幅差异的反映,形成质厚衬度和衍射衬度。薄晶体材料的高分辨晶格

像和扫描透射图像的衬度主要是相位衬度。样品厚度大于 10 nm 时,以振幅衬度为主;样品厚度小于 10 nm 时,以相位衬度为主。

2.1 质厚衬度

非晶材料透射电镜形貌图像的衬度就是质厚衬度(mass-thickness contrast)。如图 7-2 所示,二氧化硅具有核壳结构,在核和壳之间存在明显的空隙。质厚衬度的产生源于样品对入射电子束的散射。质量大、厚度大的位置电子散射多,散射角大于一定值时,不能穿过物镜光阑,用于成像的电子少,信号强度低,图像对应位置比较暗。相反,质量小、厚度小的位置透过样品的电子多,图像比较亮,非常直观,可用图 7-3 表示质厚衬度的原理。

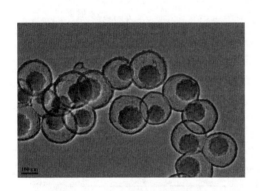

图 7-2　二氧化硅的核壳结构

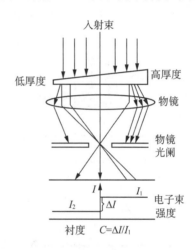

图 7-3　质厚衬度形成示意图

根据衬度定义和单个原子的散射截面,经推导,质厚衬度可表示为

$$C = \frac{\pi N_0 e^2}{V^2 \theta^2} \left(\frac{Z_2^2 \rho_2 t_2}{A_2} - \frac{Z_1^2 \rho_1 t_1}{A_1} \right) \tag{7-3}$$

式中:N_0 为阿佛加德罗常数;e 为电子电荷电量;V 为电子枪加速电压;θ 为光阑孔径角;Z 为原子序数;ρ 为样品密度;t 为样品厚度;A 为原子相对质量。

从上式可知,质厚衬度与加速电压、散射角、原子序数、样品密度和样品厚度等多个因素有关,降低加速电压,使用小孔径光阑,能提高图像衬度。因此,用于生物领域的透射电镜常用 120 kV,低于材料领域常用的 200 kV,不只是避免样品被高能电子束损伤,还可以改善图像衬度。

2.2 衍射衬度

对于相邻位置厚度和平均原子序数相差很小的薄晶体样品,质厚衬度不明显,但是电子束穿过晶体的周期性结构会发生衍射,可应用衍射衬度(diffraction contrast)成像,反映样品不同位置的晶体学特征。

衍射衬度是晶体样品满足 Bragg 衍射条件的程度不同和结构振幅不同造成衍射强度的差异而产生的衬度。假设晶体薄膜里有取向不同的两晶粒 A 和 B[图 7-4(a)],其中 A 晶粒完全不满足 Bragg 衍射条件,强度为 I_0 的入射束穿过 A 晶粒不发生衍射,透射束强度 I_A 等于入射束强度 I_0;而电子束照射 B 晶粒时,满足 Bragg 衍射条件并发生衍射,衍射束强度为 I_{hkl},透射束强度 $I_B = I_0 - I_{hkl}$,这样,透过 A 晶粒和 B 晶粒的透射束强度不同,在图像上就产生了衬度。如果在物镜的的背焦面用物镜光阑遮挡衍射束,只让透射束通过物镜光阑,则在荧光屏上 A 晶粒比 B 晶粒亮,得到的像称为明场像。此时,若以 A 晶粒像的亮度作为背景强度,则 B 晶粒像的衬度(C_B,明场像衬度)为:

$$C_B = \frac{I_A - I_B}{I_A} = \frac{I_0 - (I_0 - I_{hkl})}{I_0} = \frac{I_{hkl}}{I_0} \tag{7-4}$$

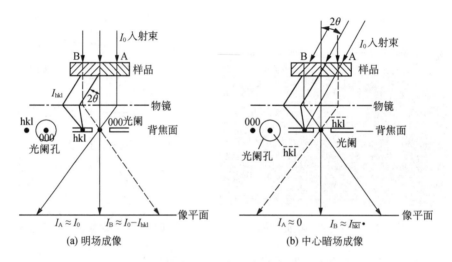

(a) 明场成像　　　　　　　(b) 中心暗场成像

图 7-4　明场成像(a)和中心暗场成像(b)示意图

如果用物镜光阑遮挡透射束,同时光阑孔套住某个 hkl 衍射斑,让对应于衍射斑 hkl 的电子束 I_{hkl} 通过,则 B 晶粒比 A 晶粒亮,得到的像是暗场像。明场像与暗场像的衬度特征是相反的,即某个部分在明场像中是亮的,则它在暗场像中是暗的,反之亦然。在成暗场像时,穿过 A、B 晶粒的透射束强度分别为 $I_A \approx 0$,$I_B \approx I_{hkl}$,B 晶粒相对于 A 晶粒的衍射衬度(C_D,暗场像衬度)为:

$$C_D = \frac{I_A - I_B}{I_A} = \frac{I_{hkl}}{I_A} \to \infty \tag{7-5}$$

暗场像的衬度比明场像的衬度要好,但衍射束偏离了电镜中心光轴,孔径半角大,球差也大,成像质量差。为改善成像质量,调整偏转线圈,使入射电子束倾斜 2θ,B 晶粒的(hkl) 晶面满足 Bragg 衍射条件,产生强衍射,而物镜光阑还在光轴上。衍射束沿着光轴达到荧光屏成像,透射束被遮挡,这种成像方式叫中心暗场成像[图 7-4(b)]。

2.3　相位衬度

对于非常薄的样品(小于 10 nm),电子束穿过样品时引起的散射和衍射作用都不显著,振幅改变不大,质厚衬度和衍射衬度小。入射电子与样品中的原子核发生相互作用,发生非弹性散射的电子能量会有 10~20 eV 的变化。不同原子和电子穿过时离原子核的远近都影响能量变化,相应的出射电子波的相位也发生变化,相互之间发生干涉,形成带有晶格点阵和晶格结构的干涉条纹像,这就是相位衬度(phase contrast)。从图像上可以测量在原子尺度上的晶体结构,获得晶格间距等信息(图 7-5)。

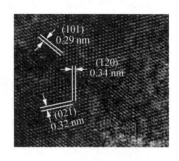

图 7-5　SnS 的高分辨像

明场像和中心暗场像成像时只用到一束电子束(透射束或衍射束),相位衬度成像时用到多个电子束(透射束或多个衍射束)。用到的电子束越多,得到的晶体结构信息越丰富,相位衬度像的分辨率高于衍射衬度像,所以称为高分辨像,包括晶体中原子面投影形成的晶格条纹像和晶体中原子或原子基团电势场投影形成的晶体结构像。

2.4　原子序数衬度

控制聚焦的透射电子束(束斑<0.2 nm)在样品上逐点扫描,用样品下方环形探测器接收约 90% 的大角度散射的弹性和非弹性电子,透射束不参与成像,所得图像叫做高角度环形暗场像(High angle annular dark field,简称 HAADF),采用的成像技术是扫描透射电子显微术(Scanning transmission electron microscopy,简称 STEM),综合了扫描电镜和透射电镜测试和成像特点。图像的亮度与原子序数的平方(Z)成正比,具有较高的组成(或成分)敏感性,因此称图像的衬度为原子序数衬度(Z contrast)或 Z-衬度。

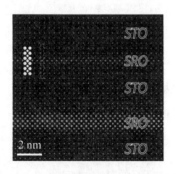

图 7-6　单原子层厚度 SrRuO$_3$(SRO)和 SrTiO$_3$(STO)杂化薄膜的原子分辨 HAADF-STEM 像

在 HAADF-STEM 成像中,采用细聚焦的高能电子束对样品进行逐点扫描,并非平行电子束,Z-衬度像几乎完全是非相干条件下的成像,因此它的分辨率要高于相干条件下的成像,与束斑大小相当。对于散射较弱的材料或在各组成部分之间散射能力的差别很小的材料,其 Z-衬度像的衬度将明显提高。发挥 Z-衬度像对原子序数的敏感性,可以直接观察材料中原子柱的排列、夹杂物的析出、晶界等结构和组成方式。SrRuO$_3$(SRO)和 SrTiO$_3$(STO)杂化薄膜具有超常的导电性和磁性,图 7-6 是一种单原子层厚的杂化薄膜的 HAADF-STEM 像,可以看到材料中原子层状排列规律,测量晶体学参数,结合其他测试结果可以更好地研究材料导电性变化根源。

3 透射电镜的结构

透射电子显微镜主要由照明系统(电子枪、聚光镜)、成像和放大系统(物镜、中间镜和投影镜)、观察和记录系统、真空系统、电源和控制系统等组成,镜筒主体结构如图7-7。为提高电镜分析能力,在镜筒上会安装一些附件,如进行成分分析的能谱仪、对轻元素更敏感的电子能量损失谱仪等,提高分辨率的球差矫正器、色差矫正器等。

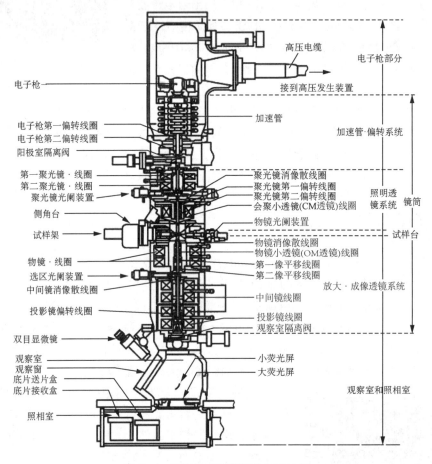

图 7-7　透射电子显微镜的剖面结构

3.1 照明系统

照明系统包括电子枪和两个聚光镜,位于电镜镜筒上方。透射电镜电子枪的类型和电子束发射机理与扫描电镜电子枪类似,有热发射、冷场发射和热场发射三种,电子枪产生的电子束成为电镜的光源,原理可参见扫描电镜部分。为获得更短的电子波波长,提高透射电镜分辨率,采用的加速电压远高于扫描电镜,用于材料分析的透射电镜一般为 200 kV,少量达到 300 kV,甚至达到 500 kV。为减小色差,电源的稳定性也要求更高,一般要求加速电压

稳定在 $10^{-6}/\mathrm{min}$。物镜是决定显微镜分辨本领的关键,对物镜电流稳定度要求更高,一般为 $(1\sim2)\times10^{-6}/\mathrm{min}$。

聚光镜部分包括两级磁透镜、光阑和消像散器,其作用是会聚电子枪发射出的电子束,同时控制照明强度和电子束孔径角,磁透镜的原理和结构参见扫描电镜的结构部分。第一聚光镜一般是短焦距强励磁透镜,作用是聚焦电子束,缩小光斑,第二聚光镜是长焦距弱励磁透镜,增加了聚光镜和样品之间的距离,有空间安装聚光镜光阑和电子束偏转线圈等附件。

不同的操作模式下,透射电镜的光路不同。为得到高质量的平行光束进行透射电镜成像,还会在聚光镜和物镜之间再加一个会聚小透镜,光路如图 7-8(a)。在进行能谱(EDS)元素分析时,关闭会聚小透镜,经物镜前置场聚焦,得到大会聚角、高强度的电子束[图 7-8(b)]。进行纳米束电子衍射(NBD)时,用小的聚光镜光阑孔和小会聚角缩小光斑[图 7-8(c)]。在这两种模式的基础上,给会聚小透镜加上适当的激励电流,改变聚光镜光阑孔的大小,入射电子束的会聚角相应改变,可以进行会聚束电子衍射(CBED)。

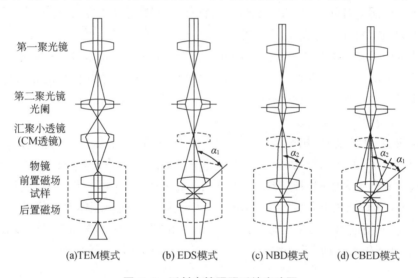

图 7-8　透射电镜照明系统光路图

3.2　成像和放大系统

成像放大系统(Imaging and Amplification System)是透射电镜获取高分辨率、高放大倍数图像和衍射花样的核心部分,由物镜、中间镜、投影镜、物镜光阑和选区光阑组成,将样品像和衍射花样逐级放大在荧光屏或 CCD 相机上呈现出来。

透射电镜的物镜(图 7-9)是整个仪器最关键部件,所成的像被接力放大,如有缺陷,会导致图像严重失真。与扫描电镜的物镜类似,也是由带铁壳

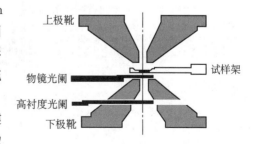

图 7-9　物镜剖面示意图

的线圈和极靴组成的磁透镜,通过改变线圈中励磁电流的强度改变焦距。与扫描电镜不同的是透射电镜物镜由上物镜和下物镜两部分组成,样品放在上下物镜中间。上物镜把经过照明系统的电子束进一步聚焦,下物镜起成像放大作用。

中间镜是弱励磁的长焦距变倍透镜,通过调节中间镜的励磁电流来改变放大倍率、转换成像和衍射模式。投影镜是一个短焦距的强磁透镜,作用是把经中间镜放大的图像或衍射斑点进一步放大,并投影到荧光屏上。成像电子束进入投影镜时孔径角很小,因此投影镜的景深和焦长都非常大。即使电镜的总放大倍数有很大的变化,也不影响图像的清晰度。

3.3 观察记录系统

观察记录系统由荧光屏、相机和显示器组成。携带样品信息的电子束打在荧光屏上,激发出带有相应衬度的可见光,可直接透过观察窗在荧光屏上观察,观察窗旁边的光学显微镜结合小荧光屏可对图像或衍射斑点聚焦时。由于荧光屏发出的光很微弱,为观察荧光屏上的像要关闭室内照明灯光,操作人员在暗室内操作。需要记录图像时,竖起荧光屏,以前是让荧光屏下的照相胶片曝光成像,再经冲洗,即可得到一幅纸质照片。

数码技术的进步带来观察、保存、使用和复制图像的便利,新型号的透射电镜已用数码相机取代了荧光屏、光学相机和胶片。原来荧光屏处的相机和镜筒底部的相机所成图像都可在大面积显示器上成像,同时具有图像采集、测量、分析等功能。操作人员也不用在暗室中工作,工作环境得到大幅度改善。

用于快速记录图像的相机通常使用慢扫描电荷耦合器件(CCD: charge-coupled device)相机,可以拍照或录像,其安装方式有在镜筒侧面的侧插式和在镜筒底部的底插式,后一种方式更有利于大面积图像拼接。CCD相机的结构示于图7-10,闪烁体将电子信号转变成光子信号,CCD再将光信号转变为电荷,从相邻像素的输出端输出电信号,成像时间在1 s左右。可以方便地用于原位动态观察和快速记录图像,以减小振动或热漂移对图像的影响,尤其在温度变化大的动态过程中,可极大节省稳定热漂移所需的时间。

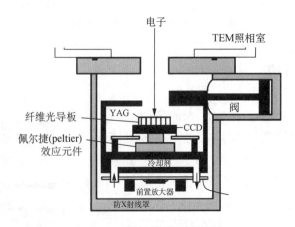

图 7-10 慢扫描 CCD 剖面图

新型CMOS相机主要由集成在同一硅片上的像敏单元阵列和MOS场效应管集成电路

构成。CMOS(Complementary Metal Oxide Semiconductor)称为"互补金属氧化物半导体",直接将图像半导体产生的电子转变成电压信号,成像速度快。这个优点使得 CMOS 相机成为高帧摄像机,能达到 400~2 000 帧/s,对于原位电镜记录材料物理、化学变化过程很有用,但价格非常高。

3.4　真空系统

为了保证电子枪灯丝不被氧化、灯丝表面干净而稳定发射和电子束在镜筒内运动时不被气体分子干扰,要求透射电镜内部有很高的真空度,同时也有利于良好的绝缘,保持高压稳定和防止样品污染,不同的电子枪抗干扰能力不同,要求有不同的真空度。以前的电镜真空系统由机械泵、油扩散泵、离子泵、真空管道、阀门及检测系统组成,现在生产的电镜已用分子泵代替了油扩散泵。真空系统的好坏是决定电镜能否正常工作的重要因素。

3.5　能谱仪

入射电子束与样品相互作用后使原子内层电子被激发,外层电子跃迁到内层,原子回复基态的过程中产生特征 X 射线。透射电镜能谱仪采集特征 X 射线,经转化、放大后记录成谱,根据谱峰的能量和强度进行样品成分的定性定量分析,其原理、结构和定性定量测试方法都与安装在扫描电镜上的能谱仪基本相同。

透射电子显微镜上配备的 X 射线能谱仪通常对原子序数大于 11 的元素的分析有较高的置信度(原子百分含量须高于 1%)。对于原子序数小于 11 的轻元素,因为信号相对较弱且易被样品本身吸收,定量准确度较差。原子序数很小的 Li 元素,定性也很困难。

透射电镜样品与扫描电镜样品相比在尺寸上至少在一个维度上非常小,在 100 nm 以内。电子束在与样品相互作用时,特征 X 射线的扩展得以大幅度减小,信号产生范围与束斑大小相近,同时背散射电子、荧光、吸收等干扰减少,能谱的空间分辨率显著提高。随着球差校正技术的不断发展,以及能谱探测器的不断改良,人们可以对一些合适的材料获得原子分辨级别的结构和成分图像。

3.6　电子能量损失谱

入射电子束既可以与样品中原子核作用发生没有能量损失的弹性散射,也可以与核外电子作用时,核外电子吸收特定能量,发生能级跃迁,而入射电子损失相应的能量,发生非弹性散射。一部分电子损失的能量值是样品中某个元素的特征值,采集透射电子,按损失能量大小展示出来,得到的图谱就是电子能量损失谱(Electron Energy-Loss Spectroscopy,简称EELS)。EELS 不仅能够用来对样品进行定性和定量的成分分析,独特之处在于同时获得样品厚度、元素价态、电子结构等信息。EELS 测量的是透射电子的能量变化,能量分辨率(~1 eV)远远高于 X 射线能谱(~130 eV),信号强度远高于 EDS,元素检测限更低且信息丰富。轻元素更易发生非弹性散射,所以 EELS 弥补了 EDS 对轻元素难以定量的不足。

损失的能量 ΔE 直接反映了发生散射的机制、样品的化学组成以及厚度等信息,因而能够对薄样品微区的元素组成、化学键及电子结构等进行分析。由于电子能量损失谱的能量分辨率(~ 1 eV)远远高于 X 射线能谱(~ 130 eV),因此它不仅能够用来对样品进行定性和定量的成分分析,分析 1 号元素到 92 号元素,而且,电子能量损失谱的精细结构还可以提供元素的化学键态、最近邻原子配位等结构信息,这是其他电子显微学分析方法所不能相比的。能谱仪对样品中原子序数大于 11 的元素定量比较准确,对于轻元素的检测则有必要在透射电镜上加装电子能量损失谱附件。

EELS 谱仪一般安装在 TEM 镜筒下方(图 7-11),主要由磁棱镜和探测器组成。磁棱镜就是一个扇形磁铁,把透射电子束中的电子按能量分开,作用与玻璃棱镜对白光的分光作用类似。透过样品后能量损失大的电子受磁棱镜磁场影响大,运动轨迹曲率半径小,能量损失小的电子受磁场影响小,运动轨迹曲率半径大,产生能量色散,相同能量的电子被磁棱镜聚焦到接收狭缝平面的同一点上。典型的能量损失谱分成三个部分:一是零损失峰(Zero-Loss Peak),它包括无能量损失或能量损失太小的信号强度,对分析样品是无用的;二是能量损失在 0~50 eV 范围内的区域,称为低能损失区(Low-Loss Peak,或者 Plasmon Peak),这部分谱图可用于分析样品厚度和元素浓度;三是能量损失在 50 eV 以上的高能损失区,其中的电离损失峰(High-Loss Peak,或者 Core-Loss Peak),是原子内层电子的激发造成的,信号很弱,可以获得样品中电子的能带结构信息。

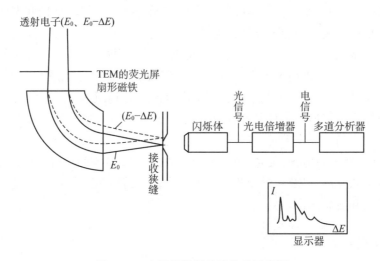

图 7-11　电子能量损失谱结构示意图

4　样品制备

TEM 测试是采集电子束透过样品的透射或衍射信号,电子的质量又非常小,对样品的基本要求是要电子束透明,即样品厚度要薄,一般在 50~200 nm。待测样品大致可分为纳米粉末样品和块体样品,纳米粉末样品制样主要是分散过程,防止表面能高的纳米粉体的团聚。块体样品要制成相应的薄膜,至少在一维上达到纳米级,便于电子束透过。不同种类的块体样品有相应的减薄方法,包括电解双喷减薄、离子减薄、离子束聚焦等,制备过程要避免样品在热、力和化学试剂的作用下发生变化。制备完成用于透射电镜观察的样品应该是薄区尽量大、能体现块体材料结构且大小和强度便于操作的样品。

4.1　粉末样品

对于单颗粒尺寸不超过 100 nm 的粉末样品,加入与待测样品不相溶且不发生反应的分散液(例如乙醇、水等)混合,超声分散后将悬浮液滴在有支持膜的直径 3 mm 的铜网上,干燥后即可测试。

4.2　块体样品及制膜过程

每一个维度上的尺寸大于 1 μm 的样品叫做块体样品,块体样品的种类很多,有金属类、无机非金属类、高分子类和生物医学类等。块体样品的厚度超过电子束的穿透能力时,要减小样品厚度制成薄膜以便电子束透过。前两类材料的制备过程类似,包括切割、机械研磨＋电解抛光、凹坑研磨、离子减薄等,主要有以下四个步骤:

(1) 切片　导电材料用线切割,不导电材料用金刚石圆盘锯切割,切成厚度小于 200 μm 的薄片。

(2) 切直径 3 mm 圆片　为适应电镜样品杆放样品的位置,要用机械切片机或超声钻从切好的薄片上切下 ϕ3 mm 的圆片。

(3) 预减薄　先研磨抛光,再用凹坑研磨仪把样品厚度减小到几十微米。

(4) 终减薄　借助仪器把样品进一步减薄到 100 nm 以下。主要有两种方法,电解双喷法和离子减薄法。电解双喷法用于导电的样品,把预减薄后的 ϕ3 mm 的圆片作为阳极,白金或不锈钢作为阴极,电解液从圆片试样的两边喷向试样的中心,在直流电的作用下减薄样品。圆片穿孔后,试样一侧的光敏器件接收到另一侧的光信号停止减薄,孔边缘的薄区适合电镜观察。穿孔后,应立即把试样放入酒精中多次漂洗,以免电解液继续腐蚀形成的薄区。离子减薄法适用于多种样品,如陶瓷、半导体、金属材料和复合材料等,其原理如图 7-12,用

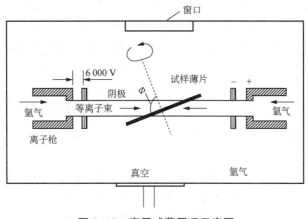

图 7-12　离子减薄原理示意图

高速氩离子轰击预减薄后的样品表面,表面原子溅射飞出,直到形成孔洞,边缘处对电子束透明。这种方法普适性强,薄区面积大,样品表面清洁,但也有一些缺点,如耗时长,使材料表面非晶化、温度上升(可达 200 ℃)等。

对于直径大的颗粒、纤维样品不便于直接机械研磨,应先与环氧树脂混合,用内径 3 mm 的铜管做模具制成棒状,切片后再机械研磨,后面的步骤与大块体样品基本相同。

4.3 纳米加工技术制样

超薄切片和聚焦离子束等技术可从块体材料直接加工出纳米级的薄片,尤其是聚焦离子束在实时观测下进行定点减薄,对多种类的样品进行纳米裁剪,得到透射电镜试样。

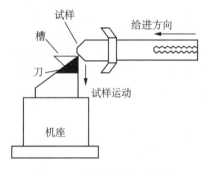

图 7-13 超薄切片机示意图

4.3.1 超薄切片法

高分子聚合物样品和生物医学样品一般使用配有玻璃刀或钻石刀的超薄切片机(原理示意见图 7-13)进行超薄切片,玻璃化温度高、常温较软的样品要用液氮降低样品温度,使用冷冻超薄切片法制样。细小的样品在超薄切片前要先用固化后硬度适当的树脂包埋,把含有样品的尖端修成棱台形状,然后夹持在机械臂上,用连续上下运动的固定刀切成一排薄片,厚度要小于 100 nm,漂在水槽表面,捞至铜网即可观察。要得到厚度薄且均匀的样品需要有丰富的操作经验,否则样品中易出现形变、皱褶等问题。

4.3.2 聚焦离子束

聚焦离子束(Focused Ion Beam,FIB)系统的基本组件通常包括离子源、离子束聚焦、扫描系统和样品台等。使用最广泛的离子源为镓(Ga)离子源,镓和钨针相连,融化的金属镓润湿钨针尖的表面,在表面张力和电场力的作用下形成一个类似静电纺丝时出现的 Taylor 锥,电场使液体镓电离并加速,产生的镓离子具有比较大的电荷和质量。镓离子束聚焦后轰击样品,使其表面原子溅射、电离,产生中性原子、二次离子和二次电子等,采集二次电子可以得到高分辨率、高信噪比、大景深的样品像。利用高速镓离子束的溅射作用,可以精确对样品特定区域成像的同时进行刻蚀,控制离子束流和刻蚀时间可控制刻蚀深度,直观并精确地加工微米/纳米级结构,制备 TEM 样品。

5 透射电镜技术的进展

近年来,透射电镜技术在硬件和成像技术上都有很大的进步。聚光镜和物镜球差矫正器的安装显著提高了 TEM 的分辨率,达到了亚埃级,进行原子级成像。各种样品杆、制样设备的开发,开拓了纳米尺度下原位材料合成、转化、催化、形变等研究,也提高了测试效率。iDPC 测试技术的发展更是丰富了采集到的信息，解决以往难以解决的科学问题。

5.1　像差矫正透射电镜

分辨率是透射电镜最重要的性能指标，也是拍摄高质量照片的关键因素，提高分辨率是电镜工作者一直的追求。透射电镜分辨率分为点分辨率、线分辨率、信息分辨率等多个参数。通常最为关心的是点分辨率。100 kV 的电子束的波长为 0.0037 μm，而普通 TEM 的点分辨率仅为 0.8 nm，远远达不到理论分辨率，通常的透射电镜无法形成原子像，这主要是由 TEM 中磁透镜的像差造成的。

电磁透镜的像差分为两类：一类是因透镜磁场旋转不对称的几何缺陷产生的几何像差，包括球差、像散、慧差、场曲、畸变等，其中球差是影响 TEM 分辨率的最主要因素之一；另一类是由电子的能量非单一性引起的色差。用于电子束聚焦的磁透镜类似于光学透镜中的凸透镜，透镜边缘的会聚能力比透镜中心更强，从而导致样品某点发出的所有电子束不能会聚成一个点，造成图像模糊，这就是球差。对于光学透镜来说有凹透镜矫正球差，而磁透镜只有凸透镜而没有凹透镜，电镜的球差难以矫正。

像散是由于透镜的磁场非旋转对称引起的一种缺陷，在磁透镜不同方向上对电子束的聚焦能力不同，在焦平面上形成弥散斑，图像模糊。极靴加工精度、极靴材料不均匀、透镜内线圈不对称及不完善的光阑或者极靴孔边缘的污染等都会引起像散，对电子显微镜的高分辨本领有严重影响，消像散器的出现解决了这一问题。

色差是由于电子束内电子的能量不均一即波长不同，经过磁透镜聚焦后形成弥散斑的现象，它是仅次于球差的影响 TEM 分辨率的因素。提高供电系统的稳定性结合使用光阑有助于解决色差带来的对分辨率的影响。

1998 年，三位杰出的德国物理学家 Harald Rose，Maximilian Haider 和 Knut Urban 研制成功多极子球差校正器。球差校正器的作用类似一个凹透镜，将经过物镜后的电子光束发散使得不同角度的电子束重新会聚到一个点上，消除了物镜球差带来的影响，提高 TEM 分辨率到亚埃量级，同时减小了非局域化效应的影响。随着球差校正电子显微镜应用的普及，球差校正电子显微学在逐渐形成和发展。

在实际应用中，物镜球差校正系统置于物镜之后由两组六极电磁透镜及两组附加传递双合圆型透镜组成，如图 7-14 所示，不仅可以消除物镜球差，还能消除旁轴慧散（off-axial coma）及由对中所引起的附加轴向像差。其光学原理：①由第一组六极磁透镜所产生的非旋转对称的二级像差可被第二组六极电磁透镜补偿；②由于这六极电磁透镜具有的非线性衍射本领，它们也会产生附属的旋转对称三级球差，但是这种附属三级球差系数的符号与物镜球差系数相反，施加合适的激励电流就可完全补偿物镜的球差。

TEM 中包含聚光镜、物镜、中间镜和投影镜等，这些磁镜组都会产生球差。扫描透射（STEM）模式成像时，聚光镜把电子束会聚成很小的光斑扫描样品，光斑质量影响电镜分辨率，聚光镜球差对分辨率起决定作用。因此，需要观察样品的原子级结构，比如掺杂元素原子、空位的分布，晶体的各种缺陷和材料界面精细结构，与 EDS 结合确定元素分布等，应用

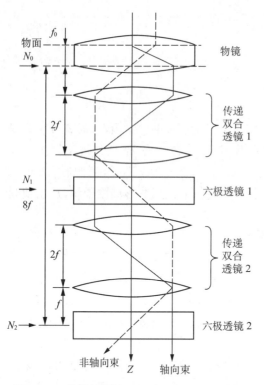

图 7-14 物镜球差校正系统示意图。f_0 为物镜的焦长；f 为传递透镜的焦长；N_0、N_1、N_2 为交结面，也是传递双合透镜系统的外无慧散平面

STEM 较多的透射电镜,要把球差矫正装置安装在聚光镜下面,称为球差矫正扫描透射电镜。经常用于观察样品的形貌、电子衍射图案或者改变样品存在条件录制样品原位变化过程视频。当电子束平行照射在样品上的一个区域用来成像时,影响图像分辨率的主要因素是物镜的球差,校正器应安装在物镜下面,叫做球差矫正透射电镜。如果在一台 TEM 上安装了聚光镜、物镜两个球差校正器,叫做双球差校正透射电镜。球差得到矫正后,色差对 TEM 分辨率的影响就显得突出。为进一步提高电镜分辨率,有必要在球差电镜上安装色差矫正器,已有电镜安装了双球差校正器和色差矫正器,在加速电压为 300 kV 时分辨率小于 0.05 μm。

5.2　原位透射电镜

透射电镜样品的制备过程比较繁琐,且因镜筒内的高真空度,限制样品不能含有挥发性成分,更不能是气态或液态,只能观察固体样品。可是大多数反应的环境是液态或气态,反应过程中有温度、气压、光、电、磁或力等因素的变化,静态下的样品脱离了生成环境,影响对本质问题的认识。微纳米加工技术的进展克服了样品室空间狭小、真空度要求高等困难,人们设计了多种样品杆或改造电镜样品室,逐渐实现了样品反应或变化过程的动态观察,并把这种电镜叫做原位透射电镜。原位样品杆则带有不同的力、热、电等传感器或芯片,或能改变样品的存在状况。

由于原位透射电镜具有超高的空间和时间分辨率,并实时动态监测材料在多种物理外场作用下结构、形貌、物相以及表/界面处原子级结构和成分变化的独特优势,拓宽了透射电子显微镜的应用范围,不再仅仅是材料结构表征的工具,还能实现高精度纳米加工、性能测试等功能,也能直接从原子尺度探索纳米材料的结构变化与性能的相关性,是研究材料微观动态演变行为和对反应机理等进行精确表述、揭示材料各种特性的物理本质的重要实验手段和研究方法,进而为高性能材料的构筑与性能调控提供微观依据和创新思路,在材料合成、化学催化、生命科学和能源材料领域都有着重要应用。下面根据样品杆的类型介绍基于透射电子显微镜的代表性原位实验研究进展。

原位冷冻样品杆主要采用液氮或液氦来降低样品的温度,研究材料的低温结构,同时也减弱了电子束辐照对样品的损伤。原位加热样品杆主要有坩埚和微机电系统芯片两种方式,坩埚加热台对样品进行加热,这种加热方式可以放入常规尺寸的样品载网进行加热,较为方便。微机电系统芯片加热方式是将加热电路铺设到芯片上,优点是加热快,精度高。有研究利用原位加热样品杆观测到了 N 掺杂 C 骨架上贵金属钯(Pd)纳米颗粒转化为单原子催化剂的过程(图 7-15),形成的 Pd-N4 单原子催化位点与其他非贵金属 M-N4 结构具有相似性,有助于解释其他非贵金属单原子催化剂的形成机理。

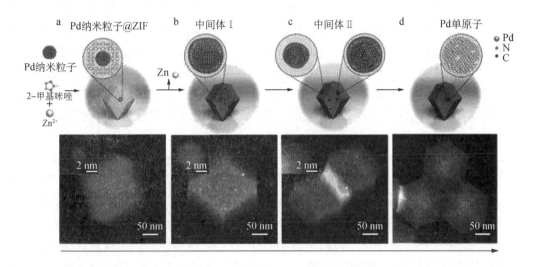

图 7-15　原位加热样品杆(在 900 ℃)实时观察 Pd 纳米颗粒高温转化成单原子的形成过程

　　原位电学样品杆通过集成电学部件,可对样品进行操纵和电学测量,并可在电学测量的同时,动态、高分辨地对样品的晶体结构、化学组分、元素价态进行综合表征,原位电学样品杆在固态电池、功能氧化物、半导体材料以及相变等研究领域中广泛应用。比如在锂离子电池里,冲放电过程中的微结构变化对电池的性能与可靠性有极大影响。有研究者利用原位电学样品杆构造了纳米电化学电池器件,成功地对 SnO_2 纳米线阳极在充电中的锂化过程进行了实时的电镜观察,发现反应前端区域沿着纳米线持续传播(图 7-16),导致纳米线膨胀、伸长和卷曲,最终电化学反应导致 SnO_2 纳米线发生了径向膨胀达 45%,轴向膨胀达 60%,总体积膨胀约 240%,如此大的体积膨胀往往会造成电极材料的破裂或粉化,为电池性能变化提供了实验证据。

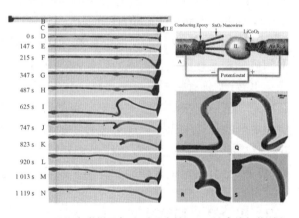

图 7-16　原位电学样品杆实时观察的 SnO_2 纳米线锂化过程

　　原位力学样品杆将微型力学测试单元集成到电镜样品杆中,通过压电驱动探针精确地对样品特定部位施加压和拉等不同方向、不同强度的作用力,研究样品特定部位在外力作用下样品结构变化。有人研究了金红石二氧化钛纳米晶体的相互取向和表面水化作用对范德华色散引力的影响,并与利夫希茨理论的预测进行定量比较。

原位液体样品杆尖端的液体池分为两类:一种是开放式液体池,通过差分泵使样品区域有足够高的压力减少溶液挥发,或者以低饱和蒸汽压的离子液体为溶剂;另一种是封闭式液体池,将溶液封闭在电子束透明的窗口中以规避 TEM 的高真空环境,窗口材料主要是氮化硅和石墨烯。氮化硅材料具有电子束穿透性高、坚固耐用的特点,加工流程兼容现有硅基芯片加工工艺及设备,在微纳制造过程中易于加工,容易引进多物理场,已经成为近些年来封闭式液体池的主流。石墨烯具有超强的机械特性、良好的导电导热性且厚度薄,也可以用作液体池的窗口材料。利用石墨烯液体池进行观察可有效减少甚至忽略电子散射对实验的影响,进而实现超高分辨成像,但其液体腔的形状、体积、位置等难以控制。石墨烯只能包裹少量液体,难以同时施加电、热、力等物理场,故应用范围不及氮化硅液体池。

原位气体样品杆可以将各种气体通过纤细的气体输运系统通到环境微腔中,微腔中的气体压力可由用户自由控制,变化范围为从高真空到一个大气压,研究一定温度下固-气界面的反应进行原子分辨率的观察和研究。气体样品杆的制作思路与液体池样品杆类似,采用差分泵或窗口式薄膜纳米反应器。差分泵真空系统的透射电镜一般是指环境透射电镜,用压差光阑把通入的气体限制在样品周围,多余的气体快速抽出。因为没有固体窗口薄膜对电子束的干扰,环境透射电镜的分辨率和成像衬度与常规 TEM 接近,但气体压力较低(小于 10^3 Pa),且压差光阑阻碍高角度散射电子的接收。窗口式薄膜纳米反应器的结构与液体池类似,增加了气体通路,窗口也主要是氮化硅和石墨烯,弥补了差分泵式原位透射电镜的多种不足,适用性宽广。

随着各项原位技术的完善与发展,原位样品杆将越来越多地利用不止一种外场激励或环境手段,对材料实现如光、电、热和磁协同复合作用,更加准确地观察在材料使用环境下的工作状态过程中材料的形貌、成分和微观结构演变,从动力学角度理解材料转化的过程和机制,构建材料微观结构-宏观性能的构效关系,这将大大促进物理、材料、化学、生物、微电子和机械等基础研究与技术研发领域的快速发展。虽然目前的高分辨原位电镜技术发展势头迅猛,但仍有很多不足与挑战。比如外场影响不能完全反映到样品上,导致实验结果有偏差。目前仍很难完全去除电子束的影响,人们只能尽可能减少电子辐照的总能量,如使用更低的加速电压和电子束流等手段减小电子束与样品和原位条件之间的相互作用,获取更多有效信息。另外,对样品快速变化的动态捕捉仍不足,需要发展更快的高速相机,更好、更真实地记录样品受外场作用后的动态过程。

5.3 积分微分相位衬度

扫描透射电子显微术 STEM 因图像分辨率高、图像直观易解释、能与成分像相对应等优点,是高分辨透射电镜重要的表征技术,采用环形检测器接收高角度散射电子的 HAADF-STEM 应用更普遍,但电子束高度聚焦,能量集中,易损伤对电子束敏感的样品的结构,且低角散射信号太弱,无法观察到 C、N、O 等轻元素原子,不能实现轻、重原子同时成像。轻重原子同时成像的电镜技术为 ABF-STEM,即环形明场像,ABF 的收集角低于 HAADF,收集了部分的透射电子束与少部分散射电子束的信号,信号强度与原子序数的 1/3 次方成正比,因此,其对轻元素的信号更加敏感,但这一技术存在一些缺点,电子束损伤沸石分子筛等对电子束相当敏感的材料的结构,图像的分析较为复杂,无法直接解读,需要模拟计算确认、对样品厚度要求高、图像信噪比不佳等。在某些研究中,观察到轻原子是至关重要的,如储氢材料、热电材料、高温超导等,轻元素原子空位和缺陷就是材料性能的关键所在。

随着电镜成像技术的发展,这一问题有了解决办法。根据 DPC-STEM(微分相位衬度相)技术和 20 世纪 70 年代的理论:"会聚束衍射花样的质心在样品的不同区域会发生移动,移动的方向和幅度与样品的投影内势分布具有线性相关性,而投影内势又与样品原子信息直接相关",FEI 公司的 Ivan Lazic 等在 2017 年推出了 iDPC-STEM 技术(integrated differential phase contrast,简称 iDPC),实现对电子束敏感的多孔材料的 lowdose 成像,也可以进行轻重原子的同时成像。iDPC 技术巧妙地借助多分区探头和优化算法,在 STEM 模式下对样品进行扫描,获得花样质心在 X、Y 两个方向的移动数据,进一步对其进行二维积分就可以获得近似描述样品投影内势分布的图像,将花样质心的移动信息间接展现出样品的原子位置信息。

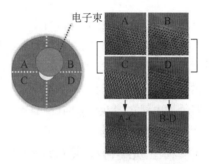

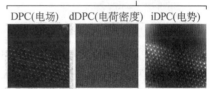

图 7-17　DPC/iDPC/dDPC 成像原理

进行 iDPC-STEM 表征时,可以得到四张探测器不同分区的图片 A、B、C、D(图 7-17),通过对应图片的微分进而得到 A-C 与 B-D 的图片,再通过一系列计算处理可以得到 DPC/iDPC/dDPC 的图像。由于 iDPC-STEM 技术的积分过程,可以用数学方法抑制高频信号(如噪音等)而提高低频信号,图像能够得到较高的信噪比,信号强度近似与原子序数的 1 次方成正比,最终图像中能够清晰观察到可分辨的轻、重原子阵列,有些材料中的氢原子也能在图像中观察到。

热电材料 Mg_3Sb_2 中 Mg 和 Sb 原子序数差别较大,以 HADDF 模式成像时不能观察到 Mg 原子的存在(图 7-18 左),以 iDPC 模式成像时可以观察到 Mg 原子的存在(图 7-18

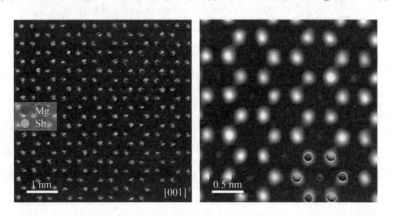

图 7-18　原子分辨 Mg_3Sb_2[001]方向的 STEM 像(左,HADDF;右,iDPC)

右),对真实反映材料的结构至关重要。应用 iDPC 技术表征化学固定和树脂包埋的生物组织切片时,与常规 TEM 图像比较,发现相同的电子剂量条件下 iDPC-STEM 不仅显示了更好的衬度,而且在极低剂量的条件下,在分子水平上 iDPC-STEM 可以展示更多的结构细节。

6　透射电镜在材料研究中的应用

透射电镜具有原子级分辨率,能表征材料的多层次结构,还可与能谱、电子损失谱、电子全息等多种附件联用,获得材料成分、电子结构、磁畴等多种信息。原位电镜的出现更是扩展了透射电镜的功能,成为微观反应、微观测量、微观分析的平台。透射电镜对准晶、碳纳米管、病毒的发现居功至伟,丰富了材料学、生物学的内涵,推动了纳米科学的快速进步。下面依据透射电镜的功能,举例说明透射电镜在在材料领域的重要应用。

6.1　利用质厚衬度观察复合微纳米材料的内部结构

质厚衬度成像是透射电镜的基本功能,是对扫描电镜观察材料微区表面形貌的有益补充,相互印证更有助于说明材料结构,这种成像方法应用于各种新能源的电极材料、隔膜材料、新型催化材料、纳米发电材料等。有研究者通过在碳纳米管(CNT)三维网络上包裹导电高分子聚(3,4-乙烯二氧噻吩)(PEDOT),增强了复合热电材料的导电性。TEM 图像(图 7-19)证实了 PEDOT/CNT 纳米复合材料的核-壳纳米结构,其中 CNTs 为核心,PEDOT 层沿 CNT 束表面生长为壳层,具有晶体纳米结构的 CNT 束被非晶态 PEDOT 层均匀包裹。复合纳米管形成三维网络,为载流子提供了传输路径。

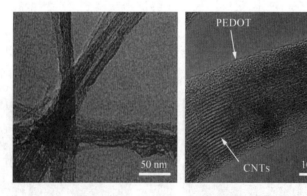

图 7-19　PEDOT/CNT 纳米复合材料的核-壳纳米结构

氢能是一种清洁能源,但析氢反应的催化剂,尤其是碱性环境下的高效催化剂非常缺乏。一种由钴基 ZIF-67 纳米立方体与 $Ni(NO_3)_2$ 一起超声再经氨解得到强耦合的 NiCoN/C 杂化纳米笼,具有良好的催化活性和稳定性。从图 7-20 的扫描电镜图可以看出这种材料的笼形结构,透射图像进一步验证了由纳米片形成的笼形空心结构。

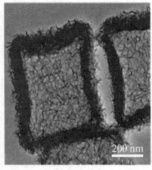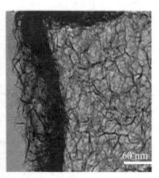

图 7-20　镍钴 LDH 纳米笼的 SEM 和 TEM 图像

6.2　利用高分辨像和电子衍射等技术对样品进行物相分析

利用衍射衬度得到的高分辨像的晶格间距和选区电子衍射(SAED)图案都可用来确定物相,电子衍射结果能与 XRD 图谱相互印证。例如,NbB_2 具有良好的导电性和催化活性位点,可以促进多硫化物的转换和成核,与硫复合用作锂硫电池的电极材料,其 HRTEM 图像[图 7-21(a)]中晶格条纹间距为 0.332 nm,间距数值对应 NbB_2 的(001)晶面,证明合成产物确实是 NbB_2 纳米粒子。NbB_2 纳米颗粒的选区电子衍射图显示出几个明显的衍射环,分别对应于 NbB_2 的(101)、(001)和(100)晶面[图 7-21(b)],表明 NbB_2 以晶粒形式存在,衍射环与 XRD 衍射峰一致。图 7-21(d)是 NbB_2/S 复合材料的(100)晶面的高分辨像,晶格间距为 0.268 nm 与 NbB_2 晶体数据一致,说明 NbB_2 在硫熔融扩散、复合的过程中结构没有明显变化,具有良好的稳定性。

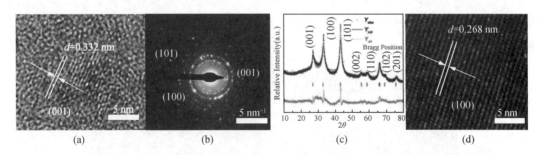

图 7-21　NbB_2 和 NbB_2/S 复合材料的表征:(a)NbB_2 的 HRTEM 图像;(b)NbB_2 的 SAED;(c)NbB_2 的 XRD;(d)NbB_2/S 复合材料的 HRTEM 图像

6.3　STEM 模式成像结合球差电镜在原子尺度上观察晶体结构

晶界(Grain boundary,简称 GB)是结构相同而取向不同晶粒之间的界面。在晶界面上,原子排列从一个取向过渡到另一个取向,故晶界处原子排列处于过渡状态。晶界对多晶材料的力学行为起着重要作用。晶界滑动有时与晶界迁移相结合,进而影响多晶材料的无弹性变形。有研究者利用像差校正透射电镜原位在原子尺度上观察了面心立方双晶 Pt (FCC Pt)中一般高角度倾斜晶界滑动主导变形过程。观测到沿 GB 的直接原子滑动和边界平面上的原子转移滑动,揭示了前所未有的 GB 滑动耦合原子平面转移的模式(图 7-22),展示了利用原位原子分辨率的 TEM 实验来理解多晶材料中界面介电变形和失效机制的巨大潜力。STEM 成像模式还可以用来观察晶体中存在的结构缺陷,确定缺陷的种类,估算缺陷密度。

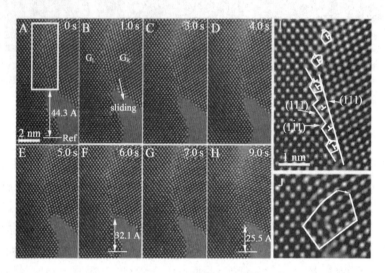

图 7-22 Pt 双晶中非对称倾斜 GB 的原子尺度滑动

材料中成分原子序数相差比较大时,用 STEM 成像轻元素原子不容易观察到,iDPC-STEM 技术的出现,解决了这一问题。有人利用 iDPC 高分辨成像技术,在实空间内直接观察到了分子筛中的客体分子(挥发性有机化合物),实现了对敏感多孔材料中客体分子的高分辨成像(图 7-23),为研究电子束敏感的孔材料中主体-客体在原子级分辨率的相互作用提供了一种新的方法。

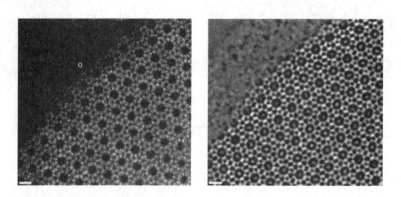

图 7-23 吸附了 VOC 的 Silicalite-1 分子筛:(左)HAADF 图像;(右)iDPC 图像

6.4　利用 TEM 所附加的能量色散 X 射线谱仪或电子能量损失谱仪对样品的微区化学成分进行分析

微区成分分析是透射电镜的分析功能之一，利用原子核外电子能级跃的能量差值获得丰富的材料组成信息。电子由高能级向低能级跃迁，由释放出的能量产生的特征 X 射线，获得样品化学成分以及元素分布情况，就是能谱。检测入射电子激发电子跃迁时失去的能量，进行微区成分分析时，得到电子能量损失谱，这种方法对轻元素的识别和定量更有优势。

能谱成分分析有两种方法，一种是 TEM 模式下能谱分析，另一种是扫描透射（Scan TEM，STEM，透扫）模式下能谱分析。大多采用后一种方法，在 STEM 模式下，先获取高角度环暗场像，再控制电子束进行点、线或面扫描样品上感兴趣区域，能获得分辨率很高甚至是原子级分辨率的元素分布信息，证明样品组成直观有效，但能谱信号相对前一种方法弱一些。

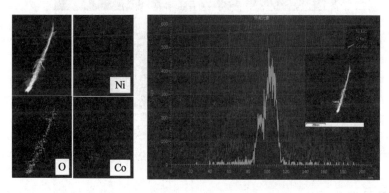

图 7-24　NiCo$_2$O$_4$@NiO 复合材料的元素分布和线扫描

图 7-24 是超级电容器的一种电极材料，由 NiCo$_2$O$_4$ 和 NiO 组成，棒状的 NiCo$_2$O$_4$ 周围生长了片状 NiO，就像一个大树叶。从元素分布图可以清晰看出，叶脉是含钴的材料，叶片是 Ni 元素和 O 元素。进行线扫描时，也可以看到 Ni、O、Co 元素随位置的变化，很明显在中间叶脉的地方富钴，叶片之处，氧和镍的含量有相应的变化。

6.5　原位反应过程的观察

中科院金属研究所的张炳森等利用原位气体样品杆在原子尺度下观察到在氢气气氛下，钯纳米颗粒首先生成钯氢结构，随着温度的升高，钯氢结构由 β 相转变为 α 相（PdH$_{0.9}$—PdH$_{0.6}$—PdH$_{0.1}$），在更高的温度下（＞300 ℃），锌原子进入纳米颗粒体相形成钯锌金属间化合物，间隙氢结合氧化锌中的氧生成水。微观尺度下的原位透射电子显微研究结果表明PdHx 结构在 PdHx-ZnO 界面处富集，升温条件下相变在界面处开始发生，并且沿着 PdHx＜111＞方向进行，最终整个纳米颗粒转变为 PdZn 金属间化合物结构（图 7-25）。该研究发现钯氢化合物在金属间化合物形成过程中的重要作用，并且从原子尺度上揭示了其结构演变过程，这为之后金属间化合物催化剂的设计和合成提供了参考依据。

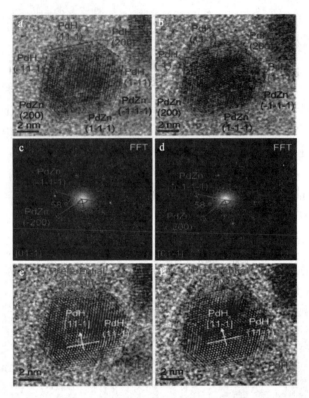

图 7-25　原位气体样品杆实时观察氢气气氛中向钯锌金属间化合物结构的转变过程

复习要点

透射电子显微镜成像原理(质厚衬度、衍射衬度、相位衬度、原子序数衬度),透射电子显微镜结构,透射电子显微镜样品制备方法。透射电子显微镜在材料研究中的应用(利用质厚衬度观察材料内部结构、物相分析、观察晶体结构、结合X射线能谱仪分析化学成分等)。

参考文献

[1] 中华人民共和国教育部. 透射电子显微镜分析方法通则:JY/T 0581—2020[S]. 北京:中国标准出版社,2020.

[2] 章晓中. 电子显微分析[M]. 北京:清华大学出版社,2006.

[3] 戎咏华. 分析电子显微学导论[M]. 北京:高等教育出版社,2006.

[4] Lai J, Huang B, Chao Y, et al. Strongly coupled nickel-cobalt nitrides/carbon hybrid nanocages with Pt-like activity for hydrogen evolution catalysis[J]. Advanced Materials, 2019, 31.

[5] Kim M, Lee B, Ju H, et al. Reducing the barrier energy of self-reconstruction for anchored cobalt nanoparticles as highly active oxygen evolution electrocatalyst[J]. Advanced Materials, 2019, 31.

[6] Wang B, Wang L, Zhang B, et al. Niobium diboride nanoparticles accelerating polysulfide conversion and directing Li_2S nucleation enabled high areal capacity Lithium-Sulfur batteries[J]. ACS Nano, 2022, 16: 4947.

[7] Wang L, Zhang Y, Zeng Z, et al. Tracking the sliding of grain boundaries at the atomic scale[J].

Science，2022，375(6586)：1261-1265.

［8］Nan P，Li A，Cheng L，et al. Visualizing the Mg atoms in Mg_3Sb_2 thermoelectrics using advanced iDPC-STEM technique［J］. Materials Today Physics，2021，21.

［9］Wang L，Zhang J，Guo Y，et al. Fabrication of core-shell structured poly(3，4-ethylenedioxythiophene)/carbon nanotube hybrids with enhanced thermoelectric power factors［J］. Carbon，2019，148：290-296.

［10］Wei S J，Li A，Liu J C，et al. Direct observation of noble metal nanoparticles transforming to thermally stable single atoms［J］. Nature nanotechnology，2018，13：856-861.

［11］Li Y Z，Li Y B，Pei A，et al. Atomic structure of sensitive battery materials and interfaces revealed by cryo-electron microscopy［J］. Science，2017，358：506-510.

［12］Huang J Y，Zhong L，Wang C M，et al. In situ observation of the electrochemical lithiation of a single SnO_2 nanowire electrode［J］. Science，2010，330：1515-1520.

［13］Zhang X，He Y，L. Sushko M，et al. Direction-specific van der Waals attraction between rutile TiO_2 nanocrystals［J］. Science，2017，356：434-437.

［14］Zhang J Y，Jiang Y H，Fan Q Y，et al. Atomic scale tracking of single layer oxide formation：self-peeling and phase transition in solution［J］. Small Methods，2021，5.

［15］Niu Y M，Liu X，Wang Y Z，et al. Visualizing formation of intermetallic PdZn in a Palladium/Zinc oxide catalyst：interfacial fertilization by PdHx［J］. Angewandte Chemie International Edition，2019，58：4232.

［16］孙悦,赵体清,廖洪钢.原位透射电镜在电化学领域中的应用［J］.中国科学：化学,2021,51(11)：1489-1500.

［17］Sohn B，Kim J R，Kim C H，et al. Observation of metallic electronic structure in a single-atomic-layer oxide［J］. Nature Communications，2021，12(1)：6171.

第八章
扫描电子显微镜

1 概述

扫描电子显微镜(Scanning Electron Microscope,简称 SEM)是继透射电镜之后发展起来的一种电子显微镜,简称扫描电镜。它使用高能电子束轰击样品表面,激发出二次电子、背散射电子、X 射线等信号,这些被激发出的电子和射线经接收、检测和处理后,形成与样品表面形貌对应的图案,实现了对物质精细形貌结构观察的目的。1952 年,英国工程师 Charles Oatley 制造出第一台扫描电子显微镜。1960 Everhart 和 Thornley 发明了二次电子侦测器。1965 年英国剑桥仪器公司生产出第一台商用扫描电镜。到了 20 世纪 40 年代,美国的希尔用消像散器补偿电子透镜的旋转不对称性,使电子显微镜的分辨本领有了新的突破,逐步达到了现代水平。目前高分辨型扫描电镜使用冷场发射电子枪,把人类的观察能力从微米级扩展到了亚纳米级。扫描电镜广泛地应用在材料、纺织、环境、生物学、能源、信息等学科中,促进了相关学科的发展,同时,电子显微学和相应的仪器也在不断地发展,在仪器的分辨率、操作简便性、功能等方面都取得了很大进步。

在我国,第一台扫描电子显微镜 DX3 在中国科学院科学仪器厂(现北京中科科仪技术发展有限责任公司)于 1975 年研发成功,1980 年中国科学院科学仪器厂引进美国技术,开发出 KYKY1000 扫描电镜。后来居上的聚束科技公司也有多种型号扫描电镜在售。整体上,我国的扫描电镜制造技术与国际先进水平还存在着较大差距。

电子显微镜不再仅仅是观察微观形貌的仪器。如果在样品室内装有加热、冷却、弯曲、拉伸和离子刻蚀等附件,则可以观察到相变、断裂等动态的变化过程。现在能进行元素分析的能谱仪(Energy Dispersive X-ray Spectrometer,EDS)和背散射电子衍射仪(Electron Back-Scattered Diffractor,EBSD)已经在扫描电镜系统广泛应用。随着电子器件的微型化,以扫描电镜为基础的一些附件也变得小巧,甚至可安装在电镜内部,电子显微镜已经逐渐演变成可以进行多种测试、物理观察和化学变化检测的平台。

根据扫描电子显微镜的构造、用途的不同,市场上有不同种类的电镜。根据电子束产生方式可以分为钨灯丝、六硼化镧和场发射扫描电子显微镜,其中场发射扫描电子显微镜又包括热场发射和冷场发射扫描电子显微镜。

根据镜筒内真空程度也可以把扫描电镜分为高真空扫描电镜、低真空扫描电镜和环境扫描电镜。

2 扫描电镜的原理

2.1 电子束与样品的相互作用

扫描电镜镜筒内装有互相垂直的两组扫描线圈,控制电子束在样品表面进行光栅状扫描,检测样品是依靠电子枪产生的电子束与样品中的原子核和电子相互作用,发生弹性碰撞和非弹性碰撞,激发多种物理信息,反映样品的表面形貌、结构和元素成分等特征。采集到的信号在显示器上显示的位置与电子束扫描位置相对应,形成与样品表面上位置相对应的图像或成分信息。扫描电镜的原理如图 8-1 所示。

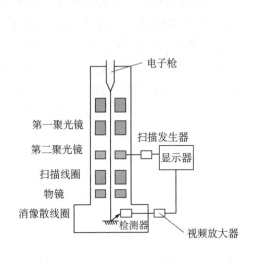

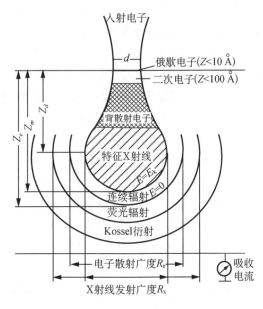

图 8-1　扫描电镜原理示意图　　　　图 8-2　电子激发产生的主要信号的信息深度

电子束在样品表面扫描时,与样品相互作用产生多种信息,如:俄歇电子、二次电子、背散射电子、特征 X 射线、阴极荧光和吸收电子等,这些信号在样品内产生的深度和范围各不相同,叠加起来形成一个梨形区域(图 8-2),区域大小与入射电子束的能量和束斑大小有关,也与样品内对各种信号的吸收差异有关。各种信号被特定的检测系统收集后,可形成相应的图谱。如扫描电镜主要利用二次电子成像,还可以通过一些其他附加装置(波谱、能谱分析仪、EBSD)接收相应信号处理后得到更多关于样品的信息。对于扫描电镜重要的有三种信号:二次电子(Second electron,简称 SE)、背散射电子(Back Scattered Electron,简称 BSE)、特征 X 射线(Characteristic X-ray)。

二次电子就是样品中原子的核外电子被入射电子轰击脱离原子,且能量大于从样品表面逸出能量的电子(图 8-3)。二次电子反映样品表面 5~10 nm 深度范围的信息,其产率主要取决于样品的形貌和成分,能很好地体现样品的表面形貌。在近表面区域,束斑直径尚未扩展,与入射电子束直径相比,变化不大,图像分辨率较高。二次电子图像与物体形貌高度相关,所以也叫形貌衬度像。

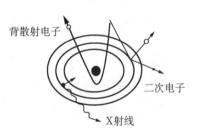

图 8-3　二次电子、背散射电子和 X 射线示意图

背散射电子是入射电子与原子核碰撞,并从固体样品中反射出来的的电子,产生于从样品表面到 100 nm 至 1 μm 的深度范围。其能量基本上与入射电子相同,远大于二次电子的能量,信息深度比较大。因此背散射电子像的

分辨率比二次电子像要低。背散射电子的产率与样品原子的原子序数有关,因此背散射电子所成的图像可以反映原子序数的差别,也就是说,原子序数衬度差别比较大的原子,在图像上亮度不同,可以区别开来,因此,对于元素掺杂的样品特别有意义。背散射电子能量比较高的另一个后果是不容易被检测器上的偏压干扰,其传播路径比较直,图像立体感比较强。另外,利用背散射电子衍射还可以研究样品的晶体学特征。

入射电子激发样品原子内层电子后,外层电子跃迁至内层时会发出具有特征能量的 X 射线光子,可用于微区元素定性、定量分析。因为电子束在样品内的扩展,收集到的特征 X 射线随样品不同和测试条件不同,反映样品 $1\sim5\ \mu m$ 深度范围内的信息,因此空间分辨率较低,一般能谱不能用于分析元素纳米尺度的分布,功能强大的能谱仪在低加速电压下可以测试纳米级的元素分布。

2.2　扫描电镜图像衬度

利用扫描电镜收集二次电子或背散射电子都可以得到反映样品物理化学性质的黑白图像,图像上的亮暗程度反映了电子束轰击样品时不同位置产生信号的强弱,形成不同来源的衬度。衬度的来源有三个方面:①样品本身的性质(表面凹凸不平、成分差异、取向差异、表面电位差异等);②信号本身性质(二次电子、背散射电子);③对信号的人工处理。衬度包括形貌衬度、成分衬度、电位衬度、通道衬度和密度衬度等。下面讲述形貌衬度和成分衬度,因为具有其他衬度的样品较少。

(1) 形貌衬度　入射电子束始终是由上至下轰击样品表面,样品表面凹凸不平时,电子束的入射角度不断改变,产生的二次电子能量较低,从样品表面 $5\sim10\ nm$ 深度范围内逸出,其产额 δ 与入射角度 θ 的关系是 $\delta\propto1/\cos\theta$,$\theta$ 为入射电子束与样品法线的夹角。从图 8-4 可知,θ 越大,二次电子可逸出的范围越大,信号越强,因此二次电子对微区表面的几何形状十分敏感,二次电子图像的衬度主要是样品表面凹凸形貌造成的。

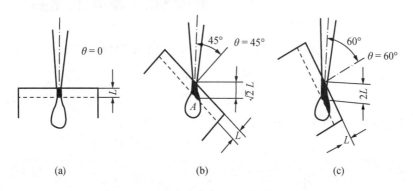

图 8-4　二次电子产额与样品倾角的关系

二次电子的产额随 θ 的增大而增大,如图 8-4,故在陡峭的侧面,突出的尖、棱、角和沟槽处入射角度都比较大,与水平表面相比,二次电子更容易逸出,信号都很强,反映在图像上亮度很大,称之为边缘效应(图 8-5)。在沟底、孔、穴处,信号出射深度更大,不易逸出,信号较弱,图像上相应位置较暗。

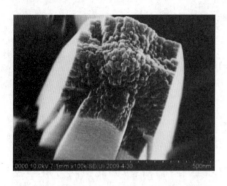

图 8-5 二次电子产率与样品表面形貌的关系

背散射电子产额也随电子束入射角的增大而增大,其图像反映样品形貌,但背散射电子的扩散范围比二次电子的扩散范围大,而且其传播方向性强,信号反映更深位置的形貌,所以,背散射电子图像的形貌衬度不如二次电子图像的形貌衬度精细。

(2) 成分衬度 也叫原子序数衬度,原子序数不同,信号强度不同。图 8-6(a)是二次电子(SE)和背散射电子(BSE)产额与原子序数的关系,两者都随原子序数的增加而增加,原子序数较高的区域图像亮度较高。在原子序数 Z 小于 20 时,SE 产额与原子序数呈正相关,Z 大于 20 时,SE 产额随 Z 变化不大。只有 Z 相差很大时,SE 图像才表现出原子序数衬度,所以一般用 SE 观察微观形貌,不用来分辨成分分布。Z 小于 40 的范围内,背散射电子的产额对原子序数十分敏感。样品中原子序数较高的区域由于收集到的背散射电子数量较多,屏幕上的图像较亮,而轻元素区域则较暗(图 8-6(b)),因此可以利用原子序数造成的衬度变化对合金等多相体系进行定性成分分析。比如有机样品的图像总是看起来对比度不高,不如金属或无机盐类样品的图像漂亮,就是因为有机样品主要含 C、H、O 等低原子序数元素,解决方法是喷镀重金属,之后图像对比度会大大增强。

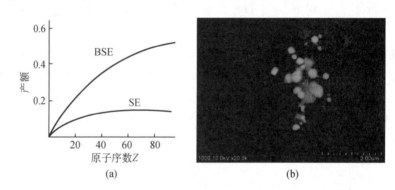

图 8-6 (a)SE 和 BSE 产额与原子序数关系;(b)高分子纤维和银颗粒复合物

总之,不能把二次电子像等同于形貌像,背散射电子像等同于成分像。二次电子像也反映一定的成分衬度,背散射电子像也包含形貌衬度,每种图像都包含上述两种衬度的混合。二次电子、背散射电子的特点与两种衬度的关系可总结成表 8-1。

表 8-1 二次电子、背散射电子的特点与两种衬度的关系

项目	二次电子	背散射电子
能量	低	高
空间分辨率	高	低
阴影效应	弱	强
形貌衬度	强	弱
成分衬度	弱	强

3　扫描电镜的结构

扫描电子显微镜是一个复杂的电子光学仪器，涉及电子、电磁、机械、自动控制、真空技术等多个学科，主要包括电子光学系统、真空系统、电源和控制系统、信号检测处理系统等，这里仅简单介绍电子光学系统、信号检测系统和能谱仪（EDS）。

3.1　电子光学系统

电子光学系统是扫描电镜的核心，主要由电子枪、聚光镜和物镜组成。电子枪位于镜筒的最上方，用于产生电镜照明用的高能电子束，要具有亮度高、电子能量发散小等特性。根据电子束产生机理不同，电子枪分为热发射电子枪和场发射电子枪两种，它们在电子束流大小、束流稳定度及灯丝寿命等方面均有显著差异（表 8-2），电子枪的工作原理见图 8-7。

表 8-2　　　　　　　　　　　　　　　　　不同电子枪的比较

	亮度	分辨率/nm	寿命	价格
钨灯丝热发射电子枪	低	3	50～80 h	便宜
六硼化镧热发射电子枪	稍高	2	1 000 h	稍贵
场发射电子枪	非常高	0.6～1	2～4 a	很贵

（1）热发射电子枪

对于热发射电子枪，顾名思义要加高压电流把灯丝加热到很高的温度，灯丝上电子有足够的能量去越过电子枪材料的功函数能垒而逸出。热发射电子枪由灯丝、栅极和阳极组成，栅极对阴极电子束的形状和发射强度起重要调控作用［图 8-7(a)］。多晶钨和六硼化镧（LaB_6）都可用作热发射电子枪的灯丝，见图 8-8。

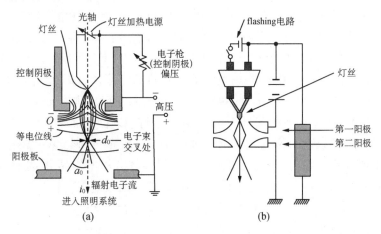

图 8-7　电子枪的工作原理：(a)热发射电子枪；(b)场发射电子枪

最常用的是发叉式钨多晶灯丝,功函数约为 4.5 eV,灯丝直径为几十微米,操作温度约 2 800 K,在使用中灯丝的直径随着钨丝的蒸发变小,使用寿命约为 40~80 h。钨灯丝亮度差、单色性也不好,钨灯丝扫描电镜只能达到 3 nm 的分辨率,但价格便宜,钨灯丝得到大量使用。六硼化镧(LaB₆)灯丝的功函数为 2.4 eV,较钨丝为低,因此同样的电流密度,使用 LaB₆ 只要在 1 500 K 即可达到,而且亮度更高,因此使用寿命便比钨丝高出许多,电子能量发散约为 1 eV,比钨丝要好。但因 LaB₆ 受热后比较活泼,对镜筒内的真空度要求较高,因此仪器的购置费用较高。

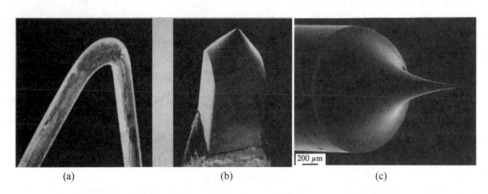

图 8-8 电子枪灯丝:(a)钨灯丝;(b)LaB₆ 灯丝;(c)冷场发射灯丝

(2) 场发射电子枪

场发射电子枪可分成两种:冷场发射式(cold field emission,简称 FE),热场发射式(thermal field emission,简称 TF)。场发射电子枪通常由灯丝为阴极和上下两个阳极组成[图 8-7(b)],阴极和阳极间的电场具有拔出电子、聚焦及加速电子等功能。利用阳极的特殊外形所产生的静电场,能对电子产生聚焦效果,所以不再需要韦氏罩或栅极。第一(上)阳极主要是改变场发射电子束的拔出电压,以控制针尖场发射的电流强度,而第二(下)阳极主要是决定加速电压,以将电子加速至所需要的能量。

在作为阴极的灯丝和阳极间加一个强电场,灯丝表面电子的能垒就会降低,由于隧道效应,灯丝内的电子穿过能垒发射出来,这种现象叫场发射。为使阴极的电场更集中,强度更大,将灯丝做成曲率半径小于 0.1 μm 的针尖[图 8-8(c)]。场发射电子枪光源尺寸非常小,亮度是 LaB₆ 单晶灯丝的 100 倍,产生的电子束能量发散小,相干性好,正逐渐普及。

冷场发射电子枪是将钨单晶(310)面作为发射极,室温下使用,能量发散仅为 0.3~0.5 eV。与热场发射电子枪相比,冷场发射电子枪的优点是光斑更小,亮度更高,图像分辨率最优,能量发散小,在低操作电压下性能更好。缺点是发射的电子束束流较小,不利于发挥电镜的分析性能。要从极细的钨针尖场发射电子,灯丝表面要非常干净,无任何外来材料的原子或分子吸附在其表面,冷场发射电子枪须在 10^{-8} Pa 的真空度下操作。灯丝在高真空、室温下长时间使用后,针尖还是会吸附一些残留气体分子或样品分解、挥发出来的小分子而降低场发射电流,并使发射电流不稳定,因此需要定时短暂加热针尖至 2 500 K(此过程叫做 flashing),以去除所吸附的气体分子,去除干扰,恢复性能。

现在常用的热场发射电子枪,又叫肖特基发射(Schottky emission)电子枪,在钨(100)单晶上覆盖一层 ZrO 用作灯丝,ZrO 将功函数从多晶钨的 4.5 eV 降至 2.8 eV,强电场使电子的电位能垒宽度变窄,高度变低,产生 Schottky 效应,只需加热灯丝到 1 600～1 800 K,电子即可以热能的方式越过能垒,产生电子束。

热场发式电子枪在真空度 10^{-6}～10^{-7} Pa、高温下工作,避免了气体分子吸附在针尖表面,不再需要针尖 flashing 加热的操作。与冷场发射式电子枪相比,其发射电流稳定度佳,电子束束流大,但束斑直径和电子能量发散稍逊于冷场发射式电子枪,所以图像分辨率稍差。

(3) 电磁透镜

光学显微镜使用玻璃透镜调节光路成像,电子显微镜的聚光镜和物镜都是电磁透镜,类似光学显微镜中的凸透镜,折射电子束,聚焦后呈现清晰的图像信号。电磁透镜有静电透镜和磁透镜两种。

A. 静电透镜　用静电场做成的透镜叫静电透镜。静电透镜的像差较大,改变焦距时不易操作,且易击穿,因此较少使用,但在电子枪的栅极和阳极间,自然形成一个静电透镜。

B. 磁透镜　电子束在磁场中运动时受到洛仑兹力,会改变运动方向。旋转对称非均匀磁场使电子束聚焦成像的装置就是磁透镜。磁透镜主要由两部分构成(图 8-9):a,软磁材料(如纯铁)制成的空心圆柱形铁壳,铁壳上有开口,开口处的突起叫做极靴;b,铁壳内的铜线圈。对线圈通电产生集中在极靴处的磁场,沿透镜长度方向强度有变化,形成一旋转对称非均匀磁场。电子束在穿越磁场时既受到磁场洛仑兹力的作用而发生偏转折射,又有加速电压产生的很高的速度,从磁场的一端流入而在另一端被重新会聚,运动轨迹如图 8-10,类似于光学透镜中光线的会聚现象。调整透镜线圈中电流的大小,可以连续改变电磁透镜对电子束的折射率,因此电子显微镜能够通过透镜电流的调节,连续改变焦点及放大倍率。铜线圈通电时会发热,需要在磁透镜里通循环冷却水以降低其温度。

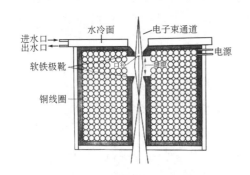

图 8-9　磁透镜的剖面示意图

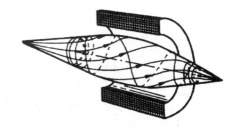

图 8-10　电子束经过磁透镜的折射与会聚

C. 磁透镜的像差与消除　在光学成像时存在球差、色差等因素导致不能清晰成像,对于电子光学存在类似的问题,使电子显微镜的分辨率远低于理论分辨率。限于篇幅,在此类比可见光光线简单介绍电子光学里的球差和色差。

① 球差　透镜对近光轴的电子和远光轴电子的折射程度不同,造成电子束束斑扩大,这一原因所引起的像差称为球面像差,又称球差(图 8-11)。当电子束相对光轴发生倾斜时也会加大透镜的球差。所以电磁透镜和光学透镜类似也常常加有光阑,遮挡远轴电子,着重利用近轴电子束成像,从而降低球差带来的影响。

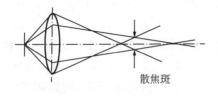

图 8-11 球差示意图

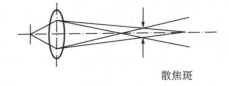

图 8-12 色差示意图

② 色差 如果扫描电镜的电源和控制系统不稳定,电子束加速电压会围绕设定值稍有变化,将会引起电子束能量的变化,而同一磁透镜对不同波长的电子束折射率不同,同样引起束斑的扩大,降低仪器分辨率。这种现象如同光学透镜一样(图 8-12),对不同颜色的光折射能力不同,这种像差被称为色差,所以,电镜要配备十分稳定的电压与电流恒定装置,尽可能地稳定电子束的能量。

3.2 信号检测处理系统

样品台在物镜下面的样品室内,具有平移、旋转和倾斜功能,改变样品台的方位,使高能电子束经聚光镜、物镜会聚后轰击到样品测试位置上,激发出二次电子、背散射电子、X 射线等信号,分别被二次电子检测器、背散射电子检测器、X 射线检测器接收,经过硬件和软件的放大和处理,形成相应的图谱。

生成图像最常用的检测器是 Everhart Thornley 电子检测器(图 8-13),主要采集二次电子。其功能是完成电—光—电转换,主要由栅网、闪烁体、光导管和光电倍增管组成,收集从样品上飞出的二次电子。二次电子穿过栅网打在闪烁体上,激发出荧光被光电倍增管接收转换成电信号,输入到前置放大器,再进入系统处理放大,形成计算机显示器上的亮度信号。

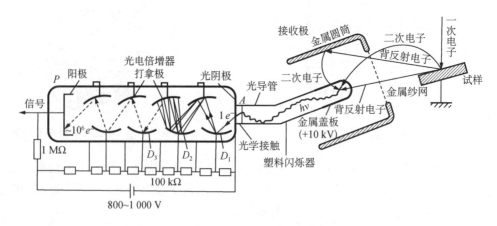

图 8-13 Everhart Thornley 电子检测器示意图

为了提高二次电子收集效率,尽量把向各个方向逸出的电子都采集到,常在收集器前端栅网上加上 +250 V 偏压,吸引二次电子,这样即使样品表面凹凸不平,包括突起的背面都能得到清晰的图像。

激发出的背散射电子能量比较高,受栅网上偏压的影响比较小,沿出射方向直线运动,检测器能采集到直接到达栅网的那些电子。如果只采集背散射电子,阻挡二次电子进入背散射电子检测器,可以在收集器的栅网上加－250 V的偏压。

对于非常薄或非常小的样品,电子束可以透过,在样品的下方收集透射电子,电镜就具有了扫描透射成像功能,可以进行透射样品的初筛。一般来说,在扫描电镜不同位置有多个检测器,切换不同的检测器,得到不同的图像,反映多种信息。

扫描电镜是观察各种样品表面微观形貌的大型电子光学仪器,其原理和仪器结构决定了扫描电子显微镜具有以下特点:

（1）分辨率高,可观察分析纳米材料。扫描电镜的作用虽与光学显微镜很相似,主要用于观察样品的形貌,但分辨率比光学显微镜要高出 3～4 个数量级。

（2）放大倍数的可变范围很宽,从几十倍到百万倍之间连续可调,且调焦后即可低倍、高倍连续观察,不用重新调节,比光学显微镜更加灵活。

（3）景深大,图像富有立体感,可直接观察样品表面或断口的细微结构,图像直观,与光学显微镜和透射电子显微镜相比具有显著优势。

（4）样品制备较容易,能直接观察较大尺寸试样。样品活动范围大,对样品的大小、高度和形态的适应性强。

（5）可配置多种附件,如能谱（EDS）和背散射电子衍射仪（EBSD）等可进行表面成分分析及表层晶体学位向分析等。配备加热、冷却和拉伸等样品台可进行动态试验,观察在不同环境条件下的相变及形态变化等。

（6）与其他分析仪器联用,如拉曼光谱、原子力显微镜等,进一步增加仪器的表征能力。

总之,扫描电子显微镜不再是单一的形貌观察工具,逐渐成为一种以电子光学为基础的大型分析平台,越来越受到科研人员的重视。

4　影响扫描电镜图像质量的主要因素

扫描电镜能清楚分开两个物点之间的最小距离称为分辨率。电镜的成像质量虽然主要取决于仪器的分辨率和样品本身的性质,但是正确操作才能发挥电镜的优势。如果测试条件选择不当,仪器的性能不能完全发挥,将导致图像分辨率下降、模糊,甚至扭曲等后果。拍照条件的选择要根据影响扫描电镜图像质量的主要因素来调整。这些因素可以分为与电子束相关的加速电压、束流、束斑直径、扫描速率,以及与拍照条件相关的工作距离、像散和信号选择（SE，BSE）,它们都对扫描图像的质量至关重要。

与电子束相关因素主要从提高分辨率、减少对不耐电子束辐照样品的损伤的角度来选择,常根据样品和测试目的调节加速电压和束流,效果明显,较少调节束斑或电子束扫描速度,这些因素也是相互关联的。加速电压高、束流大、束斑小,图像信噪比好,但对导电耐热性差的高分子材料或生物样品造成损伤可能性大。

4.1　加速电压

扫描电镜加载在电子枪阳极和阴极之间的电压,就是加速电压。

由阿贝提出的显微镜的分辨率公式[式(8-1)]可知,扫描电镜的分辨率取决于照明源电子束的波长,即

$$\delta = \frac{0.61\lambda}{n\sin\alpha} \qquad (8-1)$$

式中:δ 为分辨率;λ 为电子束波长;α 为孔径半角。

电子束波长与电子枪的加速电压的关系是

$$\lambda = \sqrt{\frac{1.5}{V}} \qquad (8-2)$$

式中:λ 为电子束波长;V 为电子枪加速电压。

因此,提高加速电压可以使入射电子束波长更短,束流更大,电子束束斑更小,有利于提高图像的信噪比和分辨率,但是对于易发生充电的非导电试样和易受热损伤的试样,降低加速电压是观察到它们真实形貌可行的方法。采用低加速电压可以减小入射电子探针的贯穿深度和散射体积,有利于观察样品高低不平的微观结构,反映样品表面的真实情况。

需要说明的是,一般入射电子从试样表面下约 10 nm 的薄层激发出二次电子,加速电压较大时能量更高的电子束激发出更深位置的二次电子,表面下薄层内的结构可能会反映出来,并叠加在表面形貌信息上,图像看起来类似透射照片,这时一般要降低电子枪的加速电压以更真实地反映样品表面形貌。

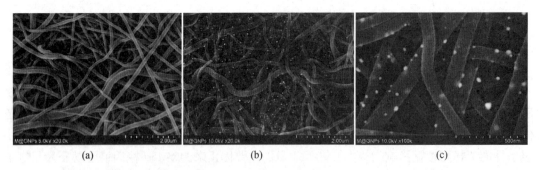

　　　　(a)　　　　　　　　　　　(b)　　　　　　　　　　　(c)

图 8-14　纤维和银纳米颗粒的复合材料在不同加速电压下的图像:(a)5 kV;(b)10 kV;
　　　　　(c)10 kV 高放大倍数图像

从图 8-14 可以看出,提高加速电压后,看到的银纳米粒子明显增多,从高倍图像上可以看到一些银粒子在纤维内部。

为解决高加速电压对导电导热差样品的影响,各电镜厂商都进行了低加速电压下扫描电镜成像技术开发。电子束减速技术是其中一种,就是在初始电子束未作用到样品前,施加一个减速电场,降低电子束轰击样品时的着陆电压,减小对样品的损伤,同时促进二次电子的接收。这种方法兼顾了分辨率、荷电效应,适用于导热、导电性差的样品。施加到样品上

的着陆电压可降低至 100 V,信号深度显著减小,更有利于得到样品真实表面形貌。图 8-15(a)是加速电压为 5 kV,发射束流为 10 μA 的图像,样品皱缩;(b)加速电压 5 kV,发射束流减小为 2 μA,还是有轻微的皱缩,电子束辐照时间延长后会更严重;(c)是采用减速技术后的图像,着陆电压为 0.5 kV,发射束流为 5 μA,样品表面没有皱缩。

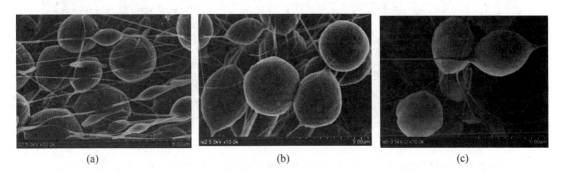

(a)　　　　　　　　　　(b)　　　　　　　　　　(c)

图 8-15　静电纺聚己内酯在不同加速电压和束流下的图像:(a)5 kV,10 μA;(b)5 kV,2 μA;(c)0.5 kV,5 μA

4.2　扫描速率

扫描图像用的时间越长,即扫描速率越慢时,采集的信号越多,同时部分噪音信号相互抵消,图像信噪比高;扫描速度比较快时,则图像噪点明显增多,图像不清晰。但当观察绝缘样品时,扫描速度越慢越容易出现荷电现象或者由于仪器或环境的原因产生图像漂移,有必要以较快的扫描速度进行测试以降低荷电或漂移程度,尽量保持样品的原貌。

拍照时与操作有关的因素(工作距离的选择、像散大小和成像检测器)对测试结果的影响不可忽视。

4.3　工作距离

工作距离(Work Distance,简称 WD)是指电子束在样品表面聚焦时物镜前缘与样品表面聚焦点之间的距离,单位为毫米(mm)。由式(8-3)可知,当 WD 大时,电子束的孔径角 α 小,从而景深较大,分辨率稍差,特别适用于比较膨松的纤维样品或表面起伏大的块状样品;当 WD 小时,分辨率较好,适用于高放大倍数或低电压模式。即

$$D = \frac{0.2}{\alpha M} \tag{8-3}$$

式中:D 为景深;α 为电子束孔径角;M 为放大倍数。

图 8-16 中的两张图拍摄时仅改变了工作距离,工作距离大(16 mm)后,整个画面基本清晰,而工作距离小(4 mm)的图中,只有焦点处的少量纤维是清晰的。工作距离对分辨率与景深的影响是相反的,要根据测试目的选择合适的工作距离,在两者之间找到平衡点。使用小光阑孔也可以改善景深(图 8-17),但电子束大部分被遮挡,信噪比会变差,且切换光阑孔后还要进行电子束对中操作,比较麻烦,因此主要采用改变工作距离的方法。如果一种方

法效果有限时,再结合另一种方法。

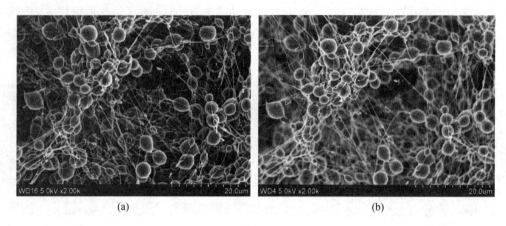

图 8-16 静电纺聚己内酯纤维在不同工作距离的图像:(a)WD=16 mm;(b)WD=4 mm

图 8-17 光阑对景深的影响:(a)2 号光阑;(b)4 号光阑

4.4 像散

由于电磁透镜磁场的非旋转对称性,透镜在不同方向上对电子的会聚能力存在差异,导致图像模糊,称为像散。理想状况是扫描电镜中的电磁透镜具有完全旋转对称性,电子束光路清洁无污染,电子束精确符合光轴,但是电磁透镜不可能完美对称,电镜长时间使用后电子光路不可避免被污染,电子束也会偏离光轴,造成光斑不再是圆形,图像拉伸,有一定的取向性(图 8-18),形成假象,放大倍数越高,像散越明显,因此,要定期进行仪器维护,机械对中,保持光阑清洁,消除像散,才能在高放大倍数时获得清晰真实的图像。

在测试时常进行的是消像散,判断有没有像散就是调节聚焦旋钮,看到图像发生拉伸,并且两个拉伸相互垂直[图 8-18(a)、(b)],证明像散存在。消除的方法就是用消像散器进行自动或手动消除像散。先用聚焦旋钮调节图像到两个拉伸方向之间图像不拉伸的正焦状态[图 8-18(c)],再用一个消像散旋钮调到图像最清楚,再用另一个旋钮调节即可。调节过程中不要出现图像拉伸,聚焦和消像散反复进行就可以得到清晰的图像[图 8-18(d)]。

如果聚焦过程中,图像向某一个方向移动,说明电子束偏离光轴,需要进行对中。

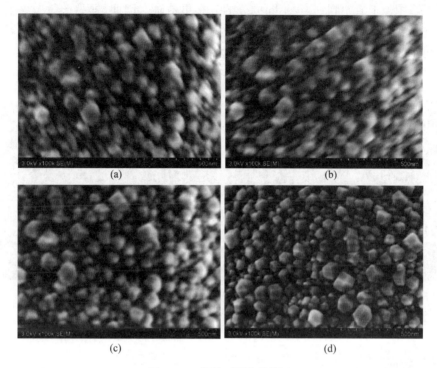

图 8-18　像散对图像的影响

4.5　信号选择

　　二次电子图像和背散射电子图像的产生机理和能量都有很大差别,二次电子图像信息深度相对浅,更准确地表现样品形貌,背散射电子图像更侧重于样品的成分,因此,要根据测试目的选择成像信号和相应的检测器,或不同位置检测器,会得到迥异的照片。如图 8-19,不锈钢片同一位置的二次电子图像[图 8-19(a)]和背散射电子图像[图 8-19(b)]表面污染物原子序数小,产生的背散射电子少。

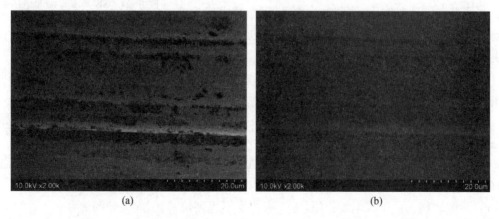

图 8-19　不锈钢片表面图像:(a)二次电子图像;(b)背散射电子图像

从图 8-20 钨基硬质合金 WC-Al$_2$O$_3$ 的表面图像可以看出，其 SE 图像有丰富的划痕细节，而其 BSE 图像上看不到划痕，不同成分的分布更清晰。因此，样品形貌像更重要时，选择二次电子成像，元素分布更重要时选择背散射电子成像，突出立体感时选择下检测器。另外，探测器的位置对成像效果也有影响，镜筒内探测器成像时相当于俯视样品，图像的立体感较差。下检测器成像时相当于从样品侧面观察，图像的立体感更强。

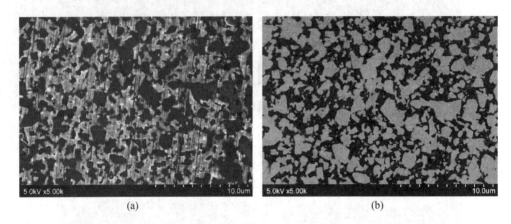

(a)　　　　　　　　　　　(b)

图 8-20　WC-Al$_2$O$_3$ 的表面图像：(a)二次电子图像；(b)背散射电子图像

4.6　荷电效应

当入射电子束轰击样品时，从样品上发出的信号主要是二次电子，二次电子的发射率会随入射电子的加速电压而变化。图 8-21 表示二次电子产额率随入射电子束的加速电压变化的曲线，图中横坐标表示入射电子的加速电压，纵轴 δ 表示二次电子发射数与入射电子数之比。在加速电压为 V_1 或 V_2 时，入射电子数与二次发射电子数相等，δ 等于 1，此时样品保持电荷平衡，样品不带电。除这两种情况外，样品会因得失电子不平衡而带电，产生一个静电场干扰入射电子束和信号产生，图像异常。总之，用扫描电镜观察

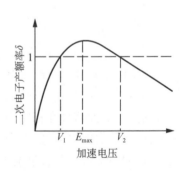

图 8-21　SE 产率与加速电压关系

非导电样品或导电性差的样品的显微形貌或进行微区成分分析时，由于电荷积累而产生的放电现象，称为荷电效应。

荷电使二次电子轨迹发生偏转，甚至使入射电子束发生偏转，对图像产生一系列的影响而出现假象：

a，衬度异常。由于荷电效应，二次电子发射受到不规则影响，造成图像亮度异常，如特别亮或特别暗，并不时变化，或者明显的横条纹（图 8-22）。

b，图像变形。由于静电场作用，电子束被不规则地偏转，结果造成图像的畸变或出现滑移。

c，图像漂移。由于静电场作用，电子束产生不规则偏移，引起图像的漂移。

d，粗大条纹。带电样品常常发生不规则放电，结果图像中出现宽度不等的横向条纹。

e，明显像散。由于聚集的电荷作用于电子束，难于聚焦，像散无法消除。

f，热损伤。电子束在样品上聚焦后出现裂纹、气泡等，尤其在高倍下。

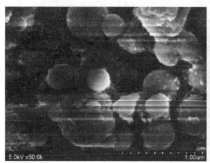

图 8-22　荷电现象

结合实际工作经验，人们总结出如下减轻荷电效应的方法：①减小不导电样品尺寸，并使样品与样品台接触良好，要用导电双面胶、导电碳胶或银胶固定样品；②镀导电膜，进行喷镀金或碳膜提高样品的导电性；③观察时，降低加速电压，减小束流，加快扫描速度，采集 BSE 图像，还可以倾斜样品，促进二次电子逸出；④采用低真空电镜，电离气体分子产生的离子中和过多的电子等。在实际测试时要结合样品、仪器和操作的实际情况选择合适的方法。

5　样品制备

5.1　样品制备

扫描电镜法是直观表征各种固体样品表面形貌的重要手段，但制样方法对测试观察的结果至关重要。因此样品的制备技术是扫描电子显微技术的关键，同时也是难点。

根据扫描电镜仪器的特点和科学的需要，扫描电镜样品必须是固体，测试前要彻底干燥，不含有机小分子等挥发性成分，无放射性和腐蚀性，粉末样品不具有磁性或涂在导电胶上后用高压气枪吹扫，保证样品粘牢。样品表面结构尽量保存完好，无污染。样品最好导电，导电性差或不导电的样品可在表面进行导电处理（喷镀 Au、Pt 或 C 等导电膜）或在低加速电压下观察。

根据样品的性质和形态，扫描电镜样品也可粗略地分为块状金属样品、非金属样品、粉末样品和生物样品等。为了减少更换样品次数，提高测试效率，一般在一个样品台上粘贴多个样品，块状样品一般不超过 5 mm²。

金属样品的制备相对简单，在不破坏观察面的情况下用机械切割成适当大小，如需观察金属内部相组成、晶界等结构，或进行成分分析时，还需对样品进行抛光。对于小块样品还需先镶嵌，再进行后续操作，然后用酒精或丙酮超声清洗干净，晾干，再用导电材料（如银浆、双面导电胶带等)黏结到金属样品台上即可放入电镜观察。

聚合物等块状样品因用途不同存在膜、片、丝、棒、块等多种形状,如果仅是观察表面形貌,可直接把样品黏结在样品台上即可。但对于聚合物共混体系,从表面难以获得相态分布信息,需制备它们的断面才能观察到不同聚合物组分的分布状况。聚合物一般在常温下具有良好的韧性,拉断或剪断时因受到牵引或剪切力的作用,得到的断面严重变形,不能准确地反映高分子材料本身的结构,所以,为了观察高分子材料的真实形貌,在高分子材料的玻璃化温度较低时,必须把样品浸到液氮中,待其温度降低到玻璃化温度以下时快速折断,然后用导电双面胶粘到样品台上,喷碳或喷镀金属增强导电导热性后观察。

需要注意的是高分子样品断裂时拉出的细丝回弹在尖端形成小球,二次电子易逸出,信号很强,可观察到非常亮的点或颗粒,易误认为是添加的无机颗粒。为排除误判,可用 EDS 验证。对于硬度较小且液氮淬断困难的高分子样品及其复合材料制备断面时,用刀切、剪切等方法,会使机械应力导致断面变形[图 8-23(a)],形貌失真,不能得到样品的真实结构。推荐使用离子束切割制备此类样品的断面,带有一定能量的的氩气离子束对准样品中的目标区域进行轰击,在样品与离子束之间放有一块平行挡板,使离子束沿挡板平整边缘轰击样品,能获得非常平整、无形变的断口[图 8-23(b)],避免了机械抛光、电解抛光等严重依赖样品性质以及手工操作重复性不高,甚至有些样品无法制备的情况。缺点是断口范围较小,价格昂贵。

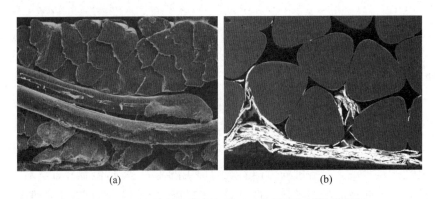

(a)   (b)

图 8-23 (a)刀片切割样品断面;(b)离子束切割样品断面

粉末样品也是扫描电镜测试中的重要对象。其制备方法要根据粉末颗粒大小来定,若粉末颗粒处于微米级可以直接撒在或用牙签涂在导电胶上;若粉末颗粒处于纳米级别,纳米颗粒样品表面能高,颗粒间还可能存在静电力、范德华力、悬键等作用,易团聚不易分散,难以得到分布均匀、细节清晰的纳米粒子图片,更不能统计颗粒尺寸分布,需要对纳米颗粒用稳定的易挥发溶剂超声分散后滴在铝箔或切成合适大小的盖玻片、云母、硅片上,彻底干燥后备用。超声作用产生的冲击波和强射流可以起到粉碎团聚体的作用,并有可能阻止氢键的形成,达到阻止团聚的目的。此外,超声波的机械搅拌作用也有利于纳米颗粒的充分分散。如果是半导体之类的颗粒,导电导热性相对较高,滴在铝箔上后可直接观察。若样品本身的导电性很差,不管是滴在哪种基底上,都要做导电处理才能得到高质量的照片。粉末样品只做元素分析时,把粉末样品压成平整的薄片,测试结果更准确。

生物样品含水量一般较高,制备过程相对复杂,一般有固定、脱水、干燥、导电处理四步。因为干燥时样品失水易导致变形,原本丰满的形状变得干瘪,故干燥前一般需要先脱水固定。常用的固定液为戊二醛、锇酸等。干燥的方法有自然干燥法、临界点干燥法和冷冻干燥法,后两种排除了干燥过程中表面张力对样品的损伤,应用更多一些。

有文献报道了一种湿/软生物样品制备方法,解决了扫描电镜测试时生物样品处理复杂耗时的难题。该方法把连苯三酚(pyrogallol,PG)和聚乙烯亚胺[poly(ethylenimine),PEI]涂在样品表面,发生氧化交联反应后,在样品表面形成一层酚-醌/胺膜,避免样品内水分在高真空的镜筒中汽化,影响真空度,破坏样品的精细结构。可直接对样品进行成像,缩短了实验时间。形成的保护膜还有保温作用及提供力学支撑的能力,保持生物样品的形貌在电子束的轰击下不变形,这些特点对提高成像质量具有重要意义。

5.2 样品的导电处理

导电性好的样品切割后粘到样品台上可放入电镜直接观察。对于高分子材料、生物样品等导电导热性差的样品用扫描电镜观察时,当入射电子束打到样品上,样品表面会产生电荷的积累,形成充电和放电效应,影响测试。因此在观察之前为避免荷电效应,要进行喷碳或喷镀金属的导电处理,同时也增强导热能力。现在常用的增强导电性的方法是镀膜法。

镀膜法是采用特殊装置将炭棒或电阻率小的金属,如金、铂、钯等蒸发后覆盖在样品表面,在标本与金属底座之间形成连续的导电膜的方法。样品镀膜后,增强导电导热性的同时,还可以减少电子束对样品的损伤作用,增加二次电子的产生率,获得良好的图像。

要进行微区元素分析时,镀碳膜更合适。镀碳时是在真空环境中使两个炭棒电极通过大电流产生高温,使炭棒气化沉积在样品表面,为使碳膜连续均匀,在喷镀过程中样品台进行摇摆旋转,碳膜厚度常控制在 20 nm 左右。因为碳为超轻元素,对大部分所分析元素的 X 射线吸收小,不会产生干扰峰,定量分析结果比喷镀其他成分相对来说更准确。

以前镀金属膜时是用把一小块金属气化、冷却的方法,金属利用率不高,且膜厚也难以控制。现在常用的是离子溅射法,与以前的蒸发镀膜相比具有明显优势,因金这种金属导电、导热性好,二次电子产率高,在空气中不易氧化,熔点低,膜层厚度易控制等优点,在放大倍数低于 5 万倍时常用金靶,所以喷镀过程也叫喷金。喷镀重金属时所用设备常为离子溅射仪,其原理就是在真空容器内,1.5 kV 左右的负高压作用下,充入的惰性气体分子(通常为氩气)被电离,形成等离子体,阳离子在电场加速下轰击金属钯,金属原子溅射到样品的表面,形成连续的导电膜,镀层的厚度一般低于 10 nm。除了黄金用作靶材之处,常用的溅射靶材还有 Pt、Au-Pd、Ag 等。

若离子溅射仪溅射时真空度不够高,溅射的黄金颗粒较大,一般溅射黄金的量也较多,镀层较厚,黄金颗粒聚集形成很多均匀的裂纹。在用钨灯丝扫描电镜观察时放大倍数较低,看不到黄金颗粒形成的裂纹,但用场发射扫描电镜观察时,放大倍数较高,容易对看到的黄金颗粒裂纹产生误判。因此,和场发射扫描电镜配套的一般是高真空的离子溅射仪,产生的金属颗粒很小,约 2～3 nm,根据样品类型控制喷镀金属的量不要太多,会消除误判。

6 照片处理

在拍照前,要选取拍照区域,调节图像的放大倍率、亮度和对比度等参数,得到结构特征明显、层次丰富的照片,但因样品本身的限制或参数调节欠佳时还需要对照片进行处理。处理后可以使图像的重点更突出、更美观或获得更多信息。对扫描电镜照片处理主要有两方面的原因:一是由于样品本身或制样的原因,不可能每一张照片都非常满意,需要调整整张照片或照片某一部分的亮度、对比度或大小;二是为了得到更多信息,如颗粒大小、纤维直径及其分布等。

多数电镜操作软件具有采集图像、图像处理和分析、数据管理和报告打印等多种功能,也具有丰富的照片处理功能,如测量、统计、伪彩色等,但电镜操作软件可安装电脑数量有限,使用不方便,而且占用测试时间。在实际操作中可用其他的图像或办公软件来处理图像,如用 Photoshop、Acdsee 和 Word、powerpoint 等软件。下面简单介绍通过软件 Photoshop 进行图像剪切后添加标尺、调节亮度和对比度、添加伪彩的主要步骤(不同的软件版本操作不同,以下以 Photoshop2020 为例)。

6.1 图像剪切后添加标尺

标尺是标示于扫描电镜拍摄的图像上的一段标明长度计量值的线段。电子束在样品表面做光栅状扫描,采集到的信号在显示器做相应的扫描,扫描电子显微镜的放大倍率(M)就是图像大小(L)与电子束的扫描范围(l)的比值:$M=L/l$,但放大倍数标记在图像上不会随图像的拉大缩小而变化。要判断图像中特征部位的大小(纤维的粗细、颗粒直径和缝隙的长短等),只能根据标尺的长短,切勿盲目相信放大倍数。为突出样品的特征对图像剪切是常见的图像处理方法,但剪切部分没有标尺,不能直接使用。图像剪切后添加标尺有以下步骤:①打开图像;②点击剪切工具,对图像进行剪切;③在软件界面显示软件标尺;④把软件标尺拉到图像标尺两端,出现两条竖线;⑤点击矩形选区工具,在竖线间画一个适当宽度的选区,并移动到剪切后的图像的适当位置;⑥点击填充工具,在选区内填充与图像对比明显的颜色;⑦点击文字工具,在标尺上方标注标尺长度。若标尺长度不合适,可以选取合适长度,经简单换算即可。

6.2 亮度、对比度的调整

亮度、对比度是相关联的,调整亮度时对比度也有变化,调整对比度时亮度也有变化,因此要边调整边观察。调整的原则是图像上亮处和暗处的细节要能观察到,不能因为亮度和对比度损失图像信息。调整后的图像应暗处有细节、亮处不刺眼,增强立体感。简单地调整一张照片的亮度、对比度不是问题,可依据图像的直方图进行调整。常遇到的问题是需要对比的一系列样品因为成分的差异其导电性不一样或不同批次拍照,图像亮度对比度不一致,放在文章中不美观。

调整一系列图像的亮度、对比度一致的方法(图 8-24)是用 Photoshop 打开需要调整亮度、对比度的多张照片,先把其中一张手动调整到合适的衬度,作为其他照片调整的源。再点击其他照片,通过菜单中的图像,选中调整中的匹配颜色,在源的位置选中先调整好的那张图像,点击确定即可。

图 8-24　(a)衬度源;(b)衬度调整前;(c)衬度调整后

另外,还可以根据需要为照片添加伪彩,利用 Photoshop 也能实现,在此不赘述。

7　X 射线能谱仪(EDS)

电子束轰击样品时激发出的 X 射线,能被扫描电镜的附件能谱仪和波谱仪接收,用于样品表面微区成分分析。虽然波谱仪分辨率高,但测试速度慢,价格昂贵,以致于能谱仪普及程度远高于波谱仪,几乎成了扫描电镜的标准配置。

X 射线能谱仪由半导体探测器、前置放大器、主放大器、脉冲堆积排除器、模拟数字转换器、多道分析器、计算机以及显示器等组成。

元素的原子受电子束的激发,处于较低能级的内层电子电离,则整个原子呈不稳定的激发态,较高能级上的电子自发地跃迁到内层空位,同时释放出多余的能量,使原子回到基态,这部分能量以 X 射线的形式释放出来。对任一种原子而言,各个能级之间的能量差都是确定的,因此,产生的 X 射线的能量或波长也是确定的,称为特征 X 射线。高能入射电子会在样品原子的库仑场中减速,在减速过程中入射电子失去的能量转化为 X 射线,即韧致辐射 X射线。由于减速过程中的能量损失可为任意值,韧致辐射可形成能量从零到入射电子束能量的连续 X 射线,在谱图中表现为背底。

控制 SEM 电子束扫描,进行样品上点、线、面的 EDS 分析,能谱仪的探测器有锂漂移硅探测器[Si(Li)探测器]或硅漂移探测器(SDD 探测器),采集 X 射线信号后转换成电信号,并进行信号放大,再经脉冲处理、数字处理输出谱线等结果。每秒钟获得的 X 射线光子数的计数,常用英文 Counts Per Second 的缩写 CPS 表示。探测器以斜插式和平插式安装在扫描电镜上,接收面积有多种,大致在 $10 \sim 150 \ mm^2$ 之间。

X 射线能谱定性分析的理论基础是 Moseley 定律,即元素的特征 X 射线频率 ν 的平方根与原子序数 Z 成线性关系。同种元素,无论处于何种物理状态或化学状态,所发射的特征

X 射线均具有相同的能量,根据特征 X 射线的能量可以确定样品表面的元素组成。

X 射线能谱定量分析以接收特征 X 射线的信号强度为基础,分析方法分为有标样定量和无标样定量。在有标样定量分析中样品内各元素的实测 X 射线强度与成分已知的标样的相同元素的同名谱线强度相比较,经过背景校正和基体校正,计算出元素的绝对含量。在无标样定量分析中,样品内各元素同名或不同名 X 射线的实测强度相互比较,经过背景校正和基体校正,计算出元素的相对含量。能谱仪对元素含量最低检测浓度为 $0.1\%\sim0.5\%$ 质量百分比,相对化学方法或光谱方法不是非常灵敏的方法,这种方法的方便性是其最大优点。

需要注意的是,扫描电镜的分辨率尺度越来越小,可以表征样品上的纳米结构,但因为特征 X 射线在扫描电镜样品内的扩展,不能用常见能谱元素分析图表征纳米尺度材料成分的变化。降低能谱分析时电子束的加速电压可以减小特征 X 射线的扩展范围,同时信号强度也大幅度降低。平插能谱和超级能谱采集信号和分析计算能力的提高,解决了这一问题,使能谱的空间分辨率约达到 10 nm。

8 扫描电镜在材料研究中的应用

扫描电镜对材料结构表征范围很宽,从毫米到纳米,是观察材料结构的利器,广泛应用于纳米材料的制备和形态表征、高分子材料性能的改进、金属类样品的裂纹和晶界、高性能纤维表面微观形貌的观察和元素分析等研究,应用领域多种多样,解决了无数科学问题,但扫描电镜的功能决定了其应用主要是形貌观察,加上不同的附件,可获得相应的信息。根据获得的信息类型扫描电镜在材料研究中的应用简要归纳为如下五类:

8.1 固体样品的表面或断面微观形貌观察

图 8-25 是通过调节纺丝液溶剂组成制备了用于油污清理的超疏水聚苯乙烯纤维,从纤维表面和断面图像可以看出,纤维内外遍布的纳米孔是其疏水吸油功能的基础。用水热法生成排列整齐的硒化铜薄膜,由厚度均匀的纳米片组成,片与片之间有很多缝隙(图 8-26),这种超疏水半导体材料有助于信息产业的发展。

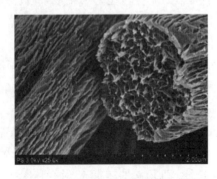

图 8-25 聚苯乙烯纤维表面和断面

图 8-26 硒化铜薄膜表面

8.2 微区元素定性、半定量分析及其分布测试

安装在扫描电镜上的能谱附件可以简便地提供样品定性、定量成分信息及其分布,例如为改善特种钢的性能,在钢表面先镀一薄层 Ni,一层 Cr,又一层 Ni。扫描电镜图像与能谱结果相叠加,确定了镀层的位置、厚度和成分,为解释钢性能的变化,提供了数据支撑(图 8-27)。

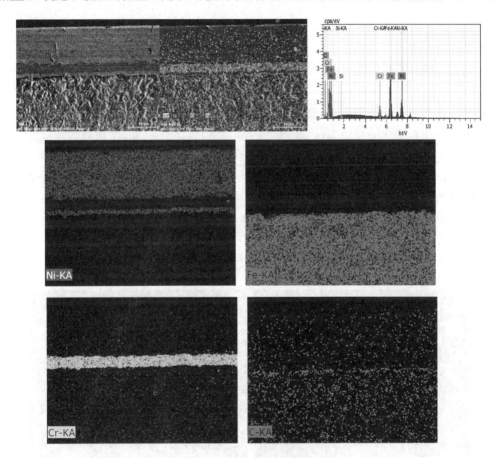

图 8-27 钢镀层的能谱表征

8.3 材料的晶体学分析

扫描电镜的另一个附件背散射电子衍射仪,用于分析晶体材料的形态、相态鉴别、相分布、晶界和织构等多种重要的晶体学信息,还可对晶粒取向和取向差成像,实现材料结构的可视化。这种方法相比于多晶 X 射线衍射,可把晶体信息与位置相结合,采集信息的范围远大于透射电镜,便于块状材料性能的表征和改进。有人研究了 GH4738 合金断口附近的组织特征与持久寿命的关联性,利用 EBSD 获得了晶粒取向、晶界占比和局部取向差等数据(图 8-28),经分析得出影响合金持久寿命的原因。初始晶粒尺寸较大,持久变形机制以晶界滑移及晶内协调,因而持久寿命较长;初始晶粒尺寸较小时,持久应变主要集中于晶界,应

变集中明显,极易出现裂纹而显著降低持久寿命。

图 8-28　GH4738 合金持久断口附近的晶粒取向

8.4　与原位附件相结合,获得实时动态信息

对样品施加力、热、气等因素,改变测试环境,并用扫描电镜进行原位、实时观察,是研究材料制备或使用时变化的直观方法。有研究者以毛竹为研究对象,使用原位加载力学设备对竹材薄片进行拉伸,记录下试样从开始加载到完全破坏的全过程(图 8-29),观察了竹材薄片纵向拉伸过程的裂纹扩展规律,并对断裂表面进行了组织水平、细胞水平、亚细胞水平的多尺度显微动态观察。维管束与基本组织之间、竹纤维与薄壁组织细胞之间、纤维和薄壁细胞的壁层之间均有明显的分层现象,表明竹材断裂过程中存在从组织到细胞,乃至亚细胞水平的多级弱界面。这些弱界面可以有效阻碍裂纹扩展,增加断裂消耗功,从而显著增强竹材的韧性。在裂纹启裂、扩展及路径改变处的位置用较大倍数拍摄图片。

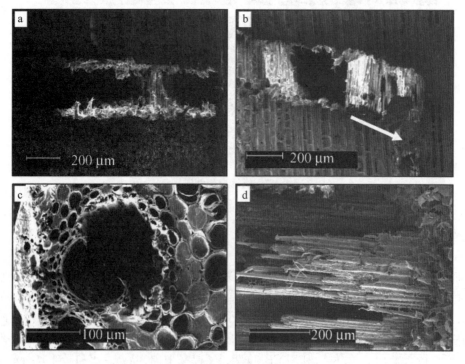

图 8-29　竹拉伸断裂过程及断裂后电镜图片

8.5 与其他研究方法相关联，进行科学机理研究

扫描电镜除了与上述附件外，还可以与单独使用的拉曼光谱、原子力显微镜等多种仪器联用。气泡成核是一种重要的物理化学过程，但由于该过程时间短及气核空间的纳米级特性，对其成核过程的瞬态观测一直是一个难点。陈前进等在纳米尺度上关联扫描电子显微镜采集的样品表面微观结构和扫描电化学池显微镜获得的微区电化学现象，绘制了单个纳米颗粒上的气泡成核行为与颗粒几何结构的非单调关系，提出了表面纳米缺陷定量诱导和控制异相成核过程的机理。

复习要点

扫描电镜成像原理，扫描电镜的仪器结构，样品制备，影响扫描电镜图像质量的主要因素，扫描电镜在材料研究中的应用（样品表面/断面微观形貌观察、微区元素定性/半定量分析及其分布测试、结晶结构分析、与原位附件相结合，获得实时动态信息）。

参考文献

[1] 李威,焦汇胜,李香庭.扫描电子显微镜及微区分析技术[M].长春:东北师范大学出版社,2015.

[2] 张大同.扫描电镜与能谱仪分析技术[M].广州:华南理工大学出版社,2009.

[3] Chen H, Zou R, Wang N, et al. Morphology-selective synthesis and wettability properties of well-aligned $Cu_{2-x}Se$ nanostructures on a copper substrate[J]. Journal of Materials Chemistry, 2011, 21(9): 3053-3059.

[4] Park H K, Lee D, Lee H, et al. A nature-inspired protective coating on soft/wet biomaterials for SEM by aerobic oxidation of polyphenols[J]. Materials Horizons, 2020, 7(5): 1387-1396.

[5] Gao L, Li F, Wang Y, et al. Fabrication and interface structural behavior of Mg/Al thickness-oriented bonding sheet via direct extrusion[J]. Metals and Materials International, 2022, 28: 1960-1970.

[6] Deng X, Shan Y, Meng X, et al. Direct measuring of single-heterogeneous bubble nucleation mediated by surface topology[J]. Proceedings of the National Academy of Sciences of the United States of America, 2022, 119(29).

[7] 中华人民共和国教育部.扫描电子显微镜分析方法通则:JY/T 0584—2020[S]. 2020.

[8] 章晓中.电子显微分析[M].北京:清华大学出版社,2006.

[9] 唐超,于凯,罗俊鹏,等.GH4738合金断口附近的组织特征与持久寿命的关联性研究[J].热加工工艺,2021,50(14):62-67.

[10] 田根林,江泽慧,余雁,等.利用扫描电镜原位拉伸研究竹材增韧机制[J].北京林业大学学报,2012, 34(05):144-147.

第九章
X 射线衍射

1 X射线概述

1895年德国物理学家伦琴(Wilhelm Konrad Rontgen)在研究阴极射线时,发现了一种穿透力很强的射线,它不能被肉眼观察到,却可以使铂氰化钡粉末发出荧光并使黑纸密封的照相底片感光,因为他当时无法确定这一新射线的本质,便将这种新的射线命名为"X射线"。在这之后的很长一段时间内,人们只认识到这种肉眼看不见、穿透能力很强的射线具有的一些特征,如:X射线在穿过电场和磁场时不发生偏转;能使底片感光,使荧光物质发光,使气体电离;对生物细胞有杀伤作用等。但对其本质则争论不一。直到1912年德国物理学家劳厄(M. von Laue)等人发现了X射线在晶体中的衍射现象后,才揭示了其本质。

X射线从本质上来说,和无线电波、可见光、γ射线等一样,也是电磁波,其波长范围在0.001~10 nm之间,介于紫外线和γ射线之间,但没有明显的分界线,如图5-1所示。

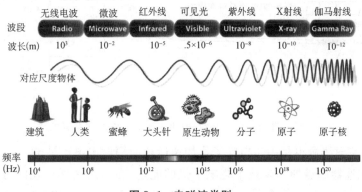

图9-1 电磁波类别

X射线存在一个波长范围,不同波长的X射线有不同的用途。一般称波长短的为硬X射线,反之,称为软X射线。波长愈短穿透能力愈强,用于金属探伤的X射线波长为0.005~0.01 nm或更短;适用于晶体结构分析的X射线,波长约为0.05~0.25 nm。

同可见光相比较,X射线还具有以下特点:①在光洁的固体表面几乎不发生像可见光那样的反射;②一般物质对它的折射率都接近于1(但小于1),故在经过物质的交界面时,可认为是直线传播,不易转向和聚焦;③由于波长与固态物体中原子之间的距离相当,故通过晶体时会发生有规则的衍射,并遵守Braggs方程,这也是晶体和材料结构分析的基础;④物质吸收X射线可以产生荧光X射线、光电子或俄歇电子等。

2 X射线衍射(散射)原理

2.1 X射线的产生

产生X射线的方式一般根据其来源分为三种:一是X射线机,这是实验室最常用的设备;二是同步加速器源,是高能加速器中电子作接近于光速的加速运动时连续产生的辐射,称为同步辐射;三是放射性同位素源,如放射性同位素 Re^{55} 放射 MnK_α 辐射,这种放射源体积小、所发射的 X 射线弱,一般供野外地质工作者使用。

常用的 X 射线机包括高压电源、整流和稳压电路、控制和保护系统、X 光管。X 光管分为充气管和真空管两类。最早的充气 X 射线管,功率小、寿命短、控制困难,应用不便。真空 X 射线管可提供可靠的电子束,避免了充气管的不稳定性。如图 9-2(a)所示,其阴极为直热式螺旋钨丝,阳极为铜块端面镶嵌的金属靶,管内真空度不低于 $10^{-4}Pa$,阴极发射出的电子经数万至数十万伏高压加速后撞击靶面产生 X 射线。

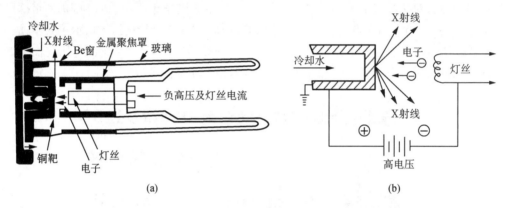

图 9-2 真空式 X 射线管(a)和 X 射线发生原理示意图(b)

同步辐射 X 射线源也是由带电粒子作加速运动而辐射出电磁波的。电子(或其他带电粒子)在同步加速器内被加速到数千兆电子伏的能量,在转弯时便沿切线方向辐射出 X 射线。1947 年,F. R. Elder 等在美国通用电气实验室的 70 MeV 的电子同步加速器上首次观察到了电子的电磁辐射,因此命名为同步辐射。同步辐射最初是作为电子同步加速器的有害物而加以研究的,后来成为一种从红外到硬 X 射线范围内有着广泛应用的高性能光源。同步辐射光源具有连续可调的变化波长和高的能量分辨率和动量分辨率,推动并开创了更多的研究领域。

2.2 X 射线谱

由 X 射线管发射出的 X 射线一般含有两种成分:强度随波长连续变化的连续 X 射线谱和波长一定而强度很大的线谱(称为标识 X 射线谱或特征 X 射线谱)。

(1)连续 X 射线谱:高能电子打到靶材上,突然受阻产生负加速度,电子失去动能所发出的光子形成连续 X 射线谱。按照经典电磁辐射理论,作加速运动的带电粒子辐射电磁波,这样产生的 X 射线是连续谱线。连续谱线的特点是强度连续分布在很宽波长范围内,虽然总能量不小,但与特征 X 射线谱相比,一定波长下的强度要小得多。因此对于普通 X 射线源,如把连续 X 射线谱分光,虽然得到一定波长的 X 射线,但是强度很低。

(2)特征 X 射线谱:图 9-3(a)描述了 X 射线激发机理,图 9-3(b)表示的是原子基态和 K、L、M、N 等激发态的能级图。当高速电子与原子发生碰撞时,电子可以把原子内壳层的

K壳层上的电子击出并产生空穴,此时次外L壳层上的较高能量电子跃迁到L壳层,并释放出能量,跃迁的能量差($\Delta E = E_L - E_K = h\nu$)转换为X射线,X射线的波长仅取决于原子序数,遵守莫塞莱定律(Moseley's law):$\lambda = K(Z - \sigma)$,其中K和σ都是常数,Z是原子序数。向K壳层跃迁时发射的是K系谱线,其中L壳层电子向K壳层跃迁时发出的射线称为K_α线,M层电子向K层跃迁时发出的射线称K_β线(图9-4),依次类推。由于对一定种类的原子,各层能量是一定的,频率不变,具有代表原子特征的固定波长,所以称为特征X射线。特征X射线只有在达到某一加速电压时才出现,这个电压称为激发电压。例如,Cu靶为8.9 kV,工作电压通常选用30~45 kV。

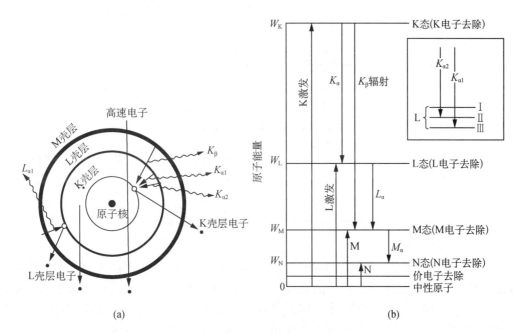

图9-3 原子的能级及特征X射线谱的发射过程示意图

特征X射线谱的产生在原理上与可见光谱完全一样,都是由受激原子跃迁到低能级时发射的。所不同的是,可见光是由原子外层电子的跃迁产生的,而特征X射线则是由原子内层电子的跃迁产生的。

2.3 X射线与物质的相互作用

X射线的频率大约是可见光的10^3倍,所以它的光子能量比可见光的光子能量大得多,表现为明显的粒子性。由于X射线具有波长短、光子能量大

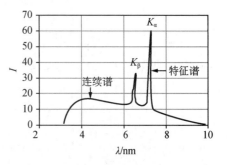

图9-4 Mo靶X射线光管产生的
特征X射线谱(39 kV)

的两个基本特性,所以,X射线光学(几何光学和物理光学)虽然具有和普通光学一样的理论基础,但两者性质却有很大区别,X射线与物质相互作用时产生的效应和可见光也迥然不同。

当 X 射线与物质相遇时,会产生一系列效应,这是 X 射线应用的基础。在一般情况下,除贯穿物质部分的光束外,射线能量的损失在于与物质作用过程之中,其中一部分可能变成次级或更高次的 X 射线,即所谓荧光 X 射线,与此同时,从物质的原子中激发出光电子或俄歇电子;另一部分消耗在 X 射线的散射之中,包括相干散射和非相干散射。此外,它还能变成热量逸出。这些过程大致上可以用图 9-5 来表示。

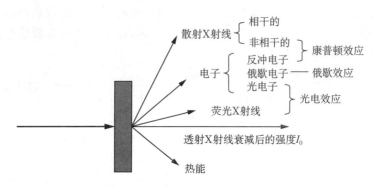

图 9-5　X 射线与物质的相互作用

在此主要介绍 X 射线散射以及 X 射线通过晶体产生的相干散射(即 X 射线衍射)。

(1) X 射线散射

沿一定方向运动的 X 射线光子流与物质的电子相互碰撞后,向周围弹射开来,这便是 X 射线的散射。散射分为波长不变的相干散射和波长改变的非相干散射。

(a) 相干散射(经典散射)

入射的 X 射线光子与原子核内部受核束缚较紧的电子(如原子内层电子)相碰撞而弹射,光子的方向改变了,但能量几乎没有损失,于是产生了波长不变的散射。由于散射波和入射波的波长相同,相位差恒定,故在相同方向上各散射波可能符合相干条件,发生干涉,故称为相干散射。相干散射是 X 射线衍射学的基础,其原理将在其后介绍。

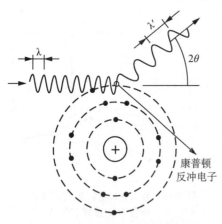

图 9-6　X 射线非相干散射示意图(λ、λ' 分别为 X 射线散射前后的波长;2θ 为散射角,即入射线与散射线之间的夹角)

(b) 非相干散射(量子散射)

X 射线与物质原子中受核束缚较小的电子或自由电子作用后,部分能量转变为电子的动能,使之成为反冲电子,X 射线偏离原来方向,能量降低,波长增加。由于散射波的位相与入射波的位相不存在固定关系,这种散射是不相干的,故称非相干散射。图 9-6 为非相干散射的原理示意图。非相干散射现象是由康普顿(A. H. Compton)发现的,故称为康普顿效应,他因此获得 1927 年度诺贝尔物理学奖。我国物理学家吴有训在康普顿效应的实验技术和理论分析等方面,也做了卓有成效的工作,因此非相干散射又称为康普顿-吴有训散射。非相干散射是不可避免的,它在晶体中不能产生衍射,但会在衍射图像中形成连续背底,不利于衍射分析。

(2) X射线衍射

衍射(Diffraction)又称为绕射,是指波遇到障碍物或小孔后通过散射继续传播的现象。衍射现象是波的特有现象,一切波都会发生衍射现象。如果采用单色平行光,则衍射后将产生干涉结果。相干波在空间某处相遇后,因位相不同,相互之间产生干涉作用,引起相互加强或减弱的物理现象。X射线衍射是X射线通过晶体产生相干散射的特殊情况,它不仅证实了X射线是一种电磁波,晶体结构是点阵结构,而且揭开了晶体结构微观测定的新篇章。

X射线入射晶体时,作用于束缚较紧的电子,电子发生晶格振动,向空间辐射与入射波频率相同的电磁波(散射波),该电子成了新的辐射源,所有电子的散射波均可看成是由原子中心发出的,这样每个原子就成了发射源,它们向空间发射与入射波频率相同的散射波,由于这些散射波的频率相同,在空间中将发生干涉,在某些固定方向得到增强或减弱甚至消失,产生衍射现象,形成了波的干涉图案,即衍射花样。当相干散射波为一系列平行波时,形成增强的必要条件是这些散射波具有相同的相位,或光程差为零或光程差为波长的整数倍。这些具有相同相位的散射线集合构成了衍射束,晶体的衍射包括衍射束在空间的方向和强度。

1912年,劳矣(M. von Laue)想到,如果晶体中原子的排列是有规则的,那么晶体可以当作是X射线的三维衍射光栅。X射线波长的数量级是 10^{-8} cm,这与固体中原子间距大致相同,经实验果然发现了X射线通过 $CuSO_4$ 晶体的衍射现象,这就是最早的X射线衍射。为了解释此衍射现象,假设晶体的空间点阵由一系列平行的原子网面组成,入射X射线为平行射线。由于相邻原子面间距与X射线的波长在同一个量级,晶体成了X射线的三维光栅,当相邻原子网面的散射线的光程差为波长的整数倍时会发生衍射现象。

1913年,布拉格父子(W. H. Bragg 和 W. L. Bragg)将晶体空间点阵结构看成一簇平面的原子点构成的阵列结构(图9-7),X射线的衍射线看作是这簇平面点阵上的反射,推导出了著名的布拉格方程即式(9-1)

$$2d_{hkl}\sin\theta = n\lambda \quad n = 1, 2, 3, \cdots \tag{9-1}$$

式中:d_{hkl} 为晶面间距;λ 为X射线的波长;θ 为掠入角或衍射半角。

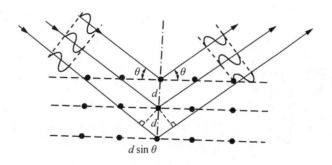

图9-7　布拉格反射的表面与内层晶面的光程差

布拉格方程解决了衍射的方向问题,即满足布拉格方程的晶面将参与衍射,得到的是衍射线的位置,但能否产生衍射花样还取决于衍射线的强度。满足布拉格方程只是发生衍射的必要条件,衍射强度不为零才是产生衍射花样的充分条件;而且,在X射线分析中,经常会涉及衍射强度的问题。例如,在进行物相定量计算分析、固溶体有序度测定、内应力以及织构测定时,都必须进行衍射强度的准确测定。

衍射的方向取决于晶系的种类和晶胞的尺寸,而原子在晶胞中的位置以及原子的种类并不影响衍射的方向,但影响衍射束的强度。因此,研究原子种类以及原子在晶胞中的排列规律需靠衍射强度理论来解决。影响衍射强度的因素较多,其中电子是 X 射线散射衍射的最基本的单元,材料的衍射强度取决于原子的种类、原子在晶胞中的排列方式以及晶胞的空间排列方式。

含 N 个晶胞的晶体散射强度可以用式(9-2)、式(9-3)表示

$$I_C = N^2 F_{hkl}^2 I_e \tag{9-2}$$

$$F_{hkl} = | F_{hkl} | \, \mathrm{e}^{i\alpha_{hkl}} \tag{9-3}$$

式中:I_C 为晶体总散射强度;N 为晶体内晶胞数量;F_{hkl} 为衍射晶面(hkl)结构因子;I_e 为单个电子散射光强;α_{hkl} 为散射线周相相差。

3　X 射线衍射（散射）实验技术

根据分类方法的不同,X 射线实验方法可以分为不同的类型:依据所测试样品的不同,可分为单晶法和多晶法;依据对 X 射线记录探测方法不同,可以分为照相法和衍射仪法。以下依据探测器的不同进行分类介绍。

3.1　照相法

照相法是用底片记录样品衍射图像的方法,分为平面底片法、圆筒底片法和德拜-谢乐(Debye-Scherrer)法(粉末法)。各种照相法都有各自的特点。

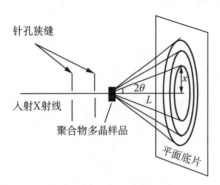

图 9-8　平面底片(平板)照相法

(1) 平面底片法

使用一定波长的 X 射线,如 CuKα 辐射,若测定的是无规多晶样品,得到的结果为许多同心圆环(图 9-8),又称为德拜-谢乐环,显然只有入射 X 射线入射到面间距为 d 的原子面网,并满足布拉格条件特定的 θ 角,才会引起 n 次反射,此时每个圆环代表一个(hkl)面,衍射圆轨迹为以入射 X 射线为轴、2θ 为半顶角的圆锥。

由图 9-8 可知

$$\theta = \frac{1}{2} \arctan\left(\frac{x}{L}\right) \tag{9-4}$$

式中:x 为衍射环半径;L 为样品至底片间的距离。

由布拉格公式得到

$$d = \frac{\lambda}{2\sin\left[\frac{1}{2}\arctan(x/L)\right]} \tag{9-5}$$

式中：d 为衍射平面的距离；λ 为入射 X 射线的波长。

如使用单轴取向样品，此时微晶 c 轴沿纤维轴方向择优取向，使用平面照相得到入射 X 射线垂直纤维轴的照片（常简称纤维图），由于样品取向，连续对称的衍射圆环在平面底片上退化为弧，随取向程度增加成为斑点[图 9-9(a)]，沿着层线排列的弧（或斑点）常常呈双曲线[图 9-9(b)]。

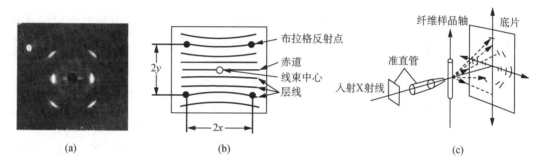

图 9-9　取向聚甲醛平板图(a)、层线示意图(b)及实验几何排布(c)

(2) 圆筒法(回转晶体法)

这是单晶结构测定的有效方法。采用一种圆筒相机，将底片沿相机壁安装，使转轴与圆筒状底片的中心轴重合，入射 X 射线垂直于转轴，在单晶不断旋转的过程中，某组晶面会于某个瞬间和入射线的夹角恰好满足布拉格方程，于是在此瞬间便产生出衍射斑点，形成如图 9-10 所示的层线。

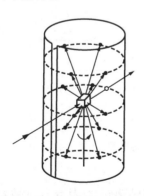

图 9-10　圆筒底片照相法

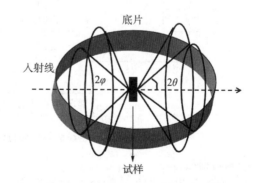

图 9-11　德拜-谢乐照相法示意图

(3) 德拜-谢乐(Debye-scherrer)法

采用德拜相机，特征 X 射线入射位于中心轴线上的样品，产生的衍射线由四周的底片进行感光记录。如图 9-11 所示，如果用单色 X 射线以掠入角 θ 照射到单晶体的一组晶面(hkl)时，在满足布拉格条件下会出现衍射斑，如果这组晶面绕入射线为旋转轴，并保持 θ 不变,则以母线衍射锥并与底片相遇产生一系列衍射环。图 9-12 为德拜-谢乐照相法底片测量示意图。

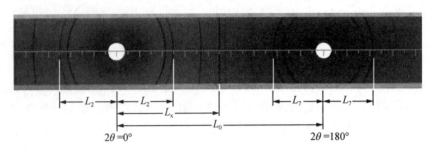

图 9-12 德拜-谢乐照相法底片测量示意图

与平板照相法相比,德拜-谢乐照相法不但能够记录透射区的衍射,而且也能记录背射区的衍射。此外,在已知圆形外壳直径下,只要知道底片上衍射环的距离,即可很方便地确定圆心角。

3.2 X 射线衍射仪法

随着科学技术的发展,各种探测器(计数法)已广泛用于 X 射线衍射实验,并替代了传统的照相法。衍射仪测量具有快速、方便、准确且易于数字化的特点。X 射线衍射仪的基本组成和原理如图 9-13 所示。

与底片记录衍射方向不同,衍射仪逐个记录 X 射线光子,将之转换成脉冲信号后,再通过电子学系统放大和甄别,把信号传输给记录仪,获得关于衍射方向和衍射强度的谱图。

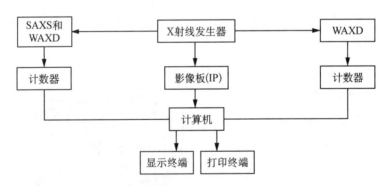

图 9-13 X 射线散射(衍射)仪的组成方框图

(1) 粉末衍射仪

实验中,光源与入射光路元件固定,探测器绕样品中心轴旋转,样品台与计数器均在零度时,入射线刚好掠过样品表面进入计数器,从而保证:样品台转到 θ 角时,计数器则恰好处于 2θ 角的位置。这样,相对于样品表面,计数器总处于入射线的反射方向上。若样品中有平行于样品照射面的晶面族,设其晶面间距为 d,那么,当样品台转到 θ 角,使得 $2d\sin\theta=n\lambda$ 时,计数器便会接收该族晶面产生的布拉格反射(衍射)。记录仪将在对应 2θ 的位置上绘出衍射峰。图 9-14 示意了几种典型的 X 射线衍射图。

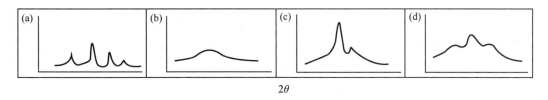

2θ

图 9-14　几种典型聚集态衍射谱图的特征示意图,(a)晶态试样,(b)固态非晶试样,(c)、(d)半晶试样

(2) 单晶四圆衍射仪

四圆衍射仪是由美国的 T. 福纳斯于 1955 年发明的,早期是用于测量蛋白质单晶的衍射强度,后来被广泛用于研究有机分子的晶体结构。四圆衍射仪使用一个计数器测量衍射光束的强度。计数器总是保持在水平面上,但可通过旋转测角头上的晶体的方位使得要测量的每一个衍射点落在水平面上。测角头与计数器的方位由$(\chi, \omega, 2\theta, \varphi)$四个欧拉角确定,故称为四圆衍射仪。四圆衍射仪有一个固定的光学中心,四个欧拉角旋转轴都相交于光学中心。所以,当晶体被精确调节在光学中心时,测量衍射强度的实验过程中的任何欧拉角旋转都不会移动晶体的空间位置,这样就保证入射 X 射线总是穿过晶体。四圆衍射仪使得"直接法"(一种由衍射强度推算相位的数学方法)在解析小分子晶体学相位问题中的应用成为可能。由于其他测量 X 射线衍射强度的探测仪的出现,如成像板、CCD(电荷耦合器件探测器,Charge Coupled Device Deterctor)等面探测仪,四圆衍射仪现已不被广泛使用,但大多数现代衍射仪都应用四圆衍射仪的设计原理。

(3) 面探测仪

面探测仪的原理如同电视摄像机或是数码照相机,不过其含有薄膜磷光材料,被 X 射线激活后,可发射可见荧光,磷光材料通过光学纤维与 CCD 芯片耦接,从而这些荧光经过电子器件快速转化成衍射强度相应的数字信号,供计算机处理。根据面探测仪所记录的数据,计算分析方法的原理与照相法一致。

3.3　样品制备

(1) 粉末样品

由于样品的颗粒度对 X 射线的衍射强度以及重现性有很大影响,因此制样方式对物相的定量分析也有较大影响。一般样品的颗粒度越大,则参与衍射的晶粒数就越少,并还会产生初级消光效应,使得强度的重现性较差。为了达到样品重现性的要求,一般要求粉体样品的颗粒度大小在 $0.1 \sim 10\ \mu m$ 范围。此外,吸收系数大的样品,参与衍射的晶粒数减少,也会使重现性变差。因此在选择参比物质时,尽可能选择结晶完好、晶粒小、吸收系数小的样品,如 MgO、Al_2O_3、SiO_2 等,一般可以采用压片、胶带黏结以及石蜡分散的方法进行制样。由于 X 射线的吸收与其质量密度有关,因此要求样品制备均匀,否则会严重影响定量结果的重现性。对于取向的样品,如需要测定取向内部结晶程度的差异,通常会将取向样品剪碎,使样品不存在宏观上的取向,除去因为取向对结晶度测试的干扰,这样才能保证实验结果真实反映样品内部结构。

（2）薄膜样品

对于薄膜样品,需要注意的是薄膜的厚度。由于 XRD 分析中 X 射线的穿透能力很强,一般在几百微米的数量级,所以适合比较厚的薄膜样品的分析。在薄膜样品制备时,要求样品具有比较大的面积,薄膜比较平整以及表面粗糙度要小,这样获得的结构才具有代表性。当然,通过一些特殊手段也可以获得有用的信息,如:把 X 射线的入射角固定在一个极小的角度上,只做检测器扫描,记录薄膜的衍射图谱,这样可充分利用样品的面积增强薄膜的衍射信号。

（3）纤维样品

对于纤维等一些取向样品,如需要测定其取向程度,通常将样品固定在样品台上,且放置时需要注意保持宏观上是相互平行的。当采用衍射仪记录结果时,通常采用专门的纤维取向测试附件进行测试。

（4）特殊样品的制备

对于样品量比较少的粉体样品,一般可采用分散在胶带纸上黏结或者分散在石蜡油中形成石蜡糊的方法进行分析。使用胶带时应注意选用本身对 X 射线不产生衍射的胶带纸。而对于液态或凝胶样品,通常采用石英毛细管等作为容器,处理结果时注意扣除容器的散射影响。

4 X-射线衍射（散射）在材料分析中的应用

X 射线可用来研究材料物相、分析晶体结构、测定蛋白质结构、透视和探测、某些器官的形态和病变观察,电子计算机已应用到 X 射线断层技术（CT）等领域,对于科学技术的发展产生了巨大而深远的影响。

材料的物相结构,依据有序程度的变化,通常可以分为如图 9-15 所示的多种类型。

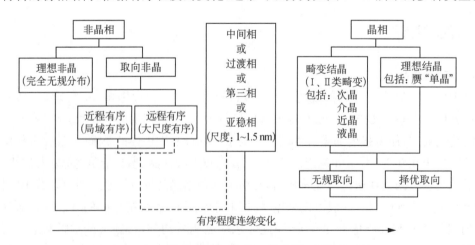

图 9-15 不同有序程度可能出现的聚集体形貌类型

X 射线衍射（散射）分析在材料科学中的应用大体可归纳为以下几个方面:

1) 物相分析:这方面的应用又可以分为定性分析和定量分析两类。定性分析是在一定范围内分析材料组成、鉴定晶态和非晶态物相;定量分析是计算各物相组成和含量,如结晶度。

2) 晶体结构确定:确定晶体的结构类型和晶胞尺寸、原子在晶胞中的位置和数量,分析晶体取向、滑移、孪生等过程。

3) 微观结构剖析:分析计算两相或多相体系中一相分散在另一相中的聚集形态、尺寸、排列堆积方式,如合金、半结晶聚合物、嵌段聚合物、乳液等。

4) 材料形态结构与性能的关系:包括材料中宏观、微观应力的测定以及成形或应用过程中性能变化与形态结构的关系。

依据 X 射线衍射(散射)理论中布拉格方程的基本原理($2d_{hkl}\sin\theta=n\lambda$),对于一定波长 λ 的 X 射线,d 和 θ 之间存在着反比关系,即衍射(散射)角越大,所能够测得的结构尺寸越小。因此,通常根据衍射(散射)角的大小区分为广角 X 射线衍射(散射)(习惯上称为衍射)(WAXD)和小角 X 射线散射(SAXS)。

4.1　广角 X 射线衍射(WAXD)

X 射线的波长与晶体的晶面间距基本上在同一数量级。因此,若把晶体的晶面间距作为光栅,用 X 射线照射晶体,就有可能产生衍射现象,并且 X 射线衍射与物质内部精细结构密切相关,这些精细结构包括晶体的结构类型、晶胞尺寸、晶格参数等,在 X 射线衍射的图谱中都有反映。因此,WAXD 是研究研究晶体结构的有效手段。

4.1.1　晶体学基础

晶体是由原子、离子或分子在三维空间周期性排列构成的固体物质。为合理简便地描述晶体中的周期性结构,将组成晶体的原子、离子或分子抽象为几何质点,这些质点的周期性排列可以用点阵来描述。被唯一一种周期性排列方式的空间点阵贯穿始终的固体称为单晶体,许多小单晶按不同方式排列聚集而成的固体称为多晶。组成晶体的原子不同规律性排列以及晶体的堆积方式都会影响材料的性能,为描述晶体的结构,晶体学家们提出了如下晶体学的基本结构参数:

(1) 晶胞

按照晶体内点阵的周期性及对称性排列,可划分出形状和大小完全相同的平行六面体,代表晶体结构的基本重复单元,称为晶胞。一般而言,晶胞的选取可以有无限种方法(且不限于平行六面体),但按晶体学规定,选取晶胞的原则为:①尽可能选取对称性高的素单位;②尽可能反映晶体内部结构的对称性;③尽可能使独立晶格的参数最少;④晶胞体积最小。描述晶胞的两个要素:一是晶胞大小和形状,它们是由晶体内部结构和晶胞参数(a、b、c、α、β、γ)所规定的,bc 之间夹角是 α, ac 之间夹角是 β, ab 之间夹角是 γ;二是晶胞内各点阵点的坐标位置,它由直角坐标参数(x, y, z)表示,由晶胞原点至该点阵点的矢量为 **r**、**x**、**y**、**z** 为该点阵点的分数坐标,**a**、**b**、**c** 为规定晶胞的基向量(图 9-16),则

$$r = xa + yb + zc \tag{9-6}$$

测定了晶胞上述两个要素后,相应的晶体空间结构即可确定。

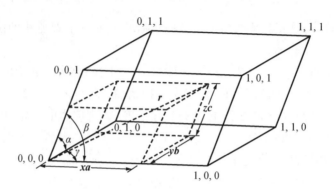

图 9-16　晶胞参数及原子分数坐标参数

(2) 晶体对称性及晶系

由于晶体具有周期性和点阵结构,无论外形(宏观)还是内部(微观)结构,都具有一定对称性。根据晶体具有的特征对称性,将晶体分成 7 种不同形状的平行六面体类型,即 7 种晶系,见表 9-1。其中,从平移对称性而言,则有 14 种平移空间点阵形式;而根据对称轴、对称面、对称中心和平移对称性这些所有的对称元素的可能性结合起来,则引申出 230 个空间群,详细内容在此不一一赘述。

表 9-1　　　　　　　　　　　　　　　晶系及其特征对称元素

晶系	晶胞参数	特征对称元素	晶胞结构图
三斜晶系	$a \neq b \neq c$　　　　　　　　$\alpha \neq \beta \neq \gamma$	无对称中心或自身	
单斜晶系	$a \neq b \neq c$　　　　　　　　$\alpha = \gamma = 90° \neq \beta$	一个二重轴或对称面	
正交晶系	$a \neq b \neq c$　　　　　　　　$\alpha = \beta = \gamma = 90°$	三个互相垂直二重轴或两个互相垂直的对称面	

续表

晶系	晶胞参数	特征对称元素	晶胞结构图
三方晶系	① $a = b = c$	三重轴或反轴	
	② 与六方晶系相同		
四方晶系	$a = b \neq c$	四重轴或反轴	
	$\alpha = \beta = \gamma = 90°$		
六方晶系	$a = b \neq c$	六重轴或反轴	
	$\alpha = \beta = 90°,\ \gamma = 120°$		
立方晶系	$a = b = c$	按立方对角线排列的四个三重轴或反轴	
	$\alpha = \beta = \gamma = 90°$		

表中的对称轴包括旋转轴、螺旋轴和反轴;对称包括镜面和滑移面。

(3) 晶面指数(hkl)

晶胞中由点阵组成的面被定义为晶面,为准确描述这种周期性的晶面方向,提出了晶面指数(又称密勒指数 Miller indices)的概念:即以晶胞基矢定义的互质整数,用以表示晶面的方向。具体方法是:①确定某平面在直角坐标系 3 个轴上的截点,并以晶格常数(a)为单位测得相应的截距,如图 9-17 所示;②取截距的倒数,然后约简为 3 个没有公约数的整数,即将其化简成最简单的整数比;③将此结果以"(hkl)"表示,即为此平面的晶面指数,如图 9-18。

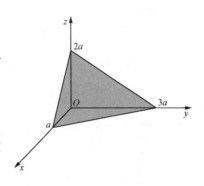

图 9-17 晶面(3, 1, 2)

(4) 晶面间距

一组晶面指数为(hkl)的平面点阵族,以等距离排列,两相邻平面间的垂直距离称平面间距或晶面间距,用 d_{hkl} 表示或用简写 d 表示。根据晶胞参数可以计算各晶面的晶面间距。例:若晶体的三个基矢互相垂直,即正交晶系,则晶面间距公式为

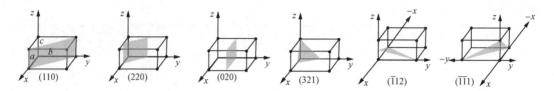

图 9-18　不同米勒指数(hkl)的晶面

$$\frac{1}{d^2} = \frac{h^2}{a^2} + \frac{k^2}{b^2} + \frac{l^2}{c^2} \tag{9-7}$$

对于四方晶系,因 $a = b$,所以

$$\frac{1}{d^2} = \frac{h^2 + k^2}{a^2} + \frac{l^2}{c^2} \tag{9-8}$$

对于立方晶系,因 $a = b = c$,所以

$$\frac{1}{d^2} = \frac{h^2 + k^2 + l^2}{a^2} \tag{9-9}$$

故将各晶系 d 值计算公式汇总如表 9-2。

表 9-2　　　　　　　　　　　不同晶系 d 值计算公式

晶系	计算公式
三斜	$\dfrac{1}{d_{hkl}^2} = \dfrac{1}{(1 + 2\cos\alpha\cos\beta\cos\gamma - \cos^2\alpha - \cos^2\beta - \cos^2\gamma)}$ $\times\left[\dfrac{h^2\sin^2\alpha}{a^2} + \dfrac{k^2\sin^2\beta}{b^2} + \dfrac{l^2\sin^2\gamma}{c^2} + \dfrac{2hk}{ab}(\cos\alpha\cos\beta - \cos\gamma)\right.$ $\left. + \dfrac{2kl}{bc}(\cos\beta\cos\gamma - \cos\alpha) + \dfrac{2hl}{ac}(\cos\gamma\cos\alpha - \cos\beta)\right]$
单斜	$\dfrac{1}{d_{hkl}^2} = \dfrac{1}{\sin^2\beta}\left(\dfrac{h^2}{a^2} + \dfrac{k^2\sin^2\beta}{b^2} + \dfrac{l^2}{c^2} - \dfrac{2hl\cos\beta}{ac}\right)$
正交	$\dfrac{1}{d_{hkl}^2} = \dfrac{h^2}{a^2} + \dfrac{k^2}{b^2} + \dfrac{l^2}{c^2}$
四方	$\dfrac{1}{d_{hkl}^2} = \dfrac{h^2 + k^2}{a^2} + \dfrac{l^2}{c^2}$
三方	$\dfrac{1}{d_{hkl}^2} = \dfrac{(h^2 + k^2 + l^2)\sin^2\alpha + 2(hk + kl + lh)(\cos^2\alpha - \cos\alpha)}{a^2(1 + 2\cos^3\alpha - 3\cos^2\alpha)}$
六方	$\dfrac{1}{d_{hkl}^2} = \dfrac{4}{3}\left(\dfrac{h^2 + hk + k^2}{a^2}\right) + \dfrac{l^2}{c^2}$
立方	$\dfrac{1}{d_{hkl}^2} = \dfrac{h^2 + k^2 + l^2}{a^2}$

4.1.2　物相分析

物相分析包括定性分析和定量分析两部分。物相分析是指确定材料由哪些相组成(物相定性分析)和确定各组成相的含量(物相定量分析),X射线衍射所能够进行的物相分析,是基于不同的物相所具有的特征衍射图来确定的。

　　X射线衍射分析是以晶体结构为基础的,每种结晶物质都有其特定的结构参数,包括点阵类型、单胞大小、单胞中原子(离子或分子)的数目及其位置等,而这些参数在X射线衍射花样中均有所反映。尽管物质的种类有千千万万,但却没有两种衍射花样完全相同的物质。某种物质的多晶体衍射线条的数目、位置以及强度,是该种物质的特征,因而可以成为鉴别物相的标志。如果将几种物质混合后摄照,则所得结果将是各单独物相衍射线条的简单叠加。根据这一原理,就有可能从混合物的衍射花样中,将各物相区分开来。

　　物相分析首先需要获得大量的标准图谱,其次是要将已知和未知图样进行比对。1938年哈那瓦特(J. D. Hanawalt)创立了卡片检索法。根据X射线衍射原理,图样上线条的位置由衍射角2θ决定,而2θ取决于波长以及面间距d,其中d是由晶体结构决定的基本量。因此,在卡片上列出一系列d及对应的强度I,就可以代替衍射图样。应用时,只需将所测图样经过简单的转换就可与标准卡片相对照,而且在摄照待测图样时不必局限于使用与制作卡片时同样的波长。如果待测图样的d及I与某标准样能很好地对应,就可认为试样的物相就是该标准物质。由于标准卡片的数量很多,对照工作必须借助索引进行。

　　随着科学技术的发展,繁琐的卡片检索工作已由计算机检索替代,如Johnson-Vand系统和Frevel系统,其中Johnson-Vand系统由于能检索全部的JCPDS-PDF卡片,所以应用较为普遍。由于物相比较复杂,单凭电脑的匹配检索往往有误检和漏检的可能,故最终结果还应经过人工审核。

　　无论何种检索方法,物相分析的基本步骤包括:(a)实验获得X射线衍射图;(b)从衍射图上测量计算出各衍射线对应的晶面间距及相对强度,或者通过计算机自动采集数据并处理,输出对应各衍射峰的d、I数值表;(c)当已知被测样品的主要化学成分时,利用字母索引查找数据库,在包含主元素的各物质中找出三强线符合的卡片号,核对全部衍射线,一旦符合,便可定性。

　　在进行物相检索时也会遇到很多困难。例如,多相混合物的图样中,属于不同相分的某些衍射线条会因面间距相近而互相重叠,致使图样中的最强线可能并非某单一相分的最强线,而是由两个或多个相分的某些次强或三强线条叠加的结果。若以这样的线条作为某物相组分的最强线条,将找不到任何对应的卡片,于是,必须重新假设和检索。比较复杂的物相分析工作,往往需经多次尝试方可成功。造成检索困难的另一原因,是待测物质图样的数据(d及I系列)存在误差。为克服这一困难,一方面要求在测取和量度数据过程中尽可能减少误差,另一方面也要求在检索时对可能的误差范围做出恰当的估计。对于高分子材料而言,目前尚缺乏系统的数据库,但可以借助文献资料进行查找。

4.1.3　晶体结构确定

　　上述根据数据库检索物相结构的方法,是基于前人已经确定的晶体结构和WAXD图进行的;对于未知晶体结构参数和原子空间排列方式的晶体,同样可以通过实验获得WAXD图,然后利用晶体学的相关知识,推演晶体结构。这项工作需要具备非常专业的晶体学基础,在此只做简要的方法学介绍,图9-19概括了利用WAXD分析晶体结构的流程。

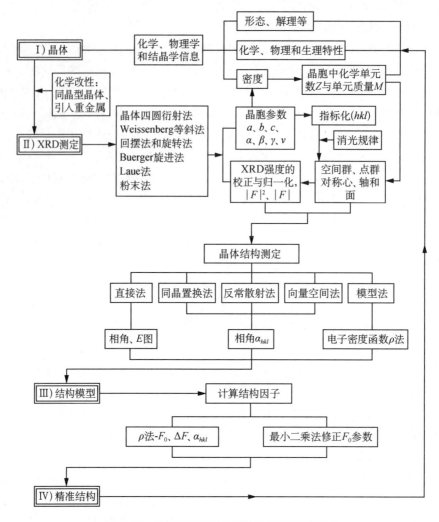

图 9-19　利用 WAXD 分析晶体结构的流程图

利用 WAXD 分析晶体结构，可以简要地概括为四大步骤：

(1) 制备样品：晶体样品可制成单晶、单轴取向的纤维晶体、双轴取向的薄膜和消取向的粉末晶体。

(2) XRD 测定：通常根据样品的特点和研究的需要可以选用单晶四圆衍射法、Weissenberg 照相法、旋转法等。从衍射图谱的分布可以推知晶体的晶胞参数(a、b、c、α、β、γ)，进而对衍射图谱作指标化(hkl)，通过指标化后图谱的消光规律就可以推测晶体所属的点群及空间群。

(3) 晶体结构模型的确定：根据晶体的空间群和晶胞参数及衍射强度获得电子密度分布，完成整个晶体结构。

(4) 晶体精准结构的确定：利用电子密度函数 ρ 法以及最小二乘法修正结构因子，从而得出最优化的精准晶体结构。其中包括精准的晶胞参数、原子坐标、电子密度分布、结构振幅等，从而获得分子的键长、键角、键型、键能以及分子构型和构象等化学信息，由此可将晶体结构与其物性(化学性质、物理性质和生理特性等)相互关联。

4.1.4 结晶度计算

很多材料的固态结构都可以用晶体和非晶体来区分,但还有一些材料是由晶区和非晶区共同组成,这就提出了结晶度的概念,它是表征材料结晶与非晶的质量分数或体积分数。不同结晶程度材料的 WAXD 图不同,如图 9-20 所示。

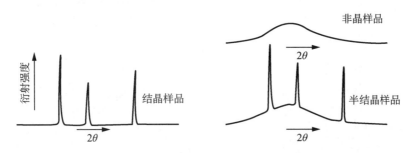

图 9-20 不同结晶程度材料的 WAXD 图

用 X 射线衍射方法测得的材料结晶度,通常用 X_c 表示,由式(9-10)求得:

$$X_c = \frac{I_c}{I_c + I_a} \times 100\%$$

(9-10)

式中:I_c 及 I_a 分别为晶区衍射和非晶区散射积分强度。

结晶度的概念并不难理解,但对于一些结晶程度不完善的材料,结晶度的计算需要正确的数据处理方法。早期文献中有多种数据处理的方法,目前广泛采用的是基于最小二乘法的计算机分峰法(Peak-resolution 或 Peak-fit)。基本步骤为:先将 WAXD 图进行各种校正(如空气散射、基线校准等),再将各个晶面(hkl)的衍射峰以及非晶散射峰用函数进行描述,根据数学上的最小二乘法进行拟合,获得各晶面以及非晶的函数曲线,进一步计算晶区和非晶区峰面积、半高宽等。分峰在数学上是一个多解问题,为获得合理的分峰计算结果,需要注意以下几个问题。

(1)基线校准:因分峰计算是基于数学上的函数表达式进行计算的,为获得计算与实验数据的吻合结果,需要将实验数据中与所测材料衍射和散射无关的数值扣除,即纵坐标相对强度最小值以零作为基准。

(2)峰函数的选择:根据衍射峰的形状,初步确定峰函数。对于因实验条件等因素引起的结晶和非晶衍射峰不对称的问题,可以选择不对称的函数(如高斯-柯西函数)进行拟合。

(3)拟合分峰问题:峰函数中的基本变量为峰高、峰位和半峰宽(组合函数中还含有组合因子项),对于确定结晶结构的 WAXD 图,其中峰位(通常用 2θ 表示)是有明确的物理意义的,即特征衍射角,所以在进行拟合计算时需要在误差范围内锁定各个特征峰的位置,通过变化峰高和半峰宽满足最小二乘法的数学原则;而半峰宽的变化通常符合沿衍射角基本不变或线性增加的规律。

图 9-21 列举了不同多晶型聚丙烯体系的 WAXD 分峰图。

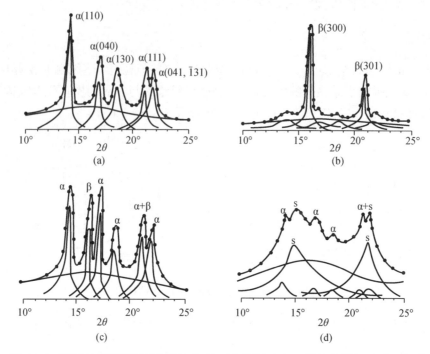

图 9-21　不同多晶型聚丙烯体系的 WAXD 分峰图：(a)α- 相＋非晶相；(b)β- 相＋非晶相；(c)α- 相＋β- 相＋非晶相；(d)α- 相＋拟六方晶相(s)＋非晶相

4.1.5　晶粒尺寸计算

在理想晶体中原子都是周期性的规则排列于点阵中，实际材料在不同加工成型条件和不同外场作用下很难形成理想的完整晶体，而只能够形成一定尺寸或分布的微晶。

对于理想各向均质的无限大的晶体，衍射峰将只在严格满足布拉格方程 $2d\sin\theta = n\lambda$ 对应的 θ 角度处出现［图 9-22(a)］；对于有限尺寸的实际晶体，因晶粒结构缺陷、晶粒尺寸的非均一性等会产生晶格畸变，则会发生偏离布拉格角的衍射现象，导致衍射峰宽化，严重的甚至会造成衍射峰的叠合［图 9-22(b)］。值得注意的是，除了材料本身的结晶结构造成的衍射峰宽化，热运动、内应力、X 射线被样品吸收等，也会使衍射峰宽化。

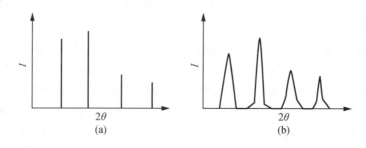

图 9-22　理想无限大晶体 X 射线衍射峰形(a)和有限尺寸晶体的 X 射线衍射峰形(b)示意图

宽化的衍射峰可以用函数进行描述，且峰宽与晶粒尺寸存在定量的关系，因此，采用近似函数法可以计算晶粒尺寸，很多学者提出了一些计算晶粒尺寸的方法。其中 Scherrer 方程是常用的一种估算方法。Sherrer 方程实质上是假定衍射峰符合 Cauchy 函数,给出了衍射峰宽度(β)和微晶尺寸(L)之间的关系:

$$L_{hkl} = \frac{k\lambda}{\beta_{hkl}\cos\theta} \tag{9-11}$$

式中:L_{hkl} 为垂直于(hkl)晶面的平均微晶尺寸(nm);λ 为入射 X 射线的波长(nm);θ 为布拉格角;β_{hkl} 为晶面衍射峰宽(用弧度表示);k 为 Scherre 形状因子,若衍射线宽取衍射峰的半高宽时,$k=0.89$ 或 0.9;若取积分线宽(β_1)时

$$\beta_1 = \frac{\int_{2\theta_1}^{2\theta_2} I(2\theta)\mathrm{d}(2\theta)}{I(2\theta_0)} \tag{9-12}$$

式中:$2\theta_2$、$2\theta_1$ 为晶面的终止、起始衍射角;θ_0 为衍射峰顶处的布拉格角,则 $k=1$。

值得指出的是,如果通过分峰法获得了各个晶面衍射峰的峰参数,积分线宽实质上就是峰面积与峰高之比(用弧度表示)。

4.1.6 晶区取向度

取向是指材料在纺丝、拉伸、压延、注塑、挤出以及在电(磁)场等作用下分子链或聚集体沿受力方向产生定向排列的现象。取向分为单轴取向(如纤维)和双轴取向(如双向拉伸膜)(图 9-23)以及空间取向,即三维取向(如厚压板)。

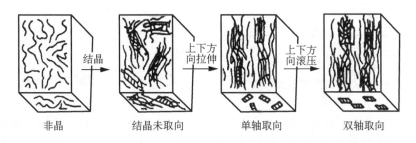

图 9-23 单轴和双轴取向示意图

对于分子链择优取向的表征,一是要确定取向单元,二是要选定参考方向。纤维状单轴取向材料,取向单元可取结晶主轴(分子链轴)或某个晶面法线方向,参考方向取外力作用方向或称纤维轴方向。双轴取向单元可取一个晶面,参考方向也可取晶体的某个晶轴或晶面。按两相模型理论,结晶聚合物包含有晶区与非晶区,所以取向分为晶区取向、非晶区取向和全取向。由于材料取向后,在平行于取向方向和垂直于取向方向上表现出不同的光学、声学以及光谱方面的性质,据此产生了不同测定取向方法,有光学双折射法、声学法、红外二色性法、X 射线衍射法和偏光荧光法等。其中,光学双折射法和声学法是基于在平行和垂直取向方向的折光指数(光学双折射法)或声波传播速度(声学法)不同而建立的测定取向的方法。这两种方法均可测定样品总的取向,即包括晶区取向和非晶区取向。然而两者又有不同,光学双折射法可较好地测定链段取向,声学法则可较好地反映整个分子链的取向。红外二色性法是根据平行和垂直取向方向具有不同的偏振光吸收原理建立的方法,它亦可测定晶区

与非晶区两部分的总取向。偏光荧光法仅反映非晶区的取向，X 射线衍射法则反映出晶区的取向。在此仅介绍 X 射线衍射法测定晶区取向，以单轴取向为例。

在 X 射线衍射图上，某个特征衍射角的 Debye 环长度或者周向衍射强度曲线的半高宽反映了某晶面的取向程度，因此常采用经验公式(9-13)计算取向度 Π：

$$\Pi = \frac{180° - H}{180°} \times 100\% \tag{9-13}$$

式中：H 为赤道线上的 Debye 环(常用最强环)的强度分布曲线的半高宽(图 9-24)。完全取向时，$H = 0°$，$\Pi = 100\%$；无规取向时，$H = 180°$，$\Pi = 0$。此法用起来很简单，但没有明确的物理意义，它不能给出晶体各晶轴对于参考方向的取向关系，只能相对比较。为此，Hermans、Stein 和 Wilchinsky 分别提出了单轴、正交和非正交晶系取向模型和计算方法。

对于单轴取向，一般采用 Hermans 提出的取向因子描述晶区分子链轴方向相对于参考方向(拉伸方向)的取向情况，如图 9-25。

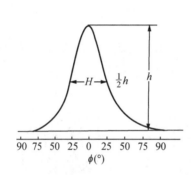

图 9-24　X 射线衍射强度曲线
半峰宽

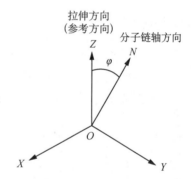

图 9-25　分子链轴与拉伸方向

Stein 的正交晶系单轴取向模型如图 9-26 所示。在单位矢量球中，OZ 为拉伸方向(参考方向)，ON 为分子链轴方向，φ 为 OZ 与 ON 两方向的夹角，称方位角(也称余纬角)，ψ 为 ON 在赤道平面 XOY 上的投影与 OY 轴间的夹角，称经度角。ON 对于 OZ 是均匀分布的，故 ON 在 OZ 方向的平均值为 $\langle \cos^2 \varphi \rangle$，在 OY 方向的平均值为 $\langle \sin^2 \varphi \cos \psi \rangle$。定义取向因子，为分子链轴方向在纤维轴方向平均值与垂直纤维轴方向平均值之差，即 $f = \langle \cos^2 \varphi \rangle - \langle \sin^2 \varphi \cos \psi \rangle$。因此，$f$ 值的大小代表了择优取向单元(N)与外力方向(Z)间的平行程度。单轴取向时，ψ 的变化域为 $[0, 2\pi]$，所以 $\langle \cos^2 \psi \rangle = 1/2$。由此，Hermans 得出取向因子 f 为

$$f = \frac{3\langle \cos^2 \varphi \rangle - 1}{2} \tag{9-14}$$

式中：$\langle \cos^2 \varphi \rangle$ 称为取向参数，由式 9-14 可知，

(1) 当无规(任意)取向时，$f = 0$，$\langle \cos^2 \varphi \rangle = 1/3$，$\theta = 54°44'$。

(2) 当理想取向(拉伸方向与分子链轴方向完全平行)时，$f = 1$，$\langle \cos^2 \varphi \rangle = 1$，$\theta = 0°$。

(3) 当螺旋取向时，$0 < f < 1$，$\langle \cos^2 \varphi \rangle = (2f + 1)/3$，$\varphi = \arccos[(2f + 1)/3]^{1/2}$。

（4）当 $ON \perp OZ$（环状取向，即拉伸方向垂直分子链轴方向）时，$f = -1/2$，$\langle \cos^2\varphi \rangle = 0$，$\varphi = 90°$。

当使用衍射仪纤维样品架测定取向函数时，符合单轴取向模型，故

$$\langle \cos^2\varphi_{hkl} \rangle = \frac{\int_0^{\pi/2} I_{hkl}(\varphi)\sin\varphi\cos^2\varphi\,\mathrm{d}\varphi}{\int_0^{\pi/2} I_{hkl}(\varphi)\sin\varphi\,\mathrm{d}\varphi} \tag{9-15}$$

式中：I_{hkl} 为 (hkl) 晶面随 φ 角变化的衍射强度（图9-26）。当采用纤维样品架做实验时，φ 角是纤维样品在测角仪上旋转的角度。

在衍射仪上求得 (hkl) 面方位角的衍射曲线，则可根据式（9-15）求得 $\langle \cos^2\varphi \rangle$ 的平均值，代入式（9-14），可求出 f。

当使用照相法测定取向函数时，

$$\langle \cos^2\varphi \rangle = \cos^2\theta\langle \sin^2\beta \rangle \tag{9-16}$$

式中：θ 为布拉格角；β 为照相底片上以赤道为起点，沿 Debye 环的方位角（图9-27）。

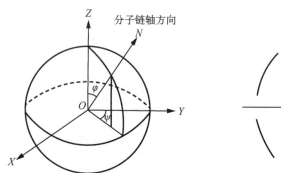

图9-26　单位取向球点阵矢量带

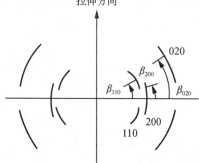

图9-27　样品成像板的 X 射线衍射图

这里

$$\langle \sin^2\beta \rangle = \frac{\int_0^{\pi/2} I(\beta)\sin^2\beta\cos\beta\,\mathrm{d}\beta}{\int_0^{\pi/2} I(\beta)\cos\beta\,\mathrm{d}\beta} \tag{9-17}$$

式中：$I(\beta)$ 为 (hkl) 晶面在 Debye 环上的衍射强度分布。由式（9-16）和式（9-17）可知，由 X 射线照相法可以求得取向因子 f

$$f = \frac{3\cos^2\theta\langle \sin^2\beta \rangle - 1}{2} \tag{9-18}$$

对于非正交晶系的单轴取向，Whlchinsky 把单轴取向正交晶系的 Stein 取向模型进行了扩展，如图9-28，得到 (hkl) 晶面的取向函数表达式

$$\langle \cos^2 \varphi_{hkl,Z} \rangle = e^2 \langle \cos^2 \varphi_{u,Z} \rangle + f^2 \langle \cos^2 \varphi_{v,Z} \rangle + g^2 \langle \cos^2 \varphi_{c,Z} \rangle + 2ef \langle \cos \varphi_{u,Z} \cos \varphi_{v,Z} \rangle$$
$$+ 2eg \langle \cos \varphi_{u,Z} \cos \varphi_{c,Z} \rangle + 2fg \langle \cos \varphi_{v,Z} \cos \varphi_{c,Z} \rangle$$

$$(9-19)$$

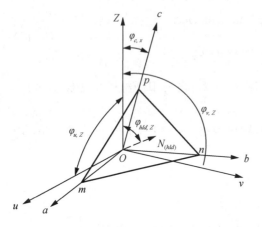

图 9-28 **Wilchinsky 非正交晶系单轴取向模型**

式(9-19)中，e、f、g 为 (hkl) 晶面法线 ON 在 u、v、c 轴向的方向余弦；其中最令人感兴趣的是 $\langle \cos^2 \varphi_{c,Z} \rangle$，即晶轴 c（分子链轴）相对于拉伸方向（纤维轴向）Z 的取向程度。式(9-19)中含有 6 个未知数，需要具备 6 个 (hkl) 晶面的数据方可求出所需结果。但是，由于 u、v、c 构成直角坐标系，故有

$$\langle \cos^2 \varphi_{u,Z} \rangle + \langle \cos^2 \varphi_{v,Z} \rangle + \langle \cos^2 \varphi_{c,Z} \rangle = 1$$

$$(9-20)$$

$$e^2 + f^2 + g^2 = 1 \qquad (9-21)$$

如此，可将 6 个未知数简化成 5 个，又因晶体存在对称轴和对称面，可大大简化运算过程。表 9-3 与表 9-4 给出了不同晶系的简化条件。式(9-19)中的 e、f、g 可由晶胞几何关系计算得出。

表 9-3   不同晶系对式(9-19)的简化

对称条件	简化结果
单斜晶系	—
$b \perp ac$ 平面	$\langle \cos \varphi_{u,Z} \cos \varphi_{v,Z} \rangle = \langle \cos \varphi_{v,Z} \cos \varphi_{c,Z} \rangle = 0$
$c \perp ab$ 平面	$\langle \cos \varphi_{v,Z} \cos \varphi_{c,Z} \rangle = \langle \cos \varphi_{c,Z} \cos \varphi_{u,Z} \rangle = 0$
正交晶系	全部交叉点乘平均值为 0
四方和六方晶系	全部交叉点乘平均值为 0，且 $\langle \cos^2 \varphi_{u,Z} \rangle = \langle \cos^2 \varphi_{v,Z} \rangle$
对 $(hk0)$ 晶面	$g = 0$
对 (001) 晶面及 $c \perp a, c \perp b$	$e = f = 0, g = 1$
对 c 轴任意	全部交叉点乘平均值为 0，且 $\langle \cos^2 \varphi_{u,Z} \rangle = \langle \cos^2 \varphi_{v,Z} \rangle$

表 9-4   确定 $\langle \cos^2 \varphi_{c,Z} \rangle$ 必需的独立晶面数

晶系	hkl	hk0	h0k	001	对 c 轴任意
三斜	5	3	5		1
单斜					
$b \perp ac$	3	2	3		1
$c \perp ab$	3	3	2	1	1

续表

晶系	hkl	hk0	h0k	00l	对 c 轴任意
正交	2	2	2	1	1
六方	1	1	1	1	1
四方	1	1	1	1	1

4.2　小角X射线散射（SAXS）

从 X 射线散射的理论——布拉格方程（$2d\sin\theta=\lambda$）可以看出，对于确定波长 λ 的 X 射线，d 和 θ 之间存在着反比关系，即 d 越大，则对应的散射角 2θ 越小。在晶体的衍射现象被发现之后，20 世纪 30 年代，科学家们在观察炭粉、纤维素、胶体等物质时发现在入射束线附近出现连续散射的现象，引起广泛关注，并逐步建立了 SAXS 的理论和方法。

4.2.1　SAXS 散射体系

SAXS 实质上是由于体系内电子云密度起伏所引起的，其研究对象远远大于原子尺寸的结构，涉及范围广泛，如微晶的堆砌、胶体、合金等。SAXS 的研究对象大致可以分为以下两大类：

（1）散射体有明确定义的颗粒：如大分子或者分散物质的小颗粒，包括聚合物溶液、生物大分子（如蛋白质）、多孔材料等，由 SAXS 可以给出明确定义粒子的几何参数，如粒子的尺寸、形状、分布等。

（2）散射体中存在亚微观尺寸上的非均匀性，如悬浮液、乳胶、纤维、合金等。这些体系微观结构复杂，其非均匀区域或微区并不是严格意义上的粒子，不能用简单粒子模型来描述。通过 SAXS 测定，可以得到微区尺寸和形状、非均匀程度、体积分数、比表面积等统计参数。

SAXS 的测试方法与 WAXD 没有本质的区别，如图 9-29 所示，其区别在于样品与接收器之间的距离变化导致所接收到的散射信息的变化。

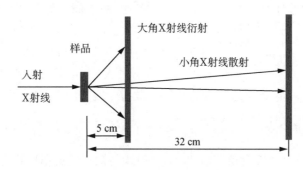

图 9-29　WAXD 与 SAXS 的实验方法比较

实验证明，不同的体系会产生不同的 SAXS 花样或强度分布，这与散射体的形状、大小、分布以及周围介质电子云密度差有关。几种典型的散射体系如图 9-30 所示，可分为稀疏体

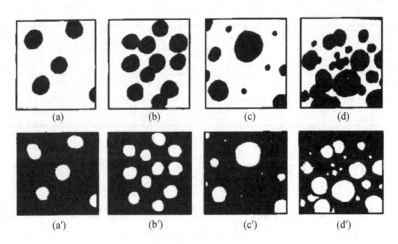

图 9-30　产生小角散射典型散射体系

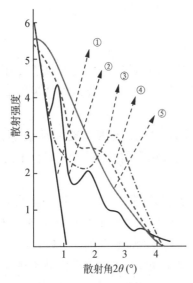

图 9-31　典型的 SAXS 曲线：①稀薄体系理想散射，②稀薄体系多层次结构，③和④稠密体系的长周期，⑤稠密多分散性体系

系和稠密体系。图 9-30(a)是粒子形状相同、大小均一、稀疏分散、随机取向的稀疏体系。在该体系中，每个粒子均具有均匀的电子密度，且各粒子的电子密度均相同；同时，粒子本身尺寸与粒子间距离相比要小得多，故可以忽略粒子间的相互作用，整个体系的散射强度为每个粒子散射强度的简单加和。图 9-30(b)是粒子形状相同、大小均一、各粒子均具有相同的电子密度且随机取向的稠密体系。粒子本身尺寸与粒子间距离可比，故不能忽略粒子间的相互作用。整个体系的散射强度为各粒子本身的散射强度与粒子间散射干涉作用的加和。图 9-30(c)是粒子形状相同、大小不均一的稀疏体系，各粒子随机取向且具有相同的电子密度，粒子尺寸与粒间距离相比要小得多，故粒间的干涉作用可忽略。图 9-30(d)是粒子形状相同、大小不均一的稠密体系，与图 9-30(c)的不同之处在于粒间的干涉作用不能忽略。图 9-30(a′)~(d′)是它们的互补体系，它们的小角 X 射线散射效果是相同的，即在 SAXS 散射体系中，孔洞(微孔)与其大小、形状和分布相同的实粒子，具有

同样的散射花样。由上述体系所产生的 SAXS 散射曲线如图 9-31 所示。

4.2.2　SAXS 数据分析

通常在 X 射线散射中散射角记为 2θ，即入射线与散射线或衍射线之间的夹角。但由于文献中对于 SAXS 散射角参数的表达不完全一致，通常使用 s、q(或 h)来表示，它们与 θ 之间的数学关系式见式(9-22)和式(9-23)。可以看出，s、q 的单位都是长度单位的倒数，这给计算粒子尺寸带来很大方便。

$$s = 2\sin\theta/\lambda \approx 2\theta/\lambda \qquad\qquad (9-22)$$

$$q = 4\pi\sin\theta/\lambda \approx 4\pi\theta/\lambda \qquad\qquad (9-23)$$

对于不同的散射体系,其数据分析的理论依据各不相同。

(1) 粒子形状相同、大小均一的稀疏体系

对于具有形状相同、大小均一的稀疏体系,两相有分明的相界面,Guinier 等经典理论推导得出散射强度与散射角之间的关系

$$I(s) = I_e n^2 N \exp(-s^2 R_g^2/3) \qquad\qquad (9-24)$$

式中:I_e 为单个电子散射强度;N 为散射粒子数;n 为单个粒子中电子总数;R_g 为粒子的旋转半径。

取对数,则有

$$\ln I(s) = \ln I_0 - \frac{1}{3}R_g^2 s^2 \qquad\qquad (9-25)$$

式中:$I_0 = I_e n^2 N$。

对实际的体系,当严格服从 Guinier 定律时,Guinier 定律示于图 9-32,式(9-25)表明 $\ln I(s)$ 对 s^2 在一个广泛的角度范围内是一条纵轴截距为 I_0、斜率为 $-\frac{1}{3}R_g^2$ 的直线,由直线斜率可获得回转半径。某些具有简单规律形状的粒子,其几何形状粒子、形状参数与回转半径 R_g 的关系列于表 9-5 之中。

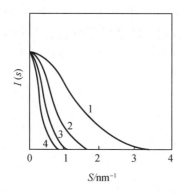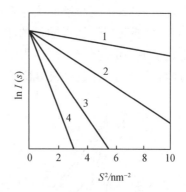

图 9-32   Guinier 定律示意图(图中所示数字为四种粒子尺寸之比)

总之,在不作有关粒子形状等假设的前提下,SAXS 能够得到惟一精确参数就是均方旋转半径 R_g^2。

可以证明实心圆球粒子的旋转半径 R_g 最小,其他形状粒子的 R_g 均较之为大,所以引入一参数 f_a,为实测 R_{exp} 与 R_g 之比

$$f_a = R_{exp}/R_g \qquad\qquad (9-26)$$

f_a 值愈大,则粒子形状的各向异性就愈大。

表 9-5   粒子形状参数与其旋转半径的关系

粒子几何形状及其参数	R_g^2
双轴椭球，半轴为 a 与 b	$\frac{1}{4}(a^2+b^2)$
圆球，半径 r	$\frac{3}{5}r^2$
空心圆球，内外半径为 r_2 与 r_1	$\frac{3}{5}\frac{(r_1^5-r_2^5)}{(r_1^3-r_2^3)}$
三轴椭球，半轴为 a、b 与 c	$\frac{1}{5}(a^2+b^2+c^2)$
棱柱，边为 A、B 与 C	$\frac{1}{12}(A^2+B^2+C^2)$
椭圆柱，高 h，半轴为 a 与 b	$\frac{1}{4}(a^2+b^2+\frac{1}{3}h^2)$
棱柱和椭圆柱，长为 h，基面的旋转半径为 R_q	$R_q^2+\frac{1}{12}h^2$
空心圆柱，高为 h，内外半径为 r_2 与 r_1	$\frac{1}{2}(r_1^2-r_2^2)+\frac{1}{12}h^2$

(2) 粒子形状相同、大小不均一的稀疏体系

    一般而言，由 SAXS 区别粒子形状与分布是存在困难的，但若假定粒子形状是相同的，即使大小不均一，只要两相依然有明显的相界面，它们的散射依然符合 Guinier 定律，只是粒子的旋转半径呈现一定的分布状态。因此，有研究者提出应用逐级切线法（图 9-33）粗略求得各个级分的粒子大小，并最终获得粒子大小的分布。

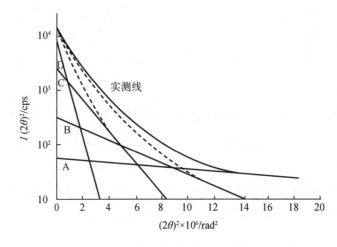

图 9-33　Jellinek 逐级切线法求粒径分布示意图

(3) 两相间存在过渡层的体系

对于边界分明的两相体系来说，Porod 定律指出

$$\lim_{s\to\infty} I(s) = c/s^4 \tag{9-27}$$

其中 c 为常数。但在高分子分散系中，两相之间总存在一个两相过渡的界面层（图 9-34），于是 Porod 定律就应作如下近似修正：

$$\lim_{s\to\infty} I(s) \approx \frac{c}{s^4}(1 - 4\pi^2\sigma_b^2 s^2) \tag{9-28}$$

式中 σ_b 即为过渡层的厚度，从 $s^4 \cdot I(s)$ 与 s^2 的关系曲线图的截距和斜率即可求得 σ_b（图 9-35）。

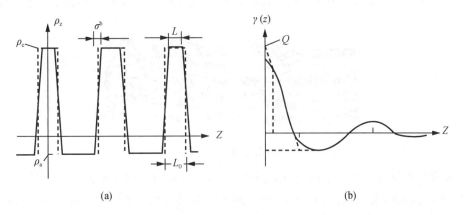

图 9-34　(a)两相体系一维(Z)的电子密度分布 $\rho(z)$；(b)对应的相关函数 $\gamma(z)$

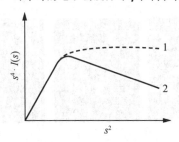

图 9-35　Porod 定律及其修正方程的图示

同时，为研究两相的相关性，Debye 等人引入相关函数的概念，用以作为两相相关程度的参数，Porod 则称之为特征函数，定义为

$$\gamma(r) = \frac{\langle(\Delta\rho_1) \cdot (\Delta\rho_2)\rangle}{\Delta\rho_2^2} \tag{9-29}$$

式中 $(\Delta\rho)_1$ 与 $(\Delta\rho)_2$ 为物系中相距为 r 处两点的电子密度与平均电子密度之差。若 $r=0$，则 $(\Delta\rho_1) = (\Delta\rho_2) = (\Delta\rho)$，此时 $\gamma(0) = 1$；而 $\Delta\rho = \rho - \langle\rho\rangle$，$\langle(\Delta\rho)^2\rangle$ 即为电子密度的均方涨落，Debye 对物系体积为 V 的球粒子散射与 $\gamma(r)$ 得出的关系如下

$$I(s) = 4\pi \langle (\Delta\rho)^2 \rangle \cdot V \int_0^\infty \gamma(r) \cdot r^2 \frac{\sin sr}{sr} \mathrm{d}r \qquad (9\text{-}30)$$

从式(9-30)可见,对密度完全均一的体系,$\langle(\Delta\rho)^2\rangle=0$,则无散射可言。这一散射来自 $\langle(\Delta\rho)^2\rangle$ 的原理完全适用于其他任何物系。$\gamma(r)$ 函数在 $r=0$ 近程具有相关性;而当 r 增大至远程时,电子密度趋于平均值$\langle\rho\rangle$,故 $(\Delta\rho)$ 渐趋于零,即 $\gamma(r)$ 亦趋于零。因此,可以由之得出相关长度$\langle l_c \rangle$,其意义是当 r 远大于$\langle l_c \rangle$后,$\gamma(r)$ 相关性消失。

(4) 稠密体系

当体系中分散相的堆积足够紧密时,各个粒子之间的干涉就不能够简单忽略;但稠密体系由于粒子形态、大小各不相同,且存在一定的分布,如纤维、薄膜等,微观结构往往呈现多级、多层次并可能沿特定方向有序排列的复杂特征,如图 9-36 所示。要精确测量并计算出所有的形态结构参数是非常困难的。因此,仅有研究者对较少数的实例提出了相应的计算理论。

图 9-36　不同取向程度的稠密体系结构示意图

稠密体系不仅可以产生不同的 SAXS 散射强度,而且会产生不同的 SAXS 散射花样,如图 9-37 所示的几种典型材料的 SAXS 图。而不同类型的 SAXS 图对应着不同的微观结构,如表 9-6 所示。

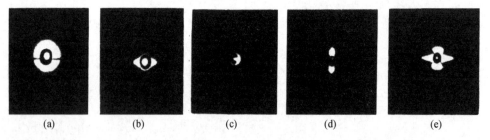

| (a) | (b) | (c) | (d) | (e) |

图 9-37　典型的 SAXS 花样:(a)无取向聚合物;(b)取向纤维;(c)经退火的无取向尼龙 610;(d)取向无支化聚乙烯,在子午线方向存在二级散射;(e)取向聚乙烯,具有弥散散射及分立散射

表 9-6　　　　　　　　　　　　　　　SAXS 长周期的典型图表

SAXS 典型图与相应织构示意图	说明
(I) ⊙ (a) (b)	（Ⅰ）环形散射 晶粒系呈统计随机的球对称分布 （a）球晶 （b）消取向片晶堆砌可获得大范围的径向分布函数

续表

SAXS 典型图与相应织构示意图	说明
(Ⅱ)	（Ⅱ）椭圆形散射 晶粒系呈统计圆柱对称分布 例如:形变球晶,晶片堆砌呈圆柱对称取向,通常出现在拉伸与压缩的中间阶段,可获得大范围的圆柱分布函数
(Ⅲ)	（Ⅲ）层线性散射 (a) 堆砌的片晶层 (b) 大量片晶呈宽阔的铺展
(Ⅳ)	（Ⅳ）不对称两点型散射 (a) 片晶沿纤维轴作倾斜堆砌 (b) 见诸于拉伸纤维的细颈部分或经不同方向相继拉伸的薄膜
(Ⅴ)	（Ⅴ）四点型散射 (a) 四点两两持平或呈上下凹型弯曲分布,属（Ⅳ）类中(a)的镜面对称堆砌 (b) 四点呈上、下凸型弯曲分布,属Ⅱ型中圆柱对称分布在两个方向上择优分布,导致出现四个极大散射 (c) 四点的连线呈斜交分布 例如双重取向的结构,属Ⅱ型散射的交盖重叠

从二维的 SAXS 散射图上,可以获得取向样品的更为丰富的微观结构参数。

体系中不同电子云密度的微区沿特定的方向呈周期性的规则分布可以反映在 SAXS 曲线(图 9-38)或二维图(图 9-39)上。

长周期 L 和散射级数 n 可以依据布拉格方程计算,当 $\theta \to 0$ 时,$2\sin\theta \approx 2\theta$,故

$$2\theta L = n\lambda \tag{9-31}$$

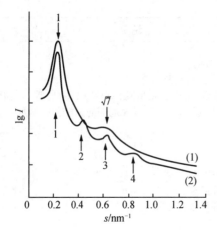

图 9-38 嵌段共聚物与均聚物共混时的 SR-SAXS
(1) PTHF-b-PMMA(30% PTHF)+PTHF(20%)
峰位比：S1：S2：S3：S4＝1：2：
3：4；
(2) PTHF-b-PMMA(30% PTHF)+PTHF(30%)
峰位比：S1：S2：S3＝1：2：3

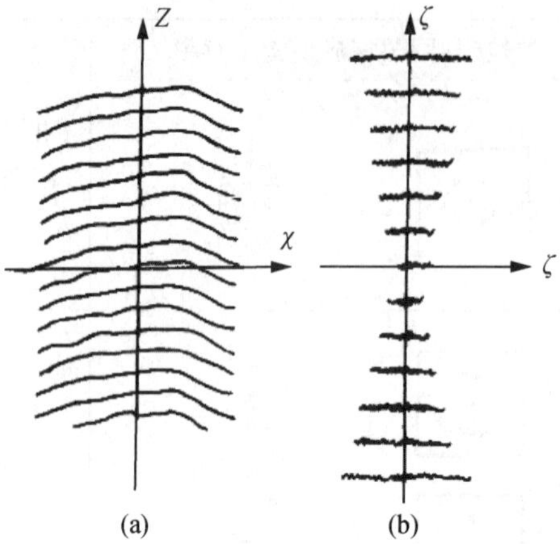

图 9-39 （a）散射体呈近似弧形堆砌；
（b）由(a)产生相应的扇形 SAXS
长周期示意图

图 9-40 为一个典型的 SAXS 多级散射图，由散射强度曲线可以确定长周期和散射级数。以图 9-41 为例，也可以基于相关函数法求取 SAXS 的相关参数。从自相关峰的峰宽可求得银纹质平均直径$\langle D \rangle$；从次级极大可求得银纹质间平均距离$\langle L \rangle$。

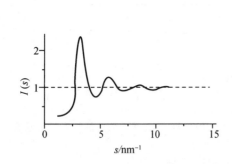

图 9-40 SAXS 多级散射举例

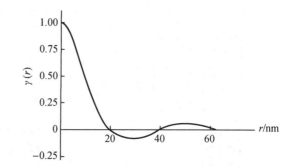

图 9-41 PC 128 ℃时银纹的 $\gamma(r) \sim r$ 图

(5) 取向的纤维样品

取向的纤维样品除了结晶和晶区取向等能够产生 X 射线广角衍射的特征外，还存在着丰富的 0.1～1.0 μm 尺度的微观形态结构(图 9-42)，可以在 X 射线小角的区域产生散射(图 9-43)，产生这些散射的微观结构包括微纤、微孔、晶体的堆积、无定形区的堆积等。

很显然，纤维样品为典型的多分散稠密体系，同时具有取向、相界面不分明等特征，若想获得每一相精确的结构参数是不可能的。但是很多研究表明，纤维在小角区域的散射特征与纤维的结构密切相关。因此，很多学者在 SAXS 理论的基础上，结合纤维的实际结构特点，发展了分析纤维 SAXS 结果的半经验计算方法。

由图 9-44(a)和(b)可以看出，纤维样品的 SAXS 图的共同特征是：在赤道线上形成拉长的散射条纹,而在子午线方向呈现或宽或窄的层状散射。很多研究都证实了赤道线上的散射是由取向的微纤或微孔产生的,但 SAXS 数据很难区分微孔和微纤的散射,一般需要通过电镜、密度法等进行验证说明引起赤道上散射的主要散射源;而子午线方向的层状散射则是由晶区和非晶区的周期性堆积结构产生的,层线的高低与长周期的大小有关,而出现两点或四点不同的模式则与这些堆积结构的取向程度和堆积模式有关。在此介绍几个重要参数的计算方法。

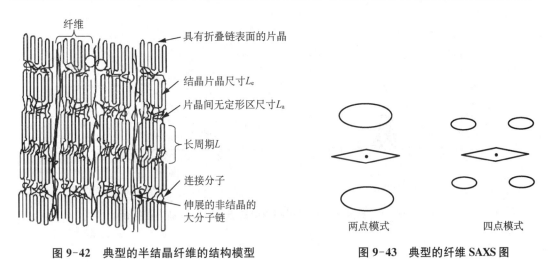

图 9-42 典型的半结晶纤维的结构模型   图 9-43 典型的纤维 SAXS 图

（a）微纤（或微孔）尺寸和取向

经过拉伸产生单轴取向的纤维,其微孔或微纤一般可以用"针状"或棒状模型来描述,如图 9-44(a)所示。

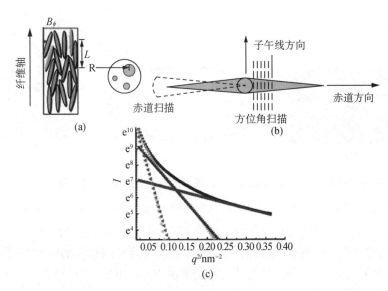

图 9-44   (a) 纤维中取向的微纤或微孔示意图;(b) SAXS 赤道方向散射数据处理示
意图;(c) 沿赤道线方向扫描获得的强度分布并采用多级逐级切线法拟合

由图 9-44(c)逐级切线法计算各级散射体的直径。沿着纤维轴取向的原纤和微孔的平均长度(l)与取向偏离角(B_φ)可以根据 Ruland 方法即式(9-32)进行计算。对扣除空气散射二维 SAXS 图,对赤道方向的散射沿平行于子午线方向进行扫描(图 9-45),获得一系列不同散射矢量 s 对应的方位角扫描曲线,并计算每条方位角扫描曲线的半高宽 B_{obs}(用弧度表示)。可以采用 Cauchy-Cauchy 公式对角宽度(B_{obs})和每个方位角对应的散射矢量 s 进行线性拟合,根据拟合直线的斜率和截距,计算纤维内部散射体的长度(l_f)及取向偏离程度(B_φ)。

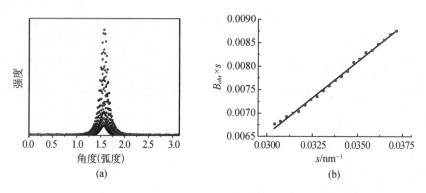

图 9-45　(a)赤道线方向散射的周向扫描;(b)Ruland 方程拟合

$$sB_{obs}=\frac{1}{l_f}+sB_\varphi \tag{9-32}$$

式中:s 为散射矢量($s=2\sin\theta/\lambda$);l_f 为微纤的长度;B_ϕ 为取向偏离角;B_{obs} 为沿赤道线方向方位角扫描曲线的半高宽。

（b）晶区和非晶区堆积尺寸和取向

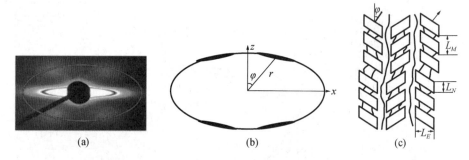

图 9-46　SAXS 的四点散射模式(a),片晶散射的椭圆模型(b)和片晶结构模型(c)

除了赤道线上的散射,当纤维 SAXS 二维图出现如图 9-46(a)所示的子午线方向的散射,表明纤维内部出现周期性的片晶结构。两点模式说明片晶表面的法线与纤维轴方向一致;四点模式通常是在片晶堆叠中片晶折叠面的斜面产生子午线以外的散射点,即片晶表面的法线与纤维轴倾斜,这种片晶层的散射轨迹符合椭圆方程,如图 9-46(b)所示。利用椭圆方程与倒易空间关系,根据式(9-33)～式(9-36)进行计算,获得如图 9-46(c)所示的结构参数。

$$L_\varphi^2=L_M^2+L_E^2\tan^2\varphi \tag{9-33}$$

$$\tan\varphi=\frac{x}{z},\ L_\varphi=\frac{C\lambda}{z} \tag{9-34}$$

$$L_N = \frac{1}{s} = \frac{C\lambda}{\sqrt{x^2 + z^2}} \tag{9-35}$$

$$s = \frac{2\sin\theta}{\lambda}, \ r = \sqrt{x^2 + z^2} \tag{9-36}$$

式中:λ 是波长;C 为样品到探测器的距离;L_M 是片晶沿纤维轴方向堆叠的重复距离(即长周期);L_N 是片晶的厚度;L_E 是片晶的直径。由片晶散射峰的最大值可得到倾斜角 φ。由每个横坐标的 x 值以及对应的片晶散射的 z 值,可以分析最大峰值的轨迹。由 $L\varphi^2$ 对 $\tan^2\varphi$ 作图可拟合得到一条直线,其斜率为 L_E^2,截距为 L_M^2。

5 X射线新技术发展

5.1 掠入射

1923 年,Compton 首先报道了当 X 射线以很小角度入射到具有理想光滑平整表面的样品上时,可以出现全反射(也称镜面反射)现象。入射 X 射线在样品上产生全反射的条件是掠入射角(Grazing incidence angle) $\alpha_i < \alpha_c$(α_c 为临界角)。由于照射到样品上的入射角很小,几乎与样品表面平行,因此人们也将 X 射线全反射实验称为掠入射衍射(GID)实验。当 X 射线以临界角 α_c 入射到样品上时,射线穿透样品深度仅为纳米级,可以测定样品表面的结构信息;由于常规的 X 射线衍射入射到样品表面的角度较大,大部分射线透射到样品中的深度也较大,是布拉格反射,而表面或近表面的 X 射线衍射强度则很弱,不能给出样品表面或近表面的结构信息,如纳米薄膜等。

掠入射可分为共面对称耦合、共面非对称耦合和非共面非对称耦合。共面对称耦合是指入射线和散射线都与样品表面形成掠射角,并且相等,散射线与入射线以及样品表面法线共平面;共面非对称耦合是指入射线与样品表面形成掠射角,出射线则在广角范围的布拉格角位置,散射线与入射线及样品表面法线共平面,又称面外掠入射散射;非共面非对称耦合是指入射线与样品表面形成掠射角,出射线则在广角范围的布拉格角位置,但散射线与入射线及样品表面共平面或存在一定夹角,当散射线与入射线及样品表面共平面时又称为面内掠入射散射。

将 X 射线全反射与高分辨电子显微镜(HREM)、原子力显微镜(AFM)、扫描隧道显微镜(STM)、变角光谱椭圆仪(VASE)等相结合,用于探求表面和界面在实空间和倒易空间的结构信息,大大推动了材料表面科学的发展。

5.2 同步辐射技术

高速带电粒子在磁场中做曲线运动时会释放出电磁辐射,由于这种辐射是在同步加速器上第一次观察到的,因此,这种辐射被称为同步加速器辐射,也就是人们通常所说的同步辐射。同步辐射加速器可以产生波长范围从 0.01 nm 到 0.01 mm 的电磁波,跨越硬 X 射线、软 X 射线、紫外线、可见光和微波等多个区域,可以进行单色化,用作标准光源,其中 X 射线仅仅是其中的一段区域电磁波。

与普通的 X 射线相比,同步辐射 X 射线有着众多的优点:

(1)高亮度:与一般的 X 射线相比,同步辐射光源亮度要高出一般光源几个数量级,而第三代光源由于使用各种插件,其亮度比一般光源要高十几个数量级。

(2)偏振性好:在高能运动电子方向上,同步辐射的瞬时偏振可达 100%。

(3)准直性好:同步辐射 X 射线有着天然的准直性和低发散度,这使得其源尺寸非常小。同步辐射光束的平行性可以与激光束相媲美,能量越高,光束的平行性越好。

根据实验方法的不同,主要包括同步辐射 X 射线吸收谱(XANES 和 EXAFS)、同步辐射 X 射线光电子能谱(PES)、同步辐射 X 射线小角散射(SAXS)和掠入射小角散射(GISAXS)、同步辐射 X 射线反射(XRR)、同步辐射 X 射线衍射(XRD)和掠入射衍射(GIXRD)、同步辐射 X 射线形貌术(XRT)、同步辐射 X 射线荧光分析(XRF)、同步辐射 X 射线真空紫外谱和磁圆二色。

5.3 小角中子散射(SANS)

上述介绍的实验方法和应用都是基于入射源为 X 射线的,若将入射源改为中子源,其原理同样符合散射原理,这就是中子散射。SAXS 是样品的核外电子的散射,而 SANS 由于中子不带电,当中子打到样品上时,中子与核外电子几乎不发生作用,没有散射出现,而是中子与原子核作用产生的散射。由于散射源不同,因此对所研究体系结构的表征不同。对于氢原子由于核外电子数少,其对 X 射线的散射能力极差;相反,由于中子的散射能力取决于元素的原子核裂变,与核外电子的变迁无关,因此,即便是对氢原子,它也是中子的较好散射源。由此可知,中子散射对不同同位素的散射能力不同,利用标记法研究同位素具有重要意义。

附件:应用实例

例 1 已知部分结果的物相鉴定

Al-TiO$_2$ 体系的物相分析。采用 Al 粉和 TiO$_2$ 粉,按化学计量混合、烧结、热爆反应后冷却,取样进行 XRD 试验。辐射源:CuKα;扫描范围:20°~90°;扫描速度:4°/min;管流:15 mA;管压:30 kV;滤片:Ni。衍射结果如图 9-S1 和表 9-S1 所示。

表 9-S1　　　　　　　　　　　　　Al-TiO$_2$ 体系的 X 射线衍射结果

序号	d/nm	I/I_0	序号	d/nm	I/I_0
1	0.431	11	6	0.238	9
2	0.352 1	10	7	0.230 3	18
3	0.347 9	11	8	0.215 3	100
4	0.272 3	4	9	0.280 5	15
5	0.255 3	17	10	0.192 6	5

续表

序号	d/nm	I/I_0	序号	d/nm	I/I_0
11	0.174 1	8	15	0.151	3
12	0.168 9	4	16	0.143 6	10
13	0.160 1	14	17	0.140 4	6
14	0.157 3	4	18	0.137 4	7

过程分析:由已知条件可知,反应体系为 Al-TiO$_2$,由热力学知识可知,该体系进行的热爆反应为强放热反应,反应的可能产物为 Al$_2$O$_3$ 和金属间化合物 Al$_X$Ti$_Y$,而 Al$_2$O$_3$ 结构有多种如 α、β、γ、η 等,但其中最为稳定的为 α-Al$_2$O$_3$,同时 Al$_X$Ti$_Y$ 也有多种形式,由热力学分析可知,Al$_3$Ti 存在的可能性较大,为此,试探性地认为反应结果由 α-Al$_2$O$_3$ 和 Al$_3$Ti 两相组成,由字母索引法分别找到 α-Al$_2$O$_3$ 和 Al$_3$Ti 两相的 PDF 卡片,分别对照所测数据,发现所测数据就是由这两个相所对应的数据组成的,没有剩余峰存在,由此可以判定反应结果为 α-Al$_2$O$_3$ 和 Al$_3$Ti 两相。并分别用字母 a 和 b 表示,表征结果见图 9-S1。

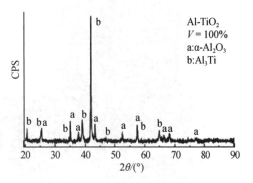

图 9-S1 Al-TiO$_2$ 系热爆反应结果的 XRD 曲线

在实际的物相定性分析过程中,经常使用 Jade 软件进行分析,主要功能有物相检索、结构精修、晶粒大小和微观应变计算等。利用 Jade 软件处理数据的步骤如下:

1) 将实验得到的后缀为 *.raw 格式的文件拖入 Jade 软件中,如图 9-S2。

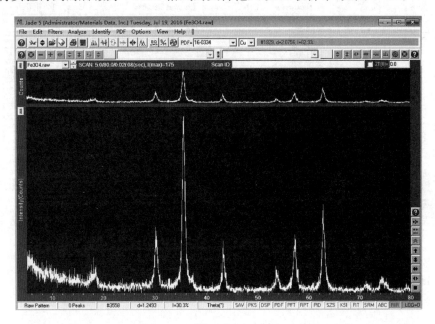

图 9-S2

2）找对应的标准卡片，单击"光盘"选项，如图 9-S3。

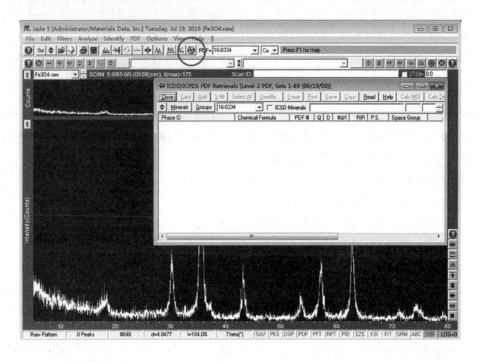

图 9-S3

3）在可能含有或者一定含有的元素上面，用鼠标点击，点击一次，表示可能含有的元素；点击两次，表示一定含有的元素，如图 9-S4；

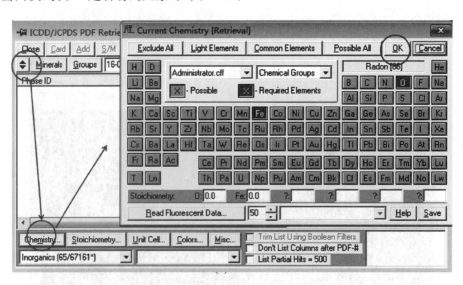

图 9-S4

4）出现所选定的元素的各种化学组成的 JCPDS 卡片，如图 9-S5。

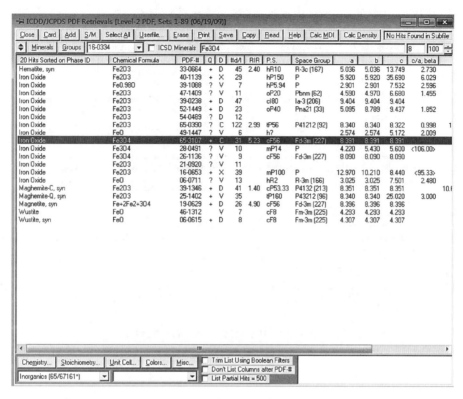

图 9-S5

5) 逐个对比,选择对应的 JCPDS 卡片,如图 9-S6。

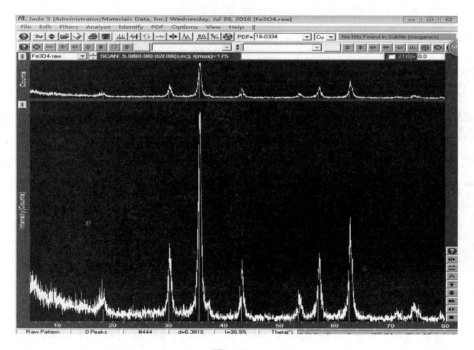

图 9-S6

6）双击 JCPDS 卡片，即可导出卡片，选择 Txt 格式，如图 9-S7。

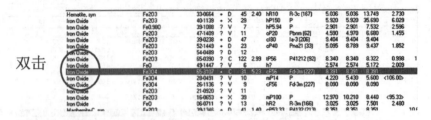

双击

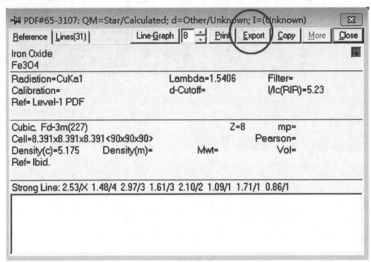

图 9-S7

例 2 由 WAXD 计算材料结晶结构参数（PET 纤维）

（a）结晶度及晶粒尺寸

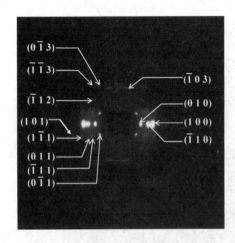

图 9-S8 PET 纤维的二维 WAXD 图

根据 WAXD 数据记录的方法可以分为一维图和二维图，对于取向的纤维材料，一维图只能够计算结晶度和晶粒尺寸，而计算晶区取向度需要纤维附件另外测定计算。而如图 9-S8 所示的二维图就可以同时获得多种结晶结构参数。

聚对苯二甲酸乙二醇酯（PET）的结晶结构为三斜晶系，一个晶胞包含一根分子链，文献中普遍采用的晶胞参数 $a = 0.456$ nm，$b = 0.594$ nm，$c = 1.075$ nm，$\alpha = 98.5°$，$\beta = 118°$，$\gamma = 112°$。各晶面指数如图 9-S8 所示。

采用数据处理软件，对二维图进行积分，获得如图 9-S9 所示的一维曲线，然后根据晶面所对应的衍射角（2θ）以及无定形散射峰的位置（$2\theta = 15°$左右，入射 X 射线波长为 0.124 nm），采用最小二乘法进行拟合分峰，将相互重叠的峰区分开来，获得各个峰的峰面积、积分线宽，用于结晶度和晶粒尺寸的计算。

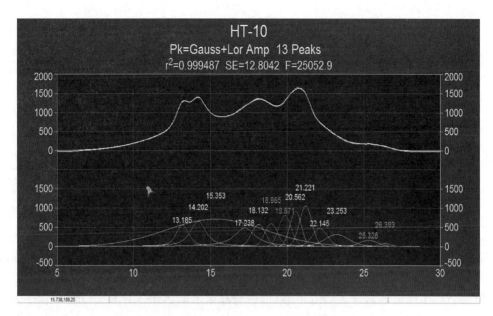

图 9-S9　PET 纤维的 WAXD 分峰图

（b）晶区取向度

对于单轴取向的纤维样品，晶区取向因子（f_c）按式（9-S1）计算

$$f_c = \frac{(3\langle \cos^2 \varphi_{c,z} \rangle - 1)}{2} \tag{9-S1}$$

式中：f_c 为晶区取向因子；$\langle \cos^2 \varphi_{c,z} \rangle$ 为取向函数，即 $\varphi_{c,z}$ 为晶轴 c（分子链轴）与拉伸方向 z 之间的夹角 $\varphi_{c,z}$ 余弦的平均值。由于 PET 为三斜晶系，根据简化原则，可取赤道线上衍射强度较高的（010）与（100）晶面计算取向函数 $\langle \cos^2 \varphi_{c,z} \rangle$，如式（9-S2）

$$\langle \cos^2 \varphi_{c,z} \rangle = 1 - \langle \cos^2 \varphi_{010,z} \rangle - \langle \cos^2 \varphi_{100,z} \rangle \tag{9-S2}$$

其中

$$\langle \cos^2 \varphi_{010,z} \rangle = \frac{\int_0^{\frac{\pi}{2}} I(\beta)_{010} \cos^2 \theta_{010} \sin^2 \beta_{010} \cos \beta_{010} \, \mathrm{d}\beta_{010}}{\int_0^{\frac{\pi}{2}} I(\beta)_{010} \cos \beta_{010} \, \mathrm{d}\beta_{010}} \tag{9-S3}$$

$$\langle \cos^2 \varphi_{100,z} \rangle = \frac{\int_0^{\frac{\pi}{2}} I(\beta)_{100} \cos^2 \theta_{100} \sin^2 \beta_{100} \cos \beta_{100} \, \mathrm{d}\beta_{100}}{\int_0^{\frac{\pi}{2}} I(\beta)_{100} \cos \beta_{100} \, \mathrm{d}\beta_{100}} \tag{9-S4}$$

式中：2θ 为布拉格散射角；β 为以赤道线为起点，沿 Debye 环的方位角；$I(\beta)$ 为沿 Debye 环的方位角扫描强度，如图 9-S10 所示。

由于背景或者空气的影响，在对选定晶面进行方位角扫描时，比如 PET 的 010 晶面，除

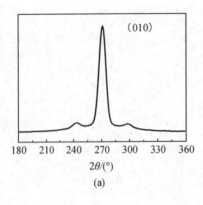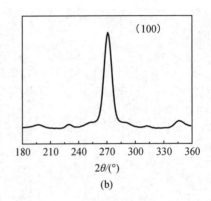

(a)　　　　　　　　　　　　(b)

图 9-S10　PET 纤维(010)和(100)晶面的方位角扫描曲线

了在方位角为 270°时出现一个主峰,还会出现不需要的杂峰,因此,需要将方位角扫描曲线导入分峰软件,通过分峰的方法,除去背景衍射杂峰的影响。

取拟合后主峰的数据导入 Origin 软件,进行晶区取向因子的计算。Origin 软件中积分的计算主要采用曲线的面积进行转化。因此,首先需要将方位角扫描曲线的横坐标从 180°~360°,转成弧度制的 0~$\pi/2$。通常选取 X 轴方向 270°~360°范围的一半数据进行计算(曲线是对称的,取 180°~270°范围计算方法相同)。如图 9-S11 所示,$X1$、$Y1$ 分别为实验导出的主峰方位角的角度和强度,$X2$ 是将 $X1$ 的角度转化成弧度,$Y2$、$Y3$ 为式(9-S3)中分子、分母的计算式。

β_{010} (°)	$I(\beta)_{010}$	β_{010} (rad)	$I(\beta)_{010}\cos^2\theta_{010}\sin^2\beta_{010}\cos\beta_{010}$	$I(\beta)_{010}\cos\beta_{010}$
$X1$	$Y1$	$X2$	$Y2$	$Y3$
270	2.31E+04	0	0.00E+00	2.31E+04
271	2.24E+04	0.01744	6.61E+00	2.24E+04
272	2.07E+04	0.03489	2.44E+01	2.07E+04
273	1.81E+04	0.05233	4.80E+01	1.81E+04
274	1.51E+04	0.06978	7.09E+01	1.51E+04
275	1.20E+04	0.08722	8.74E+01	1.19E+04
276	8.99E+03	0.10467	9.44E+01	8.94E+03
277	6.43E+03	0.12211	9.16E+01	6.38E+03
278	4.36E+03	0.13956	8.09E+01	4.32E+03
279	2.82E+03	0.157	6.58E+01	2.78E+03
280	1.73E+03	0.17444	4.96E+01	1.70E+03
281	1.01E+03	0.19189	3.48E+01	9.89E+02
282	5.58E+02	0.20933	2.28E+01	5.46E+02
283	2.94E+02	0.22678	1.40E+01	2.86E+02
284	1.47E+02	0.24422	8.06E+00	1.43E+02
285	6.98E+01	0.26167	4.37E+00	6.75E+01

图 9-S11　式 9-S3 中积分的计算方法

在 Origin 软件中,分别做出 $Y2-X2$、$Y3-X2$ 曲线(图 9-S12)。Analysis-Mathematics-Integrate 对两条曲线进行积分,分别得到式(9-S3)中分子、分母的积分值。

同理可计算 100 晶面,从而获得 PET 纤维的晶区取向因子。

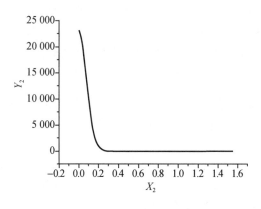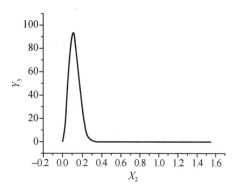

图 9-S12　Y_2-X_2、Y_3-X_2 所构成的曲线

复习要点

　　X射线与物质的相互作用,X射线衍射的原理,X射线衍射实践技术及相应图谱的含义,X射线衍射在材料研究中的应用(物相分析、晶体结构参数确定、结晶度计算、晶体尺寸计算、晶区取向度计算等)。小角X射线散射及其在材料研究中的应用。

参考文献

［1］莫志深,张宏放,张吉东.晶态聚合物结构和X射线衍射[M].北京:科学出版社,2010.

［2］王富耻.材料现代分析测试方法[M].北京:北京理工大学出版社,2006.

［3］王轶农.材料分析方法[M].大连:大连理工大学出版社,2012.

［4］朱和国.材料科学研究与测试方法[M].南京:东南大学出版社,2013.

［5］胡家璁.高分子X射线学[M].北京:科学出版社,2003.

［6］Bragg W L. The diffraction of short electromagnetic waves by a crystal[J]. X-ray and Neutron Diffraction, 1966, 17: 109-118.

［7］Bragg W H, Bragg W L. The structure of the diamond [J]. Nature, 1913, 89(610): 277-291.

［8］Nakafuku C, Takemura T. Crystal structure of high pressure phase of polytetrafluoroethylene[J]. Japanese Journal of Applied Physics, 1975, 14(5): 599-602.

［9］Klug H P, Alexander L E. X-ray Diffraction Procedures [M]. New York: Wiley, 1954.

［10］Fischer E W, Schmidt G F, Über L. Uber langperioden bei verstrecktem polyathylen [J]. Angewandte Chemie, 1962, 74(15): 551-562.

［11］Kratky O. The Importance of X-ray Small-angle Scattering in Colloid Research [M]. Berlin: Dispersed systems, 1988.

［12］Jellinek M H, Soloman E, Fankuchen I. Measurement and analysis of small-angle X-ray scattering [J]. Industrial and Engineering Chemistry Analytical Edition, 2002, 18(3): 172-175.

［13］Strobl G R, Schneider M. Direct evaluation of the electron density correlation function of partially crystalline polymers[J]. Journal of Polymer Science Polymer Physics Edition, 1980, 18(6): 1343-1359.

［14］Kakudo M, Kasai N. X-ray Diffraction by Polymers [M]. Tokyo: Kodansha, 1972.

［15］Liu L Z, Yeh F, Chu B. Synchrotron SAXS study of crystallization and microphase ceparation in compatible mixtures of tetrahydrofuran-methyl methacrylate diblock copolymer and poly (tetrahydrofuran)[J]. Macromolecules, 1996, 29(16): 5336-5345.

[16] Leroy A. X-ray diffraction methods in polymer science[J]. Wiley-Interscience, 1969: 93.

[17] Rothwell W S, Martinson R H, Gorman R L. Time-dependent small-angle X-ray scattering from stress-induced crazes in polymers [J]. Applied Physics Letters, 1983, 42(5): 422-424.

[18] Paredes E, Fischer E W. Röntgenkleinwinkel-untersuchungen zur struktur der crazes (fließzonen) in polycarbonat and polymethylmethacrylat [J]. Die Makromolekulare Chemie, 1979, 180 (11): 2707-2722.

[19] Legr D G, Kambour R P, Haaf W R. Low-angle X-ray scattering from crazes and fracture surfaces in polystyrene[J]. Journal of Polymer Science Part A-2 Polymer Physics, 1972, 10(8): 1565-1574.

[20] 刘亚涛. 基于同步辐射技术研究涤纶工业丝的凝聚态结构与性能[D]. 上海：东华大学,2015.

[21] Shioya M, Kawazoe T, Okazaki R, et al. Small-angle X-ray scattering study on the tensile fracture process of poly (ethylene terephthalate) fiber[J]. Kobunshi Ronbunshu, 2006, 63(63): 345-359.

[22] Murthy N S, Grubb D T. Deformation in lamellar and crystalline structures: In situ, simultaneous small-angle X-ray scattering and wide-angle X-ray diffraction measurements on polyethylene terephthalate fibers [J]. Journal of Polymer Science Part B Polymer Physics, 2003, 41 (13): 1538-1553.

[23] 于金超. 聚芳砜酰胺纤维成形和应用过程中的结构性能变化[D]. 上海：东华大学,2016.

第十章
X射线光电子能谱(XPS)

　　X射线光电子能谱(XPS)技术是以X射线为光源辐照材料样品,通过检测样品表面出射的光电子的动能和数量来获取待测材料样品表面化学组成信息的研究方法。这些光电子主要来自样品表面原子的内壳层,它们携带着样品表面丰富的物理和化学信息,既能定性也可以定量分析。XPS具有以下特点:①光电子无质量,对样品表面几乎无破坏,是一种无损分析方法;②是一种痕量分析方法,绝对灵敏度高,但相对灵敏度不高,定量准确性受材料表面状态的影响;③分析元素范围广,可以对固体样品中除H、He之外的所有元素进行分析;④可以对元素的组成、含量、电子结合能、化学态进行分析,探测表面深度一般小于10 nm,可以对材料表面进行点、线、面分析;⑤光电子是中性的,对样品周围的电场、磁场等无太大要求,也可以极大地减少样品的带电问题;⑥相邻元素的同种能级的谱线相隔较远,相互干扰少,元素定性的标识性强;⑦X射线不易聚焦,照射面积大,所以不适合进行微区分析,但是随着技术的发展和研究的深入,已经取得一定的进展。

1　XPS检测技术原理

　　一定能量的X光照射到样品上时,和待测样品物质发生作用,即把光子的能量传给电子,致使待测物质中原子某一能级的电子脱离原子成为自由电子,从而从试样表面逸出,这类逸出的电子称为光电子(图 10-1)。这种物理现象称为光致电离。

　　根据爱因斯坦光电定律,该过程可以用下式表示:

$$h\nu = E_k + E_b + E_r \tag{10-1}$$

式中:$h\nu$ 为光子的能量(h 为普朗克常量,ν 为X射线频率);E_k 是光电子的能量;E_b 为电子的结合能;E_r 为原子的反冲能量。其中 E_r 很小,可以忽略。

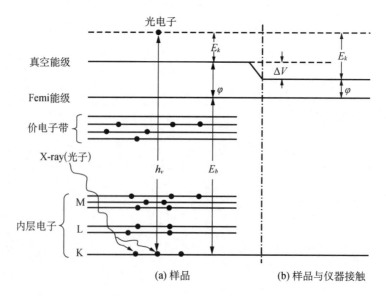

图 10-1　光电子能谱的能量关系

对于固体样品,计算结合能的参考点不是选真空中的静止电子,而是选用费米能级,由内层电子跃迁到费米能级消耗的能量为结合能 E_b,由费米能级进入真空成为自由电子所需的能量为功函数 φ,剩余的能量成为自由电子的动能 E_k。上式又可以表示为:

$$E_b = h\nu - E_k - \varphi \tag{10-2}$$

方程(10-2)中仪器材料的功函数 φ 是一个定值,约为 4 eV,入射 X 光子能量 $h\nu$ 已知,通过对样品产生的电子动能 E_k 进行测定,便可得到固体样品电子的结合能 E_b。由于各种原子和分子的轨道电子结合能是一定的,因此,可以根据光电子的结合能定性分析物质的元素种类,在此基础上,即可绘制强度(通常表示成计数或计数/秒)对电子能量的图——X 射线光电子能谱。

虽然出射的光电子的结合能主要由元素的种类和激发轨道所决定,但由于原子外层电子的屏蔽效应,内层能级轨道上电子的结合能在不同的化学环境中存在着一些微小的差异。这种结合能上的微小差异就是元素的化学位移,它取决于元素在样品中所处的化学环境。一般地,元素获得额外电子时,化学价态为负,该元素的结合能降低。反之,当元素失去电子时,化学价态为正,该元素的结合能增加。利用这种化学位移可以分析元素在该物质中的化学价态和存在形式。元素的化学价态分析是 XPS 分析最重要的应用之一。

此外,经 X 射线辐照后,从样品表面出射的光电子的强度与样品中该原子的浓度有线性关系,因此可以利用它进行元素的半定量分析。鉴于光电子的强度不仅与原子的浓度有关,还与光电子的平均自由程、样品的表面光洁度、元素所处的化学状态、X 射线源强度以及仪器的状态有关,因此,XPS 技术一般不能给出所分析元素的绝对含量,仅能提供各元素的相对含量。由于元素的灵敏度因子不仅与元素种类有关,还与元素在物质中的存在状态、仪器的状态有一定的关系,因此不经校准测得的相对含量也会存在很大的误差。还需指出的是,XPS 是一种表面灵敏的分析方法,具有很高的表面检测灵敏度,可以达到 10^{-3} 原子单层,但对于体相检测灵敏度仅为 0.1% 左右。它的采样深度与材料性质、光电子的能量,以及样品表面和分析器的角度有关。

2 X射线光电子能谱仪结构和功能

2.1 X射线光电子能谱仪的工作原理

X 射线光电子能谱仪的基本工作原理如下:首先 X 光源激发到样品上,样品表面的电子被激发出来,经过传输透镜;此后通过电子能量分析器对光电子的动能进行分辨,再通过电子探测器对电子进行计数;最后到达数据系统进行分析,呈现出最终的 X 射线光电子能谱(图 10-2)。

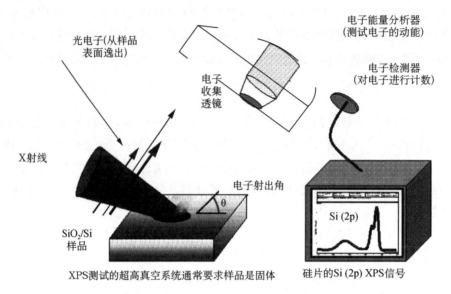

光电子(从样品表面逸出)

电子能量分析器(测试电子的动能)

电子检测器(对电子进行计数)

电子收集透镜

X射线

电子射出角 θ

SiO_2/Si 样品

Si (2p)

XPS测试的超高真空系统通常要求样品是固体

硅片的Si (2p) XPS信号

图 10-2 X 射线光电子能谱仪工作原理图

图 10-3 Kratos Axis Ultra DLD 型多功能电子能谱仪的外形图

2.2 X 射线光电子能谱仪结构部件及功能

X 射线光电子能谱仪主要由以下几个部分组成:超高真空系统、快速进样室、X 射线激发源、离子源、电子能量分析器、检测器系统、荷电中和系统及计算机数据采集和处理系统。这些部件都包含在一个超高真空(Ultra High Vacuum,简称为 UHV)封套中,通常用不锈钢制造,用金属作为电磁屏蔽。图 10-3 是 Kratos Axis Ultra DLD 型多功能电子能谱仪的外形图。下面对仪器各部件构造及功能进行简单介绍。

2.2.1 超真空系统

在 X 射线光电子能谱仪中必须采用超高真空系统,原因主要有以下两点:①使样品室和分析器保持一定的真空度,减少电子在运动过程中同残留气体分子发生碰撞而损失信号强度;②降低活性残余气体的分压。因在记录谱图所必需的时间内,残留气体会吸附到样品表面,甚至有可能和样品发生化学反应,从而影响电子从样品表面发射并产生外来干扰谱线。

X 射线光电子能谱仪一般采用三级真空泵系统。其中,采用旋转机械泵或分子筛吸附泵,极限真空度能达到 10^{-2} Pa;采用油扩散泵或分子泵,可获得高真空,极限真空度能达到 10^{-8} Pa;而采用溅射离子泵和钛升华泵,则可获得超高真空,极限真空度能达到 10^{-9} Pa。这几种真空泵的性能各有优缺点,可根据各自的需要进行组合。现在新型 X 射线光电子能谱仪,普遍采用机械泵-分子泵-溅射离子泵-钛升华泵系列,这样可以防止扩散泵油污染清洁的超高真空分析室。标准的 AXIS Ultra DLD 就是利用这样的泵组合。样品处理室(Smaple Treatment Center,简称为 STC)借助于一个为油扩散泵所后备的涡轮分子泵进行抽真空。样品分析室(Sample Analysis Center,简称为 SAC)借助于一个离子泵和附加于其上的钛升华泵来抽真空。

2.2.2　快速进样室

为了保证在不破坏分析室超高真空的情况下能快速进样,X 射线光电子能谱仪多配备有快速进样室。快速进样室的体积很小,以便在 40~50 min 内能达到 10^{-7} Pa 的高真空。

2.2.3　X 射线激发源

XPS 中最简单的 X 射线源,就是用高能电子轰击阳极靶时发出的特征 X 射线。通常采用 Al Kα(光子能量为 1 486.6 eV)和 Mg Kα(光子能量为 1 253.8 eV)阳极靶,它们具有强度高、自然宽度小(分别为 830、680 meV)的特点。这样的 X 射线是由多种频率的 X 射线叠加而成的。为了获得更高的观测精度,实验中常使用石英晶体单色器,利用其对固定波长的色散效果,将不同波长的 X 射线分离,选出能量最高的 X 射线。这样做有很多好处,包括可降低线宽到 0.2 eV,提高信号/本底之比,并可以消除 X 射线中的杂线和韧致辐射。但经单色化处理后,X 射线的强度会大幅度下降。

2.2.4　离子源

离子源是用于产生一定能量、束斑和强度的离子束。在 X 射线光电子能谱仪中,配备的离子源一般用于样品表面清洁和深度剖析实验,常采用 Ar 离子源。它是一个经典的电子轰击离子化源,气体被放入一个腔室并被电子轰击而离子化。Ar 离子源又可分为固定式和扫描式。固定式 Ar 离子源可提供一个使用静电聚焦而得到的直径从 125 μm 到 mm 量级变化的离子束。由于不能进行扫描剥离,对样品表面刻蚀的均匀性较差,仅用作表面清洁。对于进行深度分析用的离子源,应采用扫描式 Ar 离子源,它可提供一个可变直径(从 35 μm 到 mm 量级)、高束流密度和可扫描的离子束,用于精确的研究和应用。

2.2.5　电荷中和系统

用 X 射线光电子能谱仪测定绝缘体或半导体时,由于光电子的连续发射而得不到足够的电子补充,使得样品表面出现电子"亏损",这种现象称为"荷电效应"。荷电效应会使样品出现一个稳定的表面电势 V_s,它对光电子逃离有束缚作用,不仅使谱线发生位移,还会使谱峰展宽、畸变。因此 XPS 中的这个装置可以在测试时产生低能电子束,从而中和试样表面的电荷,减少荷电效应。

2.2.6　能量分析器

能量分析器的功能是测量从样品中发射出来的电子能量分布,是 X 射线光电子能谱仪的核心部件。能量分析器可分为两种类型,分别是半球型能量分析器和筒镜型能量分析器。

其中,半球型能量分析器由于对光电子的传输效率高和能量分辨率好等特点,多用在X射线能谱仪上。而筒镜型能量分析器由于对俄歇电子的传输效率高,主要用在俄歇电子能谱仪上。

2.2.7 检测器系统

光电子能谱仪中被检测的电子流非常弱,一般在 $10^{-13} \sim 10^{-19}$ A/s,所以现在多采用电子倍增器加计数技术。电子倍增器主要有两种类型,分别是单通道电子倍增器和多通道电子检测器。单通道电子倍增器可有 $10^6 \sim 10^9$ 倍的电子增益。为了提高数据采集能力,减少采集时间,近代 XPS 谱仪越来越多地采用多通道电子检测器。最新应用于光电子能谱仪的延迟线检测器(Delay Line Detector,简称为 DLD),采用多通道电子检测器,尤其在微区(10 μm 左右)分析时,可以大大提高收谱和成像的灵敏度。

2.2.8 成像系统

表面分析时的 XPS 成像系统可以提供表面相邻区中空间分布的元素和化学信息。这包括从微米到毫米尺度范围内非均匀材料、绝缘体、电子束轰击下易损伤的材料或要求了解化学态在其中如何分布的材料。在成像系统中,除了提供元素和化学态分布外,还能用于标出覆盖层稠密度,以估算 X 射线或离子束斑大小和位置,或检验仪器中电子光学孔径的准直。

XPS 成像系统把小面积能谱的接收与非均质样品的光电子成像结合起来,可以在接近 15 μm 的空间分辨率下通过连续扫描的方法采集。商品化的仪器现在组合了成像和小束斑谱采集的能力,能够在微米尺度上进行微小特征的表面化学分析。该技术的未来方向是在更小的区域内达到更高的计数率,将 XPS 成像系统推向真正的亚微米化学表征技术。

2.2.9 数据系统

X 射线电子能谱仪的数据采集和控制十分复杂,涉及大量复杂的数据采集、储存、分析和处理。数据系统由在线实时计算机和相应软件组成。在线计算机可对谱仪进行直接控制并对实验数据进行实时采集和处理。实验数据可由数据分析系统进行一定的数学和统计处理,并结合能谱数据库,获取对检测样品的定性和定量分析知识。常用的数学处理方法有谱线平滑、扣背底、扣卫星峰、微分、积分,准确测定电子谱线的峰位、半高宽、峰高度或峰面积(强度),以及谱峰的解重叠(Peak fitting)和退卷积、谱图的比较等。当代的软件程序包含广泛的数据分析能力,复杂的峰型可在数秒内拟合出来。

3 XPS 实验技术

3.1 样品种类及制备技术

XPS 测试的标准样品理论上要求无磁性、无放射性、无毒性、无挥发性(避免对高真空系统造成污染)、无污染等。但是在实际应用过程中,很少有样品能够完全满足测试标样的要求,因此,在保证实验仪器安全性及测试准确性的条件下尽可能考虑到实际应用的需求。用于XPS测试的样品扩展到了块状、薄膜、粉体、包含挥发性物质的样品、表面有污染的样品、带有微弱磁性的样品等。但这些样品在测试之前需要经过一定的前处理。

3.1.1 固体薄膜样品或块状样品

由于在实验过程中样品必须通过传递杆,经由超高真空隔离阀后送进样品分析室,因此,样品的尺寸必须符合一定的尺寸规范,以利于真空进样。对于固体薄膜、块状样品以及体积更大的样品,应对其进行适当的切割,使得其面积不超过 10 mm×10 mm,厚度小于 5 mm。但在制备过程中,必须考虑处理过程可能对表面成分和状态造成的影响。

3.1.2 粉末样品

对于粉体样品有两种常用的制样方法。一种是用双面胶带直接把粉体固定在样品台上,另一种是把粉体样品压成薄片,然后再固定在样品台上。前者的优点是制样方便,样品用量少,预抽到高真空的时间较短,缺点是可能会将胶带的成分引进系统。后者的优点是可以在真空系统中对样品进行处理,如加热、表面反应等,其信号强度也比胶带法高,缺点是样品用量太大,抽到超高真空的时间长。在普通的实验过程中,一般采用胶带法制样。

3.1.3 含挥发性物质的样品

对于含有挥发性物质的样品,在样品进入真空系统前必须清除掉挥发性物质。一般可以通过对样品加热或用溶剂清洗等方法。

3.1.4 表面有污染的样品

对于表面有油等有机物污染的样品,在进入真空系统前必须用油溶性溶剂如环己烷、丙酮等清洗掉样品表面的油污,然后再用乙醇清洗掉有机溶剂。为了保证样品表面不被氧化,一般采用自然干燥。利用离子枪发出的离子束对样品表面进行溅射剥离也常用来清洁被污染的固体表面。

3.1.5 带有微弱磁性的样品

由于光电子带有负电荷,在微弱的磁场作用下可以发生偏转。当样品具有磁性时,由样品表面出射的光电子就会在磁场的作用下偏离接收角,导致无法到达分析器而得不到正确的XPS谱。此外,当样品的磁性很强时,还会带来分析器头及样品架磁化的风险,因此,绝对禁止带有磁性的样品进入分析室。一般对于具有弱磁性的样品,可以通过退磁的方法去掉样品的微弱磁性后再进行测试。

3.2 采样深度

XPS测试技术的采样深度与光电子的能量和材料的性质有关,一般定义XPS技术的采样深度为光电子平均自由程的3倍。根据平均自由程的数据可以大致估计各种材料的采样深度。一般对于金属样品为 0.5～2 nm,对于无机化合物为 1～3 nm,而对于有机物则为 3～10 nm。

3.3 样品荷电校准

对于绝缘体样品或导电性不好的样品,经 X 射线辐照后,其表面会产生一定的电荷积累,主要是正电荷。样品表面荷电相当于给从表面出射的自由光电子增加了一定的额外电压,使得测得的结合能比正常的高。样品荷电问题非常复杂,一般难以用某一种方法彻底消除。在实际的 XPS 分析中,一般采用内标法进行校准。最常用的方法是用真空系统中最常见的 C 1s 的结合能(284.8 eV)进行校准。

荷电校准的具体操作为:①求取荷电校正值:C 单质的标准峰位(一般采用 284.8 eV)—实际测得的 C 单质峰位=荷电校正值Δ;②采用荷电校正值对其他谱图进行校正:将要分析元素的 XPS 图谱的结合能加上Δ,即得到校正后的峰位(整个过程中 XPS 谱图强度不变)。将校正后的峰位和强度作图得到的就是校准后的 XPS 谱图。

4 XPS 分析技术及应用案例

4.1 表面元素定性分析

表面元素定性分析就是根据所测得的 XPS 谱图的位置和形状来得到有关样品的组分、化学态、表面吸附、表面态、表面价电子结构、原子和分子的化学结构、化学键合情况等信息,其分析过程一般利用 X 射线光电子能谱仪的宽扫描程序。为了提高定性分析的灵敏度,往往会加大分析器的通能(Pass energy),以提高信噪比。一般来说,只要某元素存在,其所有的强峰都应存在,否则应考虑是否为其他元素的干扰峰。由于 X 射线激发源的光子能量较高,可以同时激发出多个原子轨道的光电子,因此在 XPS 谱图上会出现多组谱峰。如图 10-4 所示,该谱图为氧化铟锡的全扫描谱图。对于 In 元素而言,In 3d 峰强度最大、峰宽最小,对称性最好,是 In 元素的主谱线。而除了主谱线 In 3d 之外,其实还有 In 4d、In 3p 等其他谱线,这是因为 In 元素有多种内层电子,因而可以产生多种 In 的 XPS 信号。与上述的 In 元素一样,大部分元素都可以激发出多组光电子峰,可以利用这些峰排除能量相近峰的干扰,以利于元素的定性标定。由于相近原子序数的元素激发出的光电子的结合能有较大的差异,因此相邻元素间的干扰作用很小。

每种元素都有唯一的能级构造,XPS 技术通过测定不同元素的结合能来进行元素组成的鉴别。对于化学组成不确定的样品,应做全谱扫描以初步判定表面的全部或大部分化学元素。首先鉴别普遍存在元素的谱线,特别是 C 和 O 的谱线;其次鉴别样品中主要元素的强谱线和有关的次强谱线;最后鉴别剩余的弱谱线。如果是未知元素的最强谱线,对 p、d、f 谱线的鉴别应注意其一般为自旋双线结构,它们之间应有一定的能量间隔和强度比。

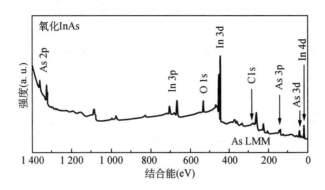

图 10-4 氧化铟砷的全扫描谱图

图 10-5 为二氧化铪(HfO₂)薄膜样品的全扫描谱图。由图可知该样品中含有 Hf、O 元素，其中 C 的结合能峰来自 XPS 测试过程中校准用的 C 元素。

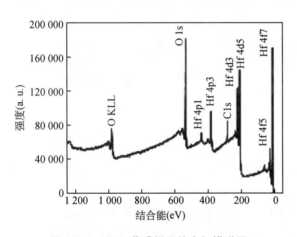

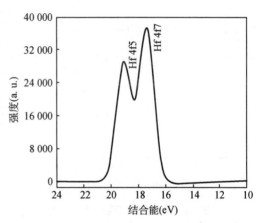

图 10-5 HfO₂ 薄膜样品的全扫描谱图   图 10-6 HfO₂ 薄膜中 Hf 4f 的窄谱扫描图

　　对于感兴趣的某些元素的谱峰，可以再进行窄区高分辨率扫描，以获取更加精确的信息，如结合能的准确位置、精准的线型、精确的计数等，通过扣除背底或峰的分解、退卷积等数据处理，来鉴定元素的化学状态。如果要确定图 10-5 中 HfO₂ 薄膜样品全谱中 Hf 元素的详细信息，可在 Hf 的最强峰附近进行窄谱扫描。窄谱扫描结果如图 10-6 所示，两个峰对应的结合能为 17.50 和 19.18 eV，分别对应 Hf 4f7 和 Hf 4f5，这与文献中报道的 HfO₂ 中 Hf⁴⁺ 的结合能接近，从而确定该样品中 Hf 的化学态。

　　XPS 用于表面定性分析主要集中于样品表面组成元素的鉴别，对于元素的引入或损失极为灵敏，因此也被广泛应用于材料改性研究。例如 XPS 测试技术因能够准确提供引入碳原子结构中的杂原子信息(N、F 等)而被应用到碳纳米材料的研究中。如图 10-7 所示，全谱图显示所制备的杂原子掺杂的碳材料(NFPC)中有 N1s 峰的存在，而无 F1s 峰的存在，表明在炭化后 N 元素仍有保留，而 F 元素已经全部损失，从而初步推断 N 元素保留在碳结构中。若要进一步证明 N 元素以何种结构掺杂到碳骨架中，则需要涉及 XPS 化学价态分析。

───────────────

本书中纵坐标的单位(a.u.)表示"任意单位"之意，都是用于相对比较。

有关化学价态分析的内容将在后续章节中进行介绍。XPS 的表面定性分析除了能够分析杂原子在碳材料中的掺杂之外,还能够表征碳材料自身结构的变化,其中最广泛的应用就是用于鉴别单层石墨烯和多层石墨烯材料。由于单层石墨烯和多层石墨烯的化学组成和物理结构都较为相似,因此通过传统的仪器难以进行有效的区分,而 XPS 的表面定性分析则为两者的区分提供了一种简单且有效的途径。鉴于单层石墨烯较为容易产生量子限制效应,导致结合能增加,因此相比于多层石墨烯,单层石墨烯的 C 1s 峰会移动到更高的结合能处。如图 10-8 所示,多层/四层(4L)石墨烯的 C 1s 峰大约在 284.4 eV 处、双层(2L)石墨烯的 C 1s 峰移到 284.5 eV,单层(1L)石墨烯的 C 1s 出现在 284.7 eV。

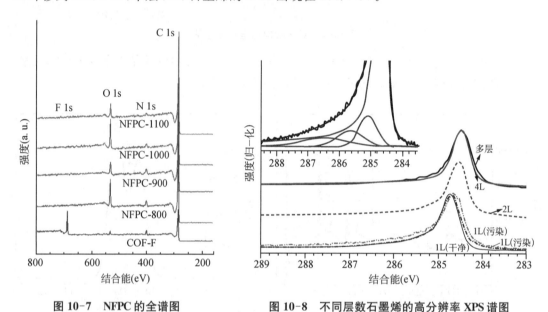

图 10-7　NFPC 的全谱图　　　　　图 10-8　不同层数石墨烯的高分辨率 XPS 谱图

此外,XPS 检测技术还因其高精度及无损特性而被广泛应用于材料表面纳米尺度范围内的深度剖析,特别是在材料表面涂层领域受到极大关注。图 10-9 为 XPS 技术应用于锂离子电池中过渡金属氧化物正极涂层的表征和分析,揭示了二硒化钨(WSe_2)涂层与正极材料的相互作用机理及其对电池电化学性能的影响。在高分辨率图谱中,含有涂层的正极材料具有钨-氧($W-O_3$)和硒-氧($Se-O_x$)的表面氧原子配位型,经过 322 次循环后,$W-O_3$ 仍保留在含有涂层的正极中,而 $Se-O_x$ 减少,这表明在循环过程中涂层中的 Se 发生了沉积,从而在正极表面形成了更加稳定的固体电解质界面膜。与此同时,XPS 检测技术也可用于检测有机聚合物涂层。图 10-10 为聚己内酯(PCL)、具有聚乙烯醇(PVA)涂层的 PCL 的 C 1s XPS 谱图及其分峰结果。在 PCL 的谱图中,C 1s 的核心电子能级谱图可分为三个峰,分别是 C—H 或 C—C,C—O,O—C≡O 的峰,它们分别位于结合能为 284.6 eV,286.1 eV 和 288.6 eV 处。当用 PVA 对其表面进行修饰后,PCL 表面 C 1s 的 XPS 谱峰只能拟合出两个峰,它们分别是 C—H 或 C—C 和 C—OH,位于结合能 284.6 eV 和 286.2 eV 处,这两个峰都来自 PVA,说明在 PCL 表面成功修饰了 PVA 涂层。

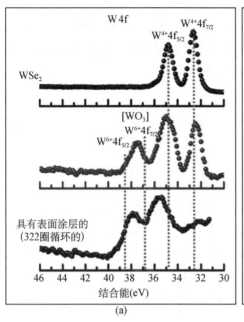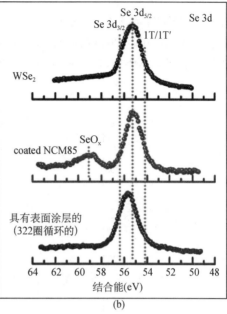

图 10-9 （a）W 4f 和（b）Se 3d 的高分辨率 XPS 谱图

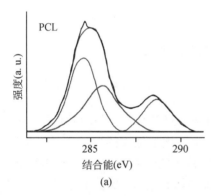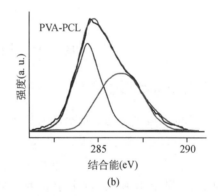

图 10-10 （a）PCL 和（b）PVA-PCL 的高分辨率 XPS 谱图

4.2 XPS 化学价态分析

表面元素化学价态分析是 XPS 测试技术非常重要的一种分析功能，也是 XPS 谱图解析最难、比较容易出错的部分。在进行元素化学价态分析前必须对结合能进行正确的校准。这是因为结合能随化学环境的变化较小，而当荷电校准误差较大时，很容易标错元素的化学价态。此外，有一些化合物的标准数据依据不同的作者和仪器状态存在很大的差异，在这种情况下这些标准数据仅能作为参考，最好是自己制备标准样，这样才能获得正确的结果。有一些化合物的元素不存在标准数据，要判断其价态，必须用自制的标样进行对比。还有一些元素的化学位移很小，用 XPS 的结合能不能有效地进行化学价态分析，在这种情况下，可以从线形及伴峰结构进行分析来获得化学价态的信息。所谓的伴峰结构是由 X 射线源的特性所引起的,在 X 射线光电子能谱仪中所使用的常规 X 射线源(Al/Mg Kα1,2)并非是单色的,还存在一些能量略高的小伴线(Kα3,4,5 和 Kβ 等),导致在 XPS 谱图中,除 Kα1,2 所激发的主谱外,还有一些小的伴峰。图 10-11 为 Si 的窄区扫描谱图,从图中可以看出,在 Si 的主谱峰左侧出现了小伴峰,且其强度要比主峰的强度低得多。

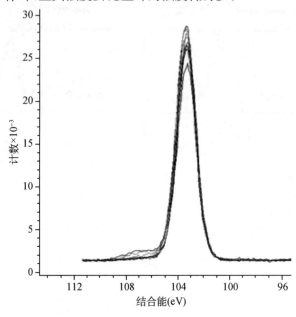

图 10-11 Si 的窄区扫描谱图

4.2.1 光电子谱线化学位移

某些元素的内层电子结合能会随着原子的化学态(氧化态、晶格位和分子环境等)发生变化,其典型值可以达到几个 eV,即化学位移。这一化学位移的信息是元素状态与相关结构分析的主要依据。除惰性气体元素和少数位移较小的元素外,大部分元素的单质态、氧化态与还原态之间都有明显的化学位移,如 C 1s(284.6 eV)、TiC(281.7 eV)、石墨(284.3 eV)和 CO_2(297.5 eV)等。通过光电子线的化学位移可以进行合金、催化剂与催化动力学等方面的各种化学状态与结构分析。

一般的,某种元素失去电子,其结合能会向高场方向偏移,某种元素得到电子,其结合能会向低场方向偏移,对于给定价壳层结构的原子,所有内层电子结合能的位移几乎相同,这种电子的偏移偏向可以给出元素之间电子相互作用的关系。如图 10-12 所示是 PtPd 形成合金后其表面电子结构的变化,从图中可以看出,形成 Pt_1Pd_3 之后,Pd 3d 向低场偏移,Pt 4f 向高场偏移,说明 Pd 得到电子,Pt 失去电子,也就是说形成合金后,Pt 上的电子部分转移给 Pd。Pt 和 Pd 间的这种电子转移也是其形成合金的一个证据。

由于催化剂的催化性质主要依赖于表面活性,因此 XPS 的化学价态分析可以提供催化剂有价值的信息。图 10-13 为不同化学状态下 Pd 催化剂的 XPS 谱图。从图中可以看出,随着 Pd 催化剂使用时间的增长,Pd 3d 峰位置向高结合能位置移动,这表明 Pd 催化剂表面 Pd 单质失去电子,从单质态变为氧化态。由于起催化作用的主要为 Pd 催化剂表面的 Pd 单

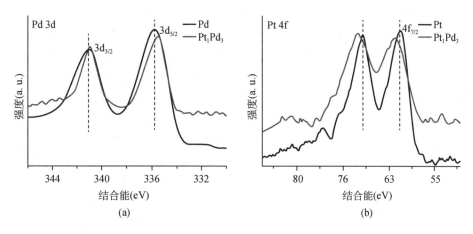

图 10-12　PtPd 合金的高分辨率 XPS 谱图

质,因此可以推断催化剂的催化活性降低;与此同时,Pd 3d 峰强度和峰形也在发生变化,其中 Pd 峰强度减弱且出现 PdO 和 PdO_2 峰,这进一步证明随着 Pd 催化剂使用时间的增长,减少的部分 Pd 单质相转变成了 PdO 和 PdO_2 相。

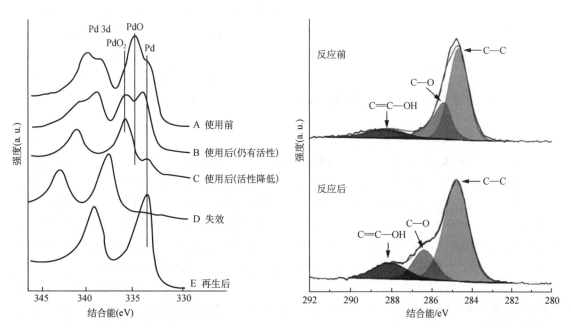

图 10-13　不同状态下 Pd 催化剂的高分辨率 XPS 谱图

图 10-14　Cu-FeO$_x$@AC 的 C 1s 高分辨率 XPS 谱图

　　除了能表征催化剂自身的物相转变外,光电子谱线化学位移还能够用于表征某些催化反应的中间体。图 10-14 显示了 Cu-FeO$_x$@AC 的 C 1s 高分辨率 XPS 谱图,谱图中主峰分为 3 个峰,依次为 C=C—OH(288.18 eV)、C—O(286.38 eV)和 C—C(284.78 eV)。在 Cu-FeO$_x$@AC 催化过一硫酸盐(PMS)活化反应后,可以发现 C=C—OH 峰面积增大,C—O 峰左移,这说明 Cu-FeO$_x$@AC 催化剂被氧化,由此推断在催化反应过程中 PMS 产生了含氧自由基,表明 $Cu-FeO_x@AC$ 成功催化 PMS 的活化。

此外,XPS 技术还可以对基于化学环境不同而引起的化学位移进行研究,从而确认分子结构。图 10-15 为三氟醋酸乙酯的 C 1s 高分辨率 XPS 谱图,其中 C 1s 电子结合能为 284 eV,由于三氟醋酸乙酯中四个 C 原子所处周围环境各不相同,故 C 1s 光电子能谱上出现四条谱线,最大的谱线位移可达 8.2 eV。同时发现四条谱线面积之比为 1:1:1:1,符合化学结构的定量关系。图中从左到右谱峰与结构式中 C 原子有逐一对应的关系,即在三氟醋酸乙酯结构式左端 C 原子和三个 F 原子相连,由于 F 的电负性很强,与 F 相结合的 C 原子周围的电子密度减少,对 C 原子的内层电子的屏蔽作用减弱,使得 C 原子的内层电子同碳核结合得更紧密,与 F 原子相连的 C 结合能位移最大(292 eV);左起第二个 C 原子与一个 O 原子形成双健,同另一个 O 原子形成单链,这时,C 的内层电子的结合能仅次于上述与 F 相连的 C 原子的结合能,C 1s 谱线在 287 eV 处;左起第四个 C 原子与 H 原子相连,是甲基碳,结合能最低,C 1s 谱线在 286 eV 处。因此,利用化学环境不同引起的化学位移可以研究分子结构。

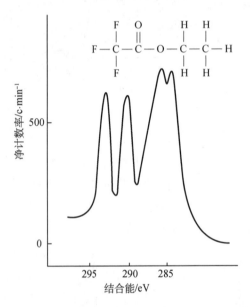

图 10-15 三氟醋酸乙酯的 C 1s 高分辨率 XPS 谱图

4.2.2 自旋-轨道分裂(SOS)

一个多电子体系内存在着复杂的相互作用,它们包括原子核和电子的相互作用、各电子之间的排斥作用,以及轨道角动量和自旋角动量之间的耦合作用等。因此,一旦从基态体系激发出一个电子,上述各种相互作用便将受到不同程度的扰动而使得体系出现各种可能的激发状态。当原子或自由离子的价壳层拥有未配对的自旋电子,即当体系的总角动量 J 不为 0 时,那么光致电离所形成的内壳层空位将与价轨道未配对的自旋电子耦合,使体系出现不止一个状态。对于每个状态,在 XPS 谱图上将会有一条相应的谱线对应。

对于 $l>0$ 的内壳层来说,用内量子数 $j(j=|l\pm m_s|)$ 表示自旋轨道分裂。若 $l=1$,则 $j=1/2$ 或 3/2。除 s 亚壳层不发生分裂外,其余亚壳层都将分裂成两个峰。对于某一特定价态的元素而言,其 p、d、f 等双峰谱线的双峰间距及峰高比一般为一定值。p 峰的强度比为 1:2;d 峰为 2:3;f 峰为 3:4;对于 p 峰,特别是 4p 线,其强度比可能小于 1:2。双峰间距也是判断元素化学状态的一个重要指标。常见的自旋-轨道分裂谱图如图 10-16 所示,图中 Zn 的 2p 轨道分裂为 $2p_{3/2}$ 轨道和 $2p_{1/2}$ 轨道,且峰强度之比为 2:1。

纳米金属氧化物,特别是尖晶石型和钙钛矿型金属氧化物,通常含有不同价态的金属,通过常规的表征手段难以表征。而基于自旋-轨道分裂现象,使得 XPS 化学价态分析在纳米金属氧化物的表征方面得到了极其广泛的应用。有研究者通过草酸共沉淀法制备了 $NiFe_2O_4$ 和 $ZnFe_2O_4$ 立方尖晶石粉体,采用 XPS 技术对合成样品的相结构、表面元素进行了表征。图 10-17 为 $NiFe_2O_4$ 和 $ZnFe_2O_4$ 表面 Fe 元素 2p 电子轨道能谱拟合后的能谱图,可见在 $NiFe_2O_4$ 和 $ZnFe_2O_4$ 表面存在 Fe^{3+} 和 Fe^{2+} 两种离子状态。此外,Fe 2p 的 XPS 数据还显示,氧化物表面存在 Fe^{2+} 和呈现吸附状态的氧,形成的反式尖晶石是氧空位存在的原因。

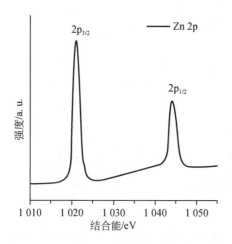

图 10-16 ZnO 的自旋-轨道分裂示意图

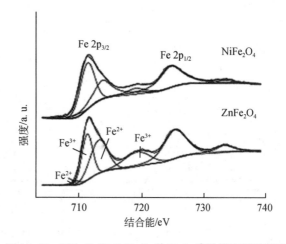

图 10-17 $NiFe_2O_4$ 和 $ZnFe_2O_4$ 的 Fe 2p 高分辨率 XPS 谱图

4.2.3 分峰拟合

如上文所讲述的,可以通过对特定元素进行窄区扫描,得到该元素的高分辨率谱图,从高分辨率谱图中我们可以精准地分析元素化学价态和分子结构。定性分析元素的价态主要看两个点:①对照标准谱图值(NIST 数据库或者文献值)来确定谱线的化合价态;②对于 p、d、f 等具有双峰谱线的峰(自旋裂分),双峰间距也是判断元素化学状态的一个重要指标。常见的 XPS(分峰拟合)谱图如图 10-18 所示,TiO_2—SiO_2 复合材料中 O 元素的 O 1s 的谱峰可以反褶积成三个谱峰,它们分别对应着 Ti—O 键(539.8 eV)、

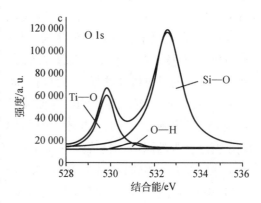

图 10-18 TiO_2—SiO_2 的高分辨率 XPS 谱图

O—H 键(531.0 eV)以及 Si—O 键(532.6 eV),由此可见在 TiO_2—SiO_2 中 O 元素有三种存在形式。

尽管图 10-18 所示的高分辨谱图显示出了元素的化合态及成键形式,但是经 XPS 测试所得的数据绘制出的图像并无直接显示化合态信息。若想得到元素的化合态信息,则需要借助 XPS Peak 软件进行分峰拟合,此外,还可以根据峰面积比计算出各基团或化合态的含量比。XPS Peak 软件的分峰拟合操作如下:①本底扣除(直线法或非直线法—Shirley 等);②加峰,峰个数由不同化合态数目决定;③拟合,观察拟合后总峰与原始峰的重合情况,若不好,可多次拟合。

XPS 拟合软件的发展,使得高分辨率谱图中谱峰的分峰拟合过程愈发简便以及精确,这极大地拓宽了 XPS 的应用广度和深度。通过对 XPS 谱图的谱峰分峰拟合在材料多相间相互作用、催化剂与催化动力学、电极过程和产物等方面进行化学状态和结构分析。

图 10-19 显示了 MC/PAM 水凝胶以及 MC/PAM-PDMC 双网络水凝胶的高分辨率 XPS 图谱,借助分峰技术后,与原始 MC/PAM 水凝胶相比,MC/PAM-PDMC 的 C 1s 谱中 O＝C—NH$_2$ 峰的结合能从 287.9 eV 下降到 286.2 eV,这表明 PAM 聚合物链与 PDMC 离聚物链之间存在分子相互作用。

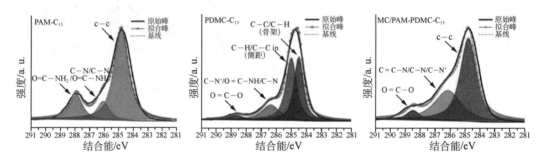

图 10-19　PAM(MC/PAM)、PDMC 以及 MC/PAM-PDMC 水凝胶的高分辨率 XPS 谱图及其拟合曲线

此外,鉴于 XPS 技术对元素,特别是金属元素的化合态变化的灵敏性,近年来在传统 XPS 技术(只能在真空环境中测试)上发展而来的近环境压力 X 射线光电子能谱(AP-XPS)因能够在非真空环境下进行检测分析被广泛应用于研究催化剂的催化机理,极大地促进了催化领域的发展。与大分子反应相比,CO 氧化是一种相对简单的反应,它通常被视为探针反应,以测试潜在的新型催化剂材料。下面将以 Cu 金属催化 CO 氧化的反应为例,证明 AP-XPS 技术在理解催化机理方面的重要性。有研究者通过 AP-XPS 对铜基催化剂催化 CO 氧化的反应机理进行了研究,在 298 K 的条件下引入纯 CO 时,在 O 1s 的 531.5 eV 和 C 1s 的 286.1 eV 处观察到的峰证实了 CO 在 Cu(111)表面的吸附(图 10-20)。当气体从纯 CO 切换到 CO 和 O$_2$ 的混合物时(CO 与 O$_2$ 的压力比为 1∶10),在 O 1s 光谱中观察到了两个额外的峰,分别归属于 Cu 或 Cu$_2$O 缺陷位点上化学吸附的氧原子(529.4 eV),以及形成的 Cu$_2$O 相的晶格氧原子(530.2 eV)。Cu 模型催化剂表面 Cu$_2$O 相的形成表明 Cu(111)表面在室温下容易被反应物气体氧化,Cu$_2$O 的百分比可以从 O 1s 和 Cu 2p 的相对强度进行估计(XPS 定量分析将在后续 4.3 章节中详细介绍)。从图 10-20 中可以看出,Cu$_2$O 的百分比随着 O$_2$/CO$_2$ 压力比的增加而增加。此外,O 1s 光谱中 534.2 eV 处和 C 1s 光谱中 287.9 eV 处的峰证明了 CO 被吸附到了 Cu$_2$O 表面,O 1s 光谱中 531.5 eV 处的峰和 C 1s 光谱中 289.0 eV 处的峰表明了反应中间体 CO$_2^{\delta-}$ 的生成。其中,CO,O 以及 CO$_2^{\delta-}$ 的吸附量可以从它们各自的 C 1s 和 O 1s 峰强度计算得到,结果表明,随着 O$_2$/CO 压力比的增加,CO 和 CO$_2^{\delta-}$ 的比率也随之增大。由此可见,CO$_2^{\delta-}$ 和 Cu$_2$O 的生成量均随着 O$_2$/CO 压力比的增大而增大,这也意味着这两个演化过程是相互关联的,当有更多的 Cu$_2$O 形成时,CO$_2^{\delta-}$ 的生成量也更高。因此,在 CO 氧化过程中,实际发挥催化作用的是 Cu$_2$O 而不是 Cu。

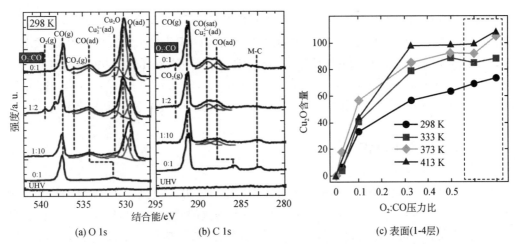

图 10-20　在 298 K 下 Cu(111)样品的(a)O 1s 和(b)C 1s XPS 谱图,其中 O_2/CO 压力比分别为 0∶1、
1∶2、1∶10 和 0∶1(对照组,未进行催化反应),(c)在 298、333、373 和 413 K 下 Cu_2O 的百
分比随着 O_2/CO 压力比的变化

4.2.4　X 射线激发俄歇峰(XAES)分析

在 X 射线电离后的激发态离子是不稳定的,可以通过多种途径产生退激发,其中一种最常见的退激发过程就是产生俄歇电子跃迁的过程,因此 X 射线激发俄歇谱是光电子谱的必然伴峰。其原理与电子束激发的俄歇谱相同,仅是激发源不同。电子电离后,内层能级出现空位,弛豫过程中若使另一电子激发成为自由电子,该电子即为俄歇电子。同 XPS 一样,XAES 的俄歇动能也与元素所处的化学环境有密切关系,同样可以通过俄歇化学位移来研究其化学价态。由于俄歇过程涉及三电子过程,其化学位移往往比 XPS 的要大得多,这对于元素的化学状态鉴别非常有效。对于有些元素,XPS 的化学位移非常小,不能用来研究化学状态的变化,这时不仅可以用俄歇化学位移来研究元素的化学状态,其线形也可以用来进行化学状态的鉴别。

图 10-21 为 Zn 2p 的 XPS 和 XAES 高分辨率谱图,从图中可以看到 Zn 2p 自旋分裂为

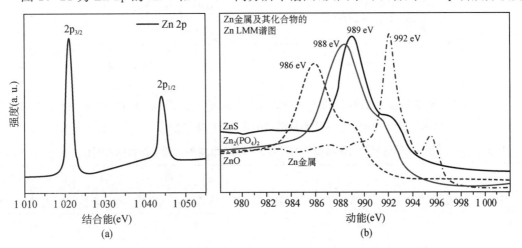

图 10-21　Zn 2p 的 XPS 高分辨率谱图(a);Zn 2p 的 XAES 高分辨率谱图(b)

Zn 2p$_{3/2}$和 Zn 2p$_{1/2}$，由于单质 Zn(1 021.7 eV)和 ZnO(1 022 eV)的 Zn 2p$_{3/2}$结合能仅在 1 021~1 023 eV 这一小范围内变动，因而通过 XPS 谱图难以区分 Zn 元素的化学状态。而 XAES 谱图凭借着化学位移大的优势，能够很好地用于研究 Zn 元素的化学状态，从图中可以看出 Zn 的 XAES 高分辨率谱图中单质 Zn(992 eV)与 ZnO(988 eV)的结合能差距为 4 eV，相比于 XPS 谱图提高了数倍，可以很清楚地观察到 Zn 元素化学状态的区别。

4.3　XPS 表面定量分析

　　首先应当明确的是 XPS 并不是一种很好的定量分析方法，它给出的仅是一种半定量的分析结果，即是相对含量而不是绝对含量。由 XPS 提供的定量数据是以原子百分比含量表示的，而不是人们平常使用的重量百分比。目前定量分析的应用大多以能谱中各峰强度的比率为基础，把观测到的信号强度转变成元素的含量，即将谱峰面积转变成相应元素的含量。而定量分析多采用元素灵敏度因子法，该方法利用特定元素谱线强度作为参考标准，测得其他元素相对谱线强度，求得各元素的相对含量。为了能对样品中各元素含量进行相对准确的定量分析，测试前，需要根据国际标准化组织(ISO)发布的 XPS 能量标尺的校准(ISO 15472：2010)对设备进行校准。在定量分析中必须注意的是，XPS 给出的相对含量也与谱仪的状况有关。因为不仅各元素的灵敏度因子不同，XPS 谱仪对不同能量光电子的传输效率也是不同的，并随谱仪受污染程度而改变。XPS 仅提供表面小于 10 nm 厚的表面信息，其组成不能反映体相成分。样品表面的 C、O 污染以及吸附物的存在也会大大影响其定量分析的可靠性。

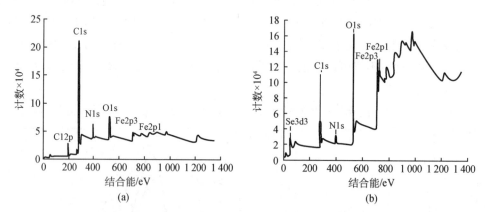

图 10-22　N80 钢在曼尼希碱缓蚀剂中形成的吸附膜的谱峰图(a)；N80 钢在曼尼希碱缓蚀剂和
钨酸钠缓蚀剂配比 1：1 中形成的吸附膜的谱峰图(b)

表 10-1　　　不同复配腐蚀剂比例所形成的吸附膜的主要元素的含量与结合能的变化

曼尼希碱：钨酸钠	C		N		O		Fe	
	含量/%	结合能/eV	含量/%	结合能/eV	含量/%	结合能/eV	含量/%	结合能/eV
1：0.01	87.95	286.96	4.76	401.30	3.33	532.45	2.32	711.28
1：0.05	57.73	286.44	3.70	400.80	20.75	531.96	17.18	710.96

续表

曼尼希碱:钨酸钠	C		N		O		Fe	
	含量/%	结合能/eV	含量/%	结合能/eV	含量/%	结合能/eV	含量/%	结合能/eV
1:0.1	73.80	284.15	7.88	398.51	14.28	529.93	4.03	710.84
1:0.5	70.42	284.14	7.06	398.83	17.80	529.89	4.73	710.52
1:0.8	51.47	284.40	3.91	398.94	26.19	529.81	18.43	709.07
1:1	37.61	284.53	0.00	400.08	34.70	529.93	37.77	708.51

图 10-22 显示了 N80 钢在不同缓蚀剂中所形成的吸附膜的 XPS 全谱图,从谱峰中各元素的峰强度变化可以大致判断元素含量的变化。N80 钢在曼尼希碱缓蚀剂中形成的吸附膜的全谱图中含 Cl 2p 峰,由于 N80 钢和缓蚀剂中并不存在 Cl 元素,因此可以判断 N80 钢表面与曼尼希碱的结合不够紧密,导致溶液中的 Cl 被吸附到钢材表面,造成腐蚀;而反观 N80 钢在曼尼希碱缓蚀剂和钨酸钠缓蚀剂配比为 1:1 中形成的吸附膜的全谱图可以发现 Cl 2p 峰强度大幅度降低,而 Fe 2p3、Fe 2p1、Se 3d3 峰强度大幅度提高,这表明 N80 钢表面吸附膜中外来 Cl 元素含量大幅降低,而 N80 钢本身含有的 Fe 和 Se 元素含量大幅提高(Fe 离子会与钨酸根离子共沉淀),由此可以推断在复配缓蚀剂中 N80 钢表面与缓蚀剂的接触更加紧密,腐蚀进程得到有效缓解。为了确定 N80 钢具体腐蚀到了何种程度,可以将 XPS 谱图中各元素的峰面积转化为相应元素的含量,见表 10-1。从表中可以看出,随着曼尼希碱和钨酸钠缓蚀剂配比的变化,主要元素的含量和结合能都发生了一定的变化,当曼尼希碱和钨酸钠缓蚀剂配比为 1:0.01 时,C 含量(C 含量主要来自曼尼希碱)最高而 Fe 含量最低,这说明曼尼希碱在钢表面的厚度最厚,缓腐效果亦越好。

4.4 XPS 元素沿深度方向的分布分析

XPS 可以通过多种方法实现元素沿深度方向分布的分析,这里介绍最常用的两种方法,它们分别是 Ar 离子剥离深度分析和变角 XPS 深度分析。

Ar 离子剥离深度分析方法是一种使用最广泛的深度剖析的方法,是一种破坏性分析方法,会引起样品表面晶格的损伤、择优溅射和表面原子混合等现象。其优点是可以分析表面层较厚的体系,深度分析的速度较快。其分析原理是先把表面一定厚度的元素溅射掉,然后再用 XPS 分析剥离后的表面元素含量,这样就可以获得元素沿样品深度方向的分布。由于普通的 X 光枪的束斑面积较大,离子束的束斑面积也相应较大,因此,其剥离速度很慢,深度分辨率也不是很好,其深度分析功能一般很少使用。此外,由于离子束剥离作用时间较长,样品元素的离子束溅射还原会相当严重。对于新一代的 XPS 谱仪,由于采用了小束斑 X 光源(微米量级),XPS 深度分析变得较为现实和常用。

作为大规模集成电路的重要原材料,高质量的硅基氧化铈异质结构的 CeO_2/Si(Si 为衬底)的表征一直是一个难题。XPS 的 Ar 离子剥离深度分析方法为 CeO_2/Si 界面的组分和化学态分析,以及厚度控制提供了一个简单而有效的途径。图 10-23 展示了 XPS 谱图随着刻蚀时间的变化。从图中可以看出，随着刻蚀的进行，界面处的 CeO_2 膜逐渐减少，而基体硅的相对含量则在不断增大。此外，刻蚀过程中界面附近出现了较强的 Ce^{3+} 峰（885.7 和 904 eV），表明在 Ar 刻蚀过程中出现了大量的 Ce_2O_3，这是因为在刻蚀过程中 Ar 离子会造成 CeO_2 的还原；与此同时，O 1s 谱峰的结合能从 530.5 eV 正移至 531.2 eV，此处的峰值与 Ce_2O_3 中 O 元素的结合能相对应，这也与 Ce 3d 谱图的分析结果一致。

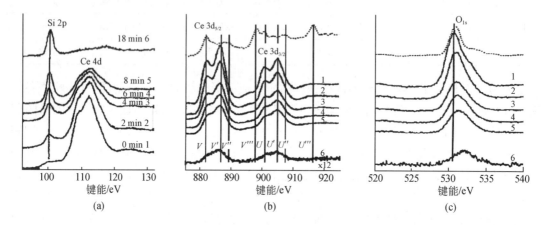

图 10-23　CeO_2/Si 界面 Si2p 和 Ce4d 的 XPS 谱图随着刻蚀时间的变化（a）；CeO_2/Si 材料表面附近（虚线）和界面附近（实线）Ce3d 的 XPS 谱图（b）；CeO_2/Si 材料表面附近（虚线）和界面附近（实线）O 1s 的 XPS 谱图（c）

变角 XPS 深度分析是一种非破坏性的深度分析技术，但只能适用于表面层非常薄（1～5 nm）的体系。其原理是利用 XPS 的采样深度与样品表面出射的光电子的接收角的正弦关系来获得元素浓度与深度的关系。取样深度为 d，掠射角为 α，则进入分析器方向的电子与样品表面间的夹角存在如下关系：$d = 3\lambda\sin(\alpha)$。当 α 为 90° 时，XPS 的采样深度最深，减小 α 可以获得更多的表面层信息。当 α 为 5° 时，可以使表面灵敏度提高 10 倍。在运用变角深度分析技术时，必须注意以下因素：①单晶表面的点阵衍射效应；②表面粗糙度的影响；③表面层厚度应小于 10 nm。为了研究激光照射接枝单体在材料表面层的深度分布，有研究者采用了变角度 XPS 深度分析方法测定了聚酯（PET）接枝薄膜表面不同深度的化学组成变化。通过将掠射角 θ 分别调整为 30°、45°、60°、75°、90°、110°，测定了样品的 XPS 全谱图和各元素谱图，结果见图 10-24。从图中可以看出，随着掠射角的增大，各元素的相对含量经历了一个先变大后变小的过程，为了更加直观地得到元素的深度分布情况，通过相应的公式计算得到了不同深度的元素比例变化，如表 10-2 所示。由表中数据可知，当掠射角为 60° 时，N 1s/C 1s 和 O 1s/C 1s 比值最大，对应的检测深度为 4.33 nm。为了更进一步地研究随着检测深度 d 的变化，PET 薄膜表面元素比例变化，以检测深度 d 对 N 1s/C 1s 和 O 1s/C 1s 作图，并进行简单外延得到图 10-25。从图中可知，在接枝 PET 薄膜表层，单体的含量并不是一个简单的线性变化，而是经历了一个先增大后减少的过程；通过外推可知单体大概能够渗透到 5.7 nm 处。由此便可依据单体渗透量与深度的变化，合理地制定接枝改性方案，以实现方案的最优解。

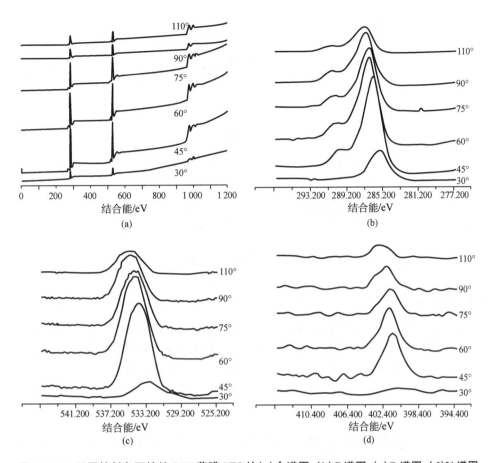

图 10-24 不同掠射角下接枝 PET 薄膜 XPS 的(a)全谱图;(b)C 谱图;(c)O 谱图;(d)N 谱图

表 10-2   接枝 PET 薄膜表层不同深度的元素比例和检测深度的对应关系

掠射角 θ/(°)	O_{1s}/C_{1s}	N_{1s}/C_{1s}	检测深度 d/nm
30	0.261	0.087	2.50
45	0.391	0.119	3.54
60	0.403	0.123	4.33
75	0.389	0.111	4.83
90	0.353	0.111	5.00
110	0.352	0.115	4.70

由以上讨论可知,合理地运用深度剖析,可以研究元素化学状态的深度变化,对材料科学具有很高的应用价值。

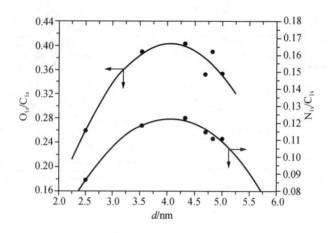

图 10-25　随着检测深度 d 的变化 PET 薄膜表面元素比例变化

复习要点

　　X射线光电子能谱技术的含义、原理与特点,及相关概念(光电离、电子结合能、光电子谱线化学位移等)。X射线光电子能谱仪结构组成。X射线光电子能谱技术在材料研究中有哪些应用(表面元素定性分析、元素化学价态分析、表面元素定量分析等)。

参考文献

[1] 常天海.磁控溅射陶瓷靶制备氧化铟锡薄膜的 XPS 和 AFM 研究[J].真空与低温,2003(2):38-41.

[2] 徐大伟,程新红,曹铎,等.PEALD HfO₂ 栅介质薄膜的界面优化及其特性表征[J].半导体技术,2013,38(10):755-759.

[3] 张素伟,姚雅萱,高慧芳,等.X射线光电子能谱技术在材料表面分析中的应用[J].计量科学与技术,2021(1):40-44.

[4] 杨文超,刘殿方,高欣,等.X射线光电子能谱应用综述[J].中国口岸科学技术,2022,4(2):30-37.

[5] 吴正龙,黄大定,杨锡震.电子能谱研究生长高质量 CeO₂/Si 异质结[J].真空科学与技术,1998(6):428-435.

[6] 王甜甜,王祯,王赟,等.N80 表面膜结构的 XPS 定量分析[J].化工机械,2016,43(5):597-601.

[7] 朱敏.准分子激光引发 PET 材料表面接枝提高表面亲水性[D].上海:东华大学,2007.

[8] Lopez J L, Sain M, Cooper P. Performance of natural-fiber-plastic composites under stress for outdoor applications: Effect of moisture, temperature, and ultraviolet light exposure[J]. J. Appl. Polym. Sci., 2006, 99 (5): 2570-2577.

[9] Maiti S, Konar R, Sclar H, et al. Stabilizing high-voltage lithium-ion battery cathodes using functional coatings of 2D tungsten diselenide[J]. ACS Energy Lett., 2022, 7 (4): 1383-1391.

[10] Dou H Z, Xu M, Zheng, Y, et al. Bioinspired tough solid-state electrolyte for flexible ultralong-life zinc-air battery[J]. Adv. Mater., 2022, 34 (18): 12.

[11] Swallow J E N, Jones E S, Head A R, et al. Revealing the role of CO during CO₂ hydrogenation on Cu surfaces with in situ soft X-ray spectroscopy[J]. J. Am. Chem. Soc, 2023, 145 (12): 6730-6740.

[12] Eren B, Heine C, Bluhm H, et al. Catalyst chemical state during CO oxidation reaction on Cu (111) studied with ambient-pressure X-ray photoelectron spectroscopy and near edge X-ray adsorption fine structure spectroscopy[J]. J. Am. Chem. Soc., 2015, 137 (34): 11186-11190.

第十一章
材料的电学、电化学性能与测量

1　材料的导电性能与测量

1.1　导电的基本概念

　　材料的导电性能通常是指材料在电场作用下传导载流子的能力。导电能力的评价采用电导或者阻抗为物理量进行表述。其测量方法通常借助于在材料两端施加一定电压 V，测量材料中定向流过的电流 I，然后根据流过材料电流的大小，依据欧姆定律获得材料的导电性能指标。当材料为纯欧姆性质时，在一定范围内 R 值与施加的电压无关，即电流与电压呈正比关系，电阻是其比例系数。根据欧姆定律有

$$R = \frac{V}{I} \tag{11-1}$$

　　上式中 R 表示材料在一定电压下流过定向电流的能力，称为电阻，用单位欧姆（Ω）表示。当电压一定时，流过的电流越小，R 值越大，表示材料的导电能力越差。欧姆定律是各种测量材料导电性质方法的基本原理。但是，测量实验得到的 R 值除了与材料的结构相关外，还与被测材料的长度 L 和截面积 A 有关。实验证明，R 值与材料的长度呈正比，与材料的截面积呈反比。因此，电阻值 R 还可以用下式表示

$$R = \rho \frac{L}{A} \tag{11-2}$$

　　上式中的比例系数 ρ 与材料几何尺寸无关，只决定于材料的固有属性，称为电阻率。其量纲为单位长度（m）和单位截面积（m^2）材料的电阻值，单位为欧姆·米（$\Omega \cdot m$）。也可以用电导率 σ 来标定材料的导电性能，电导率规定为电阻率的倒数，即

$$\sigma = \frac{1}{\rho} \tag{11-3}$$

　　σ 的单位为西门子/米（S/m）。与电阻率相反，电导率数值越大，则表明材料的导电性能越好。根据电导率的大小，常常把材料划分为导体、半导体和绝缘体。

　　从微观本质上，导电现象是材料中带有电荷的粒子响应电场在材料内部定向迁移的结果。材料中参与传导电流的带电粒子称为载流子，包括电子、空穴、离子。载流子在单位电场作用下的平均漂移速度称为迁移率，为载流子在电场作用下运动速度的量度。通常，在同一电场中，载流子运动越快，迁移率越大；运动越慢，迁移率越小。同一种半导体材料中，载流子类型不同，迁移率不同。若单位体积试样中载流子数目为 m，载流子电荷量为 q，载流子迁移率为 μ，则材料的电导率的一般表达式

$$\sigma = \Sigma \sigma_i = \Sigma m_i q_i \mu_i \tag{11-4}$$

　　上式反映的是电导率的微观本质，即宏观电导率与每一种微观载流子的浓度 m、每一种

载流子的电荷量 q 以及每一种载流子的迁移率 μ 有关(i 代表载流子的种类)。

1.2 电阻的测量方法

由上可知,根据欧姆定律,通过测定材料两端的电压或电流,得到相应的电阻,即可根据材料的尺寸计算出电阻率或电导率,因此,材料导电性能的研究关键在于电阻的测量。

对于材料的电阻测量,可分为粗测和精测。在实验中对测量值精确度要求不是很高的情况下,可利用兆欧表、万用表、数字式欧姆表、伏安法等,采用传统的两探针方法进行测试。如需精测,则利用高阻计法、冲击检流计法测定绝缘体的电阻,利用四探针法测定半导体的电阻,利用电桥法、直流电位差计法测定导体的电阻。

1.2.1 高阻计法

高阻计是一种直读式的超高电阻和微电流两用仪器,适用于科研、工厂、学校、企业部门对绝缘材料、电工产品、电子设备以及元件的绝缘电阻测量和高阻值兆欧电阻的测量,也可用于微电流测量。

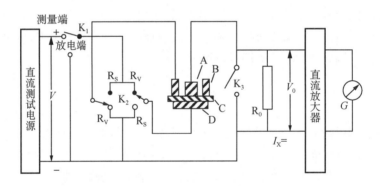

图 11-1 高阻计法测量的基本电路示意图

K_1—测量与放电开关;K_2—$R_V R_s$ 转换开关;K_3—输入短路开关;R_0—标准电阻;
A—测量电阻;B—保护电极;C—试验 R_x;D—底电极

如图 11-1 所示,高阻计为三电极测试系统,由于在电路中待测电阻 R_x 远远大于标准电阻 R_0,因此待测电阻可由下述公式计算

$$R_x = \frac{V}{V_0} R_0 \tag{11-5}$$

利用高阻计法,可以同时测量体积电阻和表面电阻。为降低测量误差,常在电极材料表面喷镀金属层、导电粉末及使用黄铜、水银电极等。

1.2.2 冲击检流计法

由图 11-2 可见,待测电阻 R_x 与电容 C 相串联,电容器极板上的电量用冲击检流计测量。当转换开关 S 合向位置 1 时,用秒表计时,经过 t 时间电容器极板上的电压 U_c 按下式

变化

$$U_c = U_0 \left[1 - \exp\left(-\frac{t}{R_x C} \right) \right] \qquad (11\text{-}6)$$

而电容器 C 在时间 t 内所获得的电量为

$$Q = UC \left[1 - \exp\left(-\frac{t}{R_x C} \right) \right] \qquad (11\text{-}7)$$

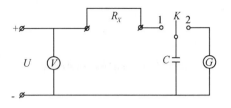

图 11-2　冲击检流计法测量的基本电路示意图

将上式按泰勒级数展开,取第一项,则由 $Q = \dfrac{Ut}{R_x}$,得

$$R_x = \frac{Ut}{Q} \qquad (11\text{-}8)$$

式中:U 为直流电源电压;t 为充电时间。U、t 均为已知量,而电量 Q 用冲击检流计测出。当开关 S 合向位置 2 时,电容 C 放电,放出的电量 Q 为

$$Q = C_b \alpha_m \qquad (11\text{-}9)$$

式中:C_b 为冲击检流计的冲击常数;α_m 为检流计的最大偏移量(可直接读出)。将式(11-9)代入式(11-8)得

$$R_x = \frac{Ut}{C_b \alpha_m} \qquad (11\text{-}10)$$

用冲击检流计可测得绝缘体电阻率高达 $10^{15} \sim 10^{16}\ \Omega \cdot \mathrm{cm}$。

1.2.3　四探针法

四探针法是一种广泛采用的标准方法,在半导体工艺中最为常见,其主要优点在于设备简单、操作方便、精确度高,且对样品的几何尺寸无严格要求。按照测试次数,四探针法可分为常规四探针法、双电测四探针法;按照探针位置分类,可分为直线四探针法、非直线四探针法,见图 11-3(a)、(b)。

(a) 直线四探针法　　(b) 非直线四探针示意图　　(c) 点电流示意图

图 11-3　四探针测量的示意图

若一块电阻率为 ρ 的均匀半导体样品,其几何尺寸相对于探针间距来说可以看作无限大,如图 11-3(c)所示,当探针引入的点电流源的电流为 I,由于均匀导体内恒定电场的等位面为球面,则在半径为 r 处等位面的面积为 $2\pi r^2$,则距离探针为 r 处的电流密度为

$$J = \frac{I}{2\pi r^2} \tag{11-11}$$

由微分欧姆定律,可得距离探针 r 处的电场强度 E 为

$$E = \rho J$$

由于 $E = -dV/dr$,且 $r \to \infty$ 时,$V \to 0$,则在距离探针 r 处的电势 V 为

$$V = \frac{I\rho}{2\pi r} \tag{11-12}$$

由于半导体内各点的电势应为四探针在该点形成电势的矢量和,则通过数学推导可得四探针法测量电阻率的公式为

$$\rho = \frac{V_{23}}{I} \cdot 2\pi \left(\frac{1}{r_{12}} - \frac{1}{r_{24}} - \frac{1}{r_{13}} + \frac{1}{r_{34}} \right)^{-1} = C \frac{V_{23}}{I} \tag{11-13}$$

式中:$C = 2\pi \left(\frac{1}{r_{12}} - \frac{1}{r_{24}} - \frac{1}{r_{13}} + \frac{1}{r_{34}} \right)^{-1}$ 为探针系数;r_{12}、r_{24}、r_{13}、r_{34} 分别为相应探针间的距离。

若四探针在同一平面的同一直线上,其间距分别为 S_1、S_2、S_3,且 $S_1 = S_2 = S_3 = S$ 时,则

$$\rho = \frac{V_{23}}{I} \cdot 2\pi \left(\frac{1}{S_1} - \frac{1}{S_1 + S_2} - \frac{1}{S_2 + S_3} + \frac{1}{S_3} \right)^{-1} = \frac{V_{23}}{I} 2\pi S \tag{11-14}$$

由此可见,四探针法使用简便,测量准确度较高。但测量样品的几何尺寸与探针间距相比为有限尺寸时需进行修正,且易受探针间距和探针游移的影响。

除以上方法外,对电导率较高的材料可使用双电桥法、电位差计法等进行测量。若实验对测试结果精度要求不高,可直接使用传统的两探针方法进行测量。

2 电化学原理基础知识概述

2.1 导体与导电回路

前已述及,导体中通常存在大量可以自由移动的带电物质微粒,称为载流子。在外电场作用下,载流子作定向运动,形成了明显的电流。根据载流子的不同,导体可分为两类:凡是依靠物体内部自由电子的定向运动而导电的物体,即载流子为自由电子(或空穴)的导体,叫做电子导体,也称第一类导体,如金属、合金、石墨等;凡是依靠物体内的离子运动而导电的导体叫做离子导体,也称第二类导体,例如各种电解质溶液、熔融态电解质和固态电解质。

电子导体的导电能力比离子导体大得多。或者说,电子导体的电阻比离子导体小得多,两者可相差几百万倍。

由一系列导体串联组成的可供电流流过的回路叫做电路,又称导电回路。根据电路中导体类型和组成方式的不同,可分为电子导体回路、电解池回路和原电池回路,如图 11-4。不难发现,电子导体回路是由第一类导体(导线、灯丝)串联组成的,而电解池回路和原电池回路则是由第一类导体和第二类导体共同串联组成的。

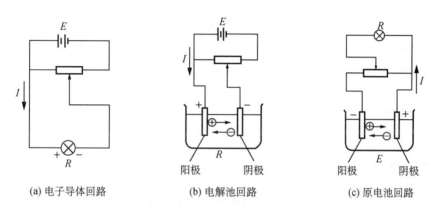

(a) 电子导体回路　　　(b) 电解池回路　　　(c) 原电池回路

图 11-4　三种导电回路

仔细观察电解池可以发现,整个电路被两个电极(阴极和阳极)分割成导电特性截然不同的两个部分。两个电极之间的溶液是由离子导电,而溶液以外的外线路(包括两个电极本身)却是电子导电。在电流通过电极与溶液的界面时,发生了电荷载体的更换,即导电的电子换成了离子(在阴极与溶液的界面)、或者是导电的离子换成电子(在阳极与溶液的界面)。那么两类导体的导电方式是怎样相互转换的呢? 仔细观察电镀过程会发现,在导电的同时,电解槽内的两个极板上有气体析出或金属沉积现象,这说明极板上有化学反应发生。例如镀锌时,阳极(锌板)上进行的反应为

$$Zn - 2e^- \longrightarrow Zn^{2+}$$
$$4OH^- \longrightarrow 2H_2O + O_2 \uparrow + 4e^-$$

负离子 OH^- 所带的负电荷通过氧化反应,以电子的形式传递给锌板,成为金属中的自由电子。

阴极(镀件)上进行的反应为:

$$Zn^{2+} + 2e^- \longrightarrow Zn$$
$$2H^+ + 2e^- \longrightarrow H_2 \uparrow$$

正离子 H^+、Zn^{2+} 所带的正电荷通过还原反应,以从负极取走电子的形式传递给负极。

由此可见,两类导体导电方式的转化是通过电极上的氧化还原反应实现的。在电化学中,通常把发生氧化反应(失电子反应)的电极叫做阳极;把发生还原反应(得电子反应)的电极叫做阴极。

电解池和原电池回路具有共同的特征,即都是由两类不同导体组成的,是一种在电荷转

移时不可避免地伴随有物质变化的体系。这种体系叫做电化学体系,是电化学科学研究的对象。两类导体界面上发生的氧化反应或还原反应称为电极反应。也常常把电化学体系中发生的、伴随有电荷转移的化学反应统称为电化学反应。

所以,可以将电化学科学定义为研究电子导电相(金属和半导体)和离子导电相(溶液、熔盐和固体电解质)之间的界面上所发生的各种界面效应,即伴有电现象发生的化学反应的科学。这些界面效应所具有的内在特殊矛盾性就是化学现象和电现象的对立统一。具体地讲,电化学的研究对象包括三部分:第一类导体;第二类导体;两类导体的界面及其效应。第一类导体已属于物理学研究范畴,在电化学中只需引用它们所得出的结论;电解质溶液理论则是第二类导体研究中的最重要的组成部分,也是经典电化学的重要领域;而两类导体的界面性质及其效应,则是现代电化学的主要内容。

2.2 化学电池

2.2.1 基本概念

化学电池是一种能够实现化学能和电能相互转化的装置或体系,在电化学分析中主要涉及两类化学电池。

第一类是电化学体系中的两个电极和外电路负载接通后,能自发地将电流送到外电路中做功,该体系称为原电池。原电池是把化学能转化为电能。在放电时,原电池负极发生氧化反应,正极发生还原反应。有的原电池可以构成可逆电池(铅酸蓄电池、锂离子电池等),有的原电池则不属于可逆电池(干电池等)。

第二类是与外电源组成回路,强迫电流在电化学体系中通过并促使电化学反应发生,这类体系称为电解池。电解池在工业中主要用于制备纯度高的金属,是将电能转化为化学能的一个装置。在电解过程中,电解池阳极发生氧化反应,阴极发生还原反应。

2.2.2 化学电池的组成

原电池与电解池的构造如图 11-5 所示,主要包括导线、电极、电解质、盐桥,其中电解池外部电路还连接有电源装置。

以原电池为例,导线的作用是传递电子,沟通外电路。电极的作用则是负责提供电子导体,例如铜锌电池工作时,锌负极通过被氧化将电子传入外部导线,而铜正极则将来自外部导线的电子传递给电解质溶液。电解质的作用是提供并运输离子,另外,原电池电解质溶液中的离子通过定向移动(阳离子移向正极,阴离子移向负极)能够保持电池中各部分电荷平衡,从而起到保持电池内部溶液电中性的作用。盐桥连接了两种不同的电解质,在沟通电路的同时,能消除液体接界电位差,盐桥的实质成分是琼脂和强电解质,在电池工作时,盐桥中的正负离子会分别向两边电解质释放,从而能够补充电解质中消耗的离子,保持两边溶液的电中性,使反应能够正常进行。

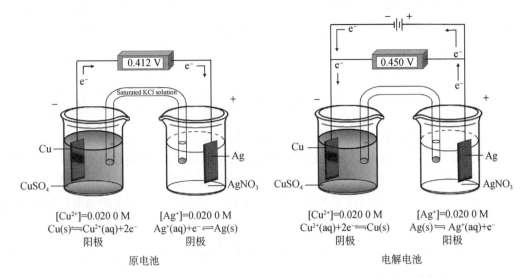

图 11-5　原电池与电解电池示意图（aq 表示溶液，s 表示固体）

2.3　电极电位

2.3.1　电极电位

从前述可知，电极体系的主要特征是在电荷转移的同时，不可避免地要在两相界面上发生物质的变化（化学变化）。两相接触时，在两相界面层中会存在电位差，既相间电位。电极体系中，两类导体界面所形成的相间电位，即电极材料和离子导体（溶液）的内电位差则称为电极电位。

电极电位的产生主要取决于界面层中离子双电层的形成。根据现代金属理论，金属晶格中有金属离子和能够自由移动的电子存在。当把金属电极浸入含有该种金属离子的溶液时，若金属离子在电极相中与溶液相中的化学势不相等，则金属离子会从化学势较高的相转移到化学势较低的相中，破坏了电极和溶液各相的电中性，使相间出现电势差。由于静电的作用，这种金属离子的相间转移很快会停止，达到平衡状态，于是相间电势差趋于稳定。

在静电作用下，电极相所带的电荷是集中在电极表面的，而溶液中的带异号电荷的离子，一方面受到电极表面电荷的吸引，趋向于排列在紧靠电极表面附近；另一方面，离子的热运动使得这种集中于电极表面附近的离子向远离电极的方向分散，当静电吸引与热运动分散平衡时，在电极与溶液界面处就形成一个离子双电层。离子双电层的电位差就是金属/溶液之间的相间电位（电极电位）的主要来源。

从电极电位产生的机理可知，电极电位的大小取决于金属/溶液界面的双电层，因而影响电极电位的因素包含了金属和外围介质的性质两大方面。前者包括金属的种类、物理化学状态和结构、表面状态；金属表面成相膜或吸附物的存在与否；机械变形与内应力等。后者包括溶液中各种离子的性质和浓度；溶剂的性质；溶解在溶液中的气体、分子和聚合物等的性质与浓度;温度、压力、光照和高能辐射等。总之,影响电极电位的因素是很复杂的,对任何一个电极体系,都必须作具体分析,才能确定影响其电位变化的因素是什么。

2.3.2 电极电位的测量

从上面的讨论可以看出,电极电位就是金属(电子导电相)和溶液(离子导电相)之间的内电位差,其数值称为电极的绝对电位。然而,绝对电位是无法测量出来的。但是,若选择一个电极电位保持恒定的电极(又叫参比电极)作为基准,将参比电极与被测电极组成一个原电池回路,这时可以使用电位差计直接读出电池的端电压,该电压即为被测电极的相对电极电位。为了说明这个相对电位是通过什么参比电极测得的,一般应在写电极电位时注明该电位相对于什么参比电极电位。例如,以标准氢电极为参比电极,测量的银电极的标准电极电位为+0.799 V,记作:

$$\text{Pt} \mid \text{H}_2(101\ 325\ \text{Pa}),\ \text{H}^+(1\ \text{mol/dm}) \mid\mid \text{Ag}^{2+}(1\ \text{mol/dm}) \mid \text{Ag}$$

标准氢电极可用下式表示:

$$\text{Pt},\ \text{H}_2(p=101\ 325\ \text{Pa}) \mid \text{H}^+(\alpha=1)$$

式中:p 表示氢气分压;α 表示氢离子在溶液中的活度。所以,标准氢电极就是由气体分压为 101 325 Pa 的氢气(还原态)和离子活度为 1 的氢离子(氧化态)溶液所组成的电极体系。在电化学中,人为规定标准氢电极的相对电位为零,用符号 $\varphi^0_{\text{H}_2/\text{H}^+}$ 表示,上标 0 即表示标准状态。

选用标准氢电极作参比电极时,任何一个电极的相对电位就等于该电极与标准氢电极所组成的原电池的电动势。相对于标准氢电极的电极电位称为氢标电位。并规定,给定电极与标准氢电极组成原电池时,若给定电极上发生还原反应(给定电极作阴极),则该给定电极电位为正值;若给定电极上发生氧化反应(给定电极作阳极),则该电极电位为负值。这一关于氢标电位符号的规定原则也可以适用于其他参比电极。

2.3.3 标准电极电位

标准电极电位 φ^0 是标准状态下的平衡电位,也就是在 298.15 K 时,以水为溶剂,当氧化态和还原态的活度等于 1 时的电极电位。

标准电极电位的正负反映了电极在进行电极反应时,相对于标准氢电极的得失电子的能力。电极电位越负,越容易失电子;电极电位越正,越容易得电子。电极反应和电池反应实质上都是氧化还原反应。因此,标准电极电位的顺序也反映了某一电极相对于另一电极氧化还原能力的大小。电极电位负的金属离子是较强的还原剂,电极电位正的金属离子是较强的氧化剂。

2.3.4 电池电动势

电池电动势一般可以定义为,在电池中没有电流通过时,原电池两个终端相之间的电位差,用符号 E 表示。其计算公式为

$$E = \varphi_+ - \varphi_- \tag{11-15}$$

原电池的能量来源于电池内部的化学反应。若设原电池反应可逆地进行时所作的电功 W 为

$$W = EQ \tag{11-16}$$

式中：Q 为电池反应时通过的电量。按照法拉第定律，Q 又可写成 nF，n 为参与反应的电子数。所以

$$W = nFE \tag{11-17}$$

恒温恒压下，可逆过程所作的最大有用功等于体系自由能的减少。因此可逆电池的最大有用功 W 为该电池体系自由能的减少 $(-\Delta G)$。即

$$W = -\Delta G \tag{11-18}$$

所以

$$-\Delta G = nFE \tag{11-19}$$

从上式可以看出，原电池的电能来源于电池反应引起的体系 Gibbs 自由能的变化。

根据电池电动势和 Gibbs 自由能的正负，可以判断氧化还原反应的自发性。若 $E > 0$，$\Delta G < 0$，反应正向发生；若 $E < 0$，$\Delta G > 0$，反应逆向发生；若 $E = 0$，$\Delta G = 0$，则反应达到平衡。

2.4 液体接界电位

当电解质为互相接触的两种组成不同或浓度不同的溶液时，两种溶液相之间的电位叫液体接界电位（液界电位）。形成液体接界电位的原因是两溶液组成或浓度不同，溶质粒子自发地从浓度高的相向浓度低的相迁移，即发生扩散作用。在扩散过程中，因正、负离子运动速度不同而在两相界面层中形成双电层，产生一定的电位差。所以，按照形成相间电位的原因，也可以把液体接界电位叫做扩散电位，常用符号 ϕ_j 表示。

由于液体接界电位是一个不稳定的、难以计算和测量的数值，所以当电化学体系中存在液体接界电位时，往往影响体系电化学参数（如电动势和平衡电位等）的测量。因此大多数情况是在测量过程中把液体接界电位消除，或使之减小到可以忽略的程度。为了减小液体接界电位，通常在两种溶液之间连接一个高浓度的电解质溶液，称之为"盐桥"。盐桥的溶液既需要高浓度，还需要其正、负离子的迁移速度尽量接近。因为正、负离子的迁移速度越接近，其迁移数也越接近，液体接界电位越小。此外，用高浓度的溶液作盐桥，主要扩散作用出自盐桥，因而全部电流几乎全部由盐桥中的离子通过液体接界界面，在正、负离子迁移速度相近的条件下，液界电位就可降低到能忽略不计的程度。通常用饱和氯化钾溶液加入少量琼脂配成胶体作盐桥，但必须注意，盐桥溶液不能与电化学体系中的溶液发生反应。此外，还可以通过两电池串联法使原电池两溶液完全隔开，从而达到完全消除液体接界电位的目的。

2.5　电极极化

2.5.1　基本概念

从前述可知,处于热力学平衡状态的电极体系(可逆电极),由于氧化反应和还原反应速度相等,电荷交换和物质交换都处于动态平衡之中,因而净反应速度为零,电极上没有电流通过,即外电流等于零。这时的电极电位就是平衡电位。如果电极上有电流通过时,就有净反应发生,这表明电极失去了原有的平衡状态。这时,电极电位将因此而偏离平衡电位。这种有电流通过时电极电位偏离平衡电位的现象叫做电极的极化。

在电化学体系中,发生电极极化时,阴极的电极电位总比平衡电位更负,阳极的电极电位总比平衡电位更正。因此,电极电位负向偏离平衡电位称为阴极极化,正向偏移平衡电位称为阳极极化。在一定的电流密度下,电极电位与平衡电位的差值称为该电流密度下的过电位,用符号 η 表示。即

$$\eta = \varphi - \varphi_{平}\tag{11-20}$$

过电位 η 是表征电极极化程度的参数,在电极过程动力学中有重要的意义。习惯上取过电位为正值。

2.5.2　电极极化产生的原因

电极的极化现象和其他自然现象一样,也是一定矛盾运动的宏观表现。断路时,两类导体中都没有载流子的流动,只在电极/溶液界面上有氧化反应与还原反应的动态平衡及由此所建立的相间电位(平衡电位)。当有电流通过电极时,就表明外线路和金属电极中有自由电子的定向运动,溶液中有正、负离子的定向运动,以及界面上有一定的净电极反应,使得两种导电方式得以相互转化。这种情况下,只有界面反应速度足够快,能够将电子导电带到界面的电荷及时地转移给离子导体,才不致使电荷在电极表面积累,造成相间电位差的变化,从而保持未通电时的平衡状态。可见,有电流通过时,产生了一对新的矛盾。一方为电子的流动,起着在电极表面积累电荷、使电极电位偏离平衡状态的作用,即极化作用;另一方是电极反应,起着吸收电子运动所传递过来的电荷、使电极电位恢复平衡状态的作用,为去极化作用。电极性质的变化就取决于极化作用和去极化作用的对立统一。

实验表明,电子运动速度往往是大于电极反应速度的,因而通常是极化作用占主导地位。也就是说,当有电流通过时,在阴极上,由于电子流入电极的速度大,形成负电荷的积累,阳极上由于电子流出电极的速度大,产生正电荷积累。因此,阴极电位往负向移动,阳极电位则往正向移动,两者都偏离了原来的平衡状态,产生所谓电极极化现象。由此可见,电极极化现象是极化与去极化两种矛盾作用的综合结果,其实质是电极反应速度跟不上电子运动速度而造成的电荷在界面的积累,即产生电极极化现象的内在原因正是电子运动速度与电极反应速度之间的矛盾。

一般情况下,因电子运动速度大于电极反应速度,故通电时,电极总是表现出极化现象。

但是,也有两种特殊的极端情况,即理想极化电极与理想不极化电极。所谓理想极化电极就是在一定条件下电极上不发生电极反应的电极。这种情况下,通电时不存在去极化作用,流入电极的电荷全都在电极表面不断地积累,只起到改变电极电位,即改变双电层结构的作用。反之,如果电极反应速度很大,以至于去极化与极化作用接近于平衡,有电流通过时电极电位几乎不变化,即电极不出现极化现象。这类电极就是理想不极化电极。例如,常用的饱和甘汞电极等参比电极,在电流密度较小时,就可以近似看作不极化电极。

2.6　电极过程

所谓电极过程是指电极/溶液界面上发生的一系列变化的总和。所以,电极过程并不是一个简单的化学反应,而是由一系列性质不同的单元步骤串联组成的复杂过程。有些情况下,除了连续进行的步骤外,还有平行进行的单元步骤存在。一般情况下,电极过程大致由下列各单元步骤串联组成:

(1) 反应粒子(离子、分子等)向电极表面附近液层迁移,称为液相传质步骤。

(2) 反应粒子在电极表面或电极表面附近液层中进行电化学反应前的某种转化过程,如反应粒子在电极表面的吸附、络合离子配位数的变化或其他化学变化。通常,这类过程的特点是没有电子参与反应,反应速度与电极电位无关。这一过程称为前置的表面转化步骤。

(3) 反应粒子在电极/溶液界面上得到或失去电子,生成还原反应或氧化反应的产物。这一过程称为电子转移步骤或电化学反应步骤。

(4) 反应产物在电极表面或表面附近液层中进行电化学反应后的转化过程。如反应产物自电极表面脱附,反应产物的复合、分解、歧化或其他化学变化。这一过程称为随后的表面转化步骤,简称随后转化。

(5) 反应产物生成新相,如气体、固相沉积层等,称为新相生成步骤。或者,反应产物是可溶性的,产物粒子自电极表面向溶液内部或液态电极内部迁移,称为反应后的液相传质步骤。

一个具体的电极过程不一定包含所有上述五个单元步骤,可能只包含其中的若干个。基本上,任何电极过程都包含液相传质、电化学反应和反应后的液相传质三个步骤。通常把整个电极过程中速度最慢的单元步骤称为电极过程的速度控制步骤,也可简称控制步骤。显然,控制步骤速度的变化规律也就成了整个电极过程速度的变化规律。

既然控制步骤决定着整个电极过程的速度,则根据电极极化产生的内在原因可知,整个电极反应速度与电子运动速度的矛盾实质上决定于控制步骤速度与电子运动速度的矛盾,电极极化的特征因而也取决于控制步骤的动力学特征。所以,习惯上常按照控制步骤的不同将电极的极化分成不同类型,常见的极化类型是浓差极化和电化学极化。

所谓浓差极化是指单元步骤(1),即液相传质步骤成为控制步骤时引起的电极极化。例如锌离子从氯化锌溶液中阴极还原的过程,未通电时,锌离子在整个溶液中的浓度是一样的;通电后,阴极表面附近的锌离子从电极上得到电子而还原为锌原子,消耗了阴极附近溶液中的锌离子,在溶液本体和阴极附近的液层之间形成了浓度差。若锌离子从溶液主体向电极表面的扩散(液相传质)不能及时补充被消耗掉的锌离子数量,那么即使电化学反应步骤($Zn^{+2}+2e^- \rightarrow Zn$)跟得上电子运动速度,但由于电极表面附近锌离子浓度减小而使电化学反应速度降低,在阴极上仍然会有电子的积累,使电极电位变负。由于产生这类极化现象时必然伴随着电极附近液层中反应离子浓度的降低及浓度差的形成,这时的电极电位相当于同一电极浸入比主体溶液浓度小的稀溶液中的平衡电位,比在原来溶液(主体溶液)中的平衡电位要负一些。因此,往往把这类极化归结为浓度差的形成所引起的,称之为浓差极化或浓度极化。

所谓电化学极化则是当单元步骤(3),即反应物质在电极表面得失电子的电化学反应步骤最慢所引起的电极极化现象。例如镍离子在镍电极上的还原过程。未通电时,阴极上存在着镍的氧化还原反应的动态平衡,即

$$Ni^{2+}+2e^- \Longleftrightarrow Ni$$

通电后,电子从外电源流入阴极,还原反应速度增大,出现了净反应,即

$$Ni^{2+}+2e^- \Longleftrightarrow Ni$$

但还原反应需要一定的时间才能完成,即有一个有限的速度,还来不及将外电源输入的电子完全吸收,因而在阴极表面积累了过量的电子,使电极电位从平衡电位向负电位移动。所以,将这类因电化学反应迟缓而控制电极过程所引起的电极极化叫做电化学极化。

此外,当电流流过电解质溶液时,正负离子各向两极迁移,由于电池本身存在一定的内阻 R,离子的运动受到一定的"阻力",为了克服内阻,就必须额外加上一定的电压去"推动"离子前进。这种克服电池内阻所需的电压等于电流 I 与电池内阻 R 的乘积,表现出 IR 降低,又叫做欧姆或电阻极化。

由此可见,电极过程由一系列电极基本过程(或称单元步骤)组成,最简单的电极过程通常包含以下四个单元步骤:

(1)电荷传递过程(Charge transfer process),简称为传荷过程,也称为电化学步骤;

(2)扩散传质过程(Diffusion process or mass transfer process),主要是指反应物和产物在电极界面静止液层的扩散过程;

(3)电极界面双电层的充电过程(Charging process of electric double layer),也称为非法拉第过程(Non-faradaic process);

(4)电荷的电迁移过程(Migration process),主要是溶液中离子的电迁移过程,也称为离子导电过程。

此外,在电极过程中还可能有电极表面的吸脱附过程、电结晶过程、伴随电化学反应的均相化学反应过程等;并且,在每一个电极过程中,这四个单元步骤所起的作用是不同的,电极过程的动力学特征主要是由占主导地位的基本过程所决定的。

2.7 电极与电极分类

根据电极的功能和作用,可以将电极分为三类:工作电极(指示电极)、辅助电极(对电极)和参比电极。

理论上,各种能导电的材料都能用作工作电极(Working electrode),其既可以是固体,也可以是液体。虽然对用作电极的材料没有很明确的限制,但是对工作电极本身的要求包括:电极自身所发生的反应不会影响到所研究的电化学反应,且工作电位窗口要尽可能宽;电极不能与溶剂或电解质组分发生反应;电极的外表呈光滑镜面状态,如沾染到污物,可通过简单的预处理使电极外表达到使用要求。

辅助电极又叫对电极(Counter electrode),它在整个体系中的作用是与工作电极形成回路,保持电流的畅通稳定。对电极保证电化学反应发生在工作电极上但又不会影响工作电极上的反应。对电极的外表面积比工作电极的外表面积要大,这样就能降低加在对电极上的电流密度,使其在检测过程中不容易被极化。常用的对电极材料有银、铂、镍等。

参比电极(Reference electrode)是指具有已知恒定电位,且接近理想不极化的电极。在电化学检测的三电极体系中,参比电极一方面在热力学上提供参比,另一方面是将工作电极隔离。为了满足电化学检测体系的需要,参比电极必须是良好的可逆电极,且电极电势要符合能斯特方程,在很小的电流流经过后,电极的电势能快速回到原状。其中的甘汞电极和银/氯化银电极在实验室最为常用。

3 电化学测量技术

3.1 测量的基本原则

由于电极与溶液界面形成的双电层结构以及电极表面还可能发生一定的电化学反应,给研究电极/溶液界面或电极反应时带来了一定的困难。为了简化研究的过程,往往引入等效电路的概念,并将电极反应以及电极/溶液界面分别等效为外接负载以及电容元件。当电流流过电极体系时,该电流不仅需要参与电极反应(外接负载)被消耗掉一部分,还需要参与双电层(电容)的充电,可视为电容和电阻的并联,将这种电极称为一般电极。如果电极体系不发生电极反应,所通电流全部用于改变电极/界面结构和电位,将这种电极称为理想极化电极,可视为单纯的电容。这里需注意没有真正的电极可以在溶液可提供的全电势范围内表现为理想极化电极,但在特定的电势范围内可表现为理想极化电极,如汞电极与除氧的氯化钾溶液界面在 2V 宽的电势范围内,接近为一个理想极化电极。

通过构建等效电路,来简化电极过程分析的复杂程度。同时,在电化学测量中,研究某一个基本过程,就必须控制实验条件,突出主要矛盾,使该过程在电极总过程中占据主导地位,降低或消除其他基本过程的影响,通过研究总的电极过程研究这一基本过程。

同时,电化学测量中通常采用三电极体系,由极化电源、工作电极、对电极、参比电极、可变电阻以及电流表等组成极化回路(串联电路),可以调节或控制流经工作电极的电流,实现极化电流的变化与测量。此外,由控制与测量电位的仪器、工作电极、参比电极、盐桥等组成测量回路(并联电路),能实现控制或测量极化变化的功能,其目的主要为测量工作电极通电时的变化情况。

3.2 暂态测量方法

3.2.1 暂态过程

　　电化学体系的状态可分为稳态和暂态。稳态是在指定的时间范围内,电化学系统的参量基本不变的状态。当极化条件改变时,电极会从一个稳态向另一个稳态转变,其间要经历一个不稳定的、变化的过渡阶段,这一阶段称为暂态。电极过程由许多过程组成,任意一个电极基本过程未达到稳态之前,都会使整个电极过程处于暂态(双电层充电、电化学反应、扩散传质过程),因而体现电极过程特征的一些物理量如电极电位、电流密度、双电层电容以及电化学反应的反应物和产物的浓度分布均可随时间发生变化。

3.2.2 暂态过程的特点

　　暂态过程具有暂态电流(i_C)。暂态电流可分为两部分,一部分为法拉第电流,即为法拉第过程引起的电流,来源于电极表面电化学反应的电荷传递,满足法拉第定律,在稳态时亦存在;另一部分称为非法拉第电流,由双电层电荷改变所产生,其电量不满足法拉第定律,在稳态时不存在。

$$i_C = \frac{\mathrm{d}q}{\mathrm{d}t} = \frac{\mathrm{d}[-C_d(E-E_z)]}{\mathrm{d}t} = -C_d\,\frac{\mathrm{d}E}{\mathrm{d}t} + (E_z-E)\,\frac{\mathrm{d}C_d}{\mathrm{d}t} \tag{11-21}$$

式中:C_d 为双电层电容;E 为电极电势;E_z 为零电荷电势,零电荷电势指电极表面不带剩余电荷时的电极电位,此时电极/溶液界面上不会出现由剩余电荷引起的离子双电层。其中,上式右边第一项为电极电位改变时引起的双电层充放电电流,第二项则为双电层电容改变时引起的双电层充放电电流。当电极面不发生明显吸脱附时,第二项近似为零,上式可简化为

$$i_C = -C_d\,\frac{\mathrm{d}E}{\mathrm{d}t} \tag{11-22}$$

　　据此可以通过电位线性扫描测定非法拉第电流的响应来测定电极的双电层电容,进而计算电极的活性面积;当电极表面发生明显吸脱附时,双电层电容可能发生很大变化,此时第二项值可能达到很大的值,据此可以研究表面活性物质在电极表面的吸脱附行为;当电极过程处于稳态时,电极电位和电极吸附状态均不改变,总的非法拉第电流为0。

　　另外,分散层内反应物和产物离子的浓度是空间位置和时间的函数,表现为同一位置,不同时间,浓度不同;同一时间,不同位置,浓度不同。

3.2.3 暂态过程的等效电路

　　在暂态过程中,体现电极过程特征的物理量随时间变化,较为复杂,并且在测量过程中,施加的与测量的均是电信号,因此借鉴电工学中成熟的数据处理方法来处理暂态测量数据可简化问题的分析和计算。如果构建一个电路,使其对电信号扰动的响应与被测系统相同,则称该电路为被测电极系统的等效电路,相应地,构成电路的元件称为等效元件。然而,被

测电极系统等效电路的构筑需要综合考虑到电极过程的各子过程间的关系。如果若干个子过程是接续进行的,则称它们之间的关系为串联,如溶液欧姆降和电极反应的关系;如果若干个子过程在同一个电极表面进行,且相互无影响,则称之为并联,如双电层充电和电极反应的关系;如果在一个电极上同时进行着若干个阳极反应和若干个阴极反应,且总的电流相等,则称两个反应的关系为耦合。耦合的情况较为复杂,需采用其他的方法进行处理,在这里不作介绍。

电路元件的选择也需要考虑到各个过程的特点,如测量体系的欧姆降可用一个电阻来描述,该电阻包括体系的溶液电阻和导线电阻,符合欧姆定律,通常记作 R_s。暂态电流包含法拉第电流和非法拉第电流,总电流为两部分之和,因此可选用并联的电路元件使法拉第电流和非法拉第电流分别流过。其中,非法拉第电流由双电层电荷变化引起,类似一个平板电容器,可近似用电容 C_d 来表示。法拉第电流由体系电化学反应产生,其流过的元件一般不能用单纯的电阻或电容来描述,需用阻抗表示。下面将介绍简单情形下的等效电路。

(1) 传荷过程控制下的界面等效电路

在电荷传递过程控制下,选用电容 C_d 来描述双电层,而传荷过程不涉及物质转移,传质阻抗可忽略,可选用电阻 R_{ct} 来表示传荷过程,又称电荷转移电阻。同时,双电层和电荷传递互不影响,两者构成并联关系,可选取图 11-6 所示电路作为传荷过程控制下的界面等效电路。

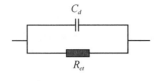

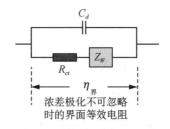

图 11-6 传荷过程控制下的等效电路   图 11-7 扩散过程的界面等效电路

(2) 扩散过程(浓差极化不可忽略)的界面等效电路

随着通电时间的延长,电化学反应开始发生,并且界面附近反应物离子浓度由于反应的消耗而降低,同时产物浓度逐渐增大,此时在电极界面附近形成了浓度梯度,出现浓差极化。此时反应物离子从溶液本体到电极界面的扩散过程成为主导地位,传质阻抗不可忽略。在电极过程中选取半无限扩散阻抗元件来等效传质阻抗,相应的等效电路如图 11-7 所示。

(3) 溶液电阻不可忽略时的界面等效电路

当极化电流在从参比电极到研究电极表面之间的溶液电阻 R_u 不可忽略时,将产生欧姆压降,且存在接续关系,相当于在外电路串联了一个电阻,如图 11-8 所示。该图也代表了具有四个电极基本过程(双电层充电、电荷传递、扩散传质和离子导电)的等效电路。

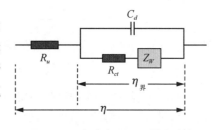

图 11-8 溶液电阻不可忽略时的
界面等效电路

3.3 暂态测量的分类

暂态测量中,施加扰动与响应之间存在因果关系,扰动是产生响应的唯一原因,响应则是由扰动引起的直接后果。为获得电化学反应体系的可靠信息,适当的暂态测量方法很重要。

暂态测量方法根据所控制的自变量不同,可分为控制电流法和控制电势法;根据施加扰动的变化(极化波形的不同),又可分为阶跃法、方波法、线性扫描法以及交流阻抗法;按照研究手段的不同,又可分为应用小幅度扰动信号和应用大幅度扰动信号。

3.4 控制电流阶跃暂态测量方法

控制电流阶跃暂态测量技术,是指控制通过研究电极的电流按一定的波形规律变化,同时测量电极电势随时间的变化,进而分析电极过程的机理、计算电极的有关参数或电极等效电路中各元件的数值。

3.4.1 分类及特点

控制通过电极的电流的方式多种多样,为避免过于复杂的仪器设备和数学处理,电极电流的变化规律不宜复杂。常见的是直流控制电流暂态测量电极的电流信号,如恒电流阶跃、方波电流法、双脉冲电流法等。其共同特点为电流在某一时刻发生突跃,然后在一定的时间范围内恒定在某一数值上。

3.4.2 恒电流阶跃法

恒电流阶跃法是最常用的暂态测量技术之一。当电极上流过一个阶跃电流时,电极电位将随时间发生变化,如图 11-9 所示。

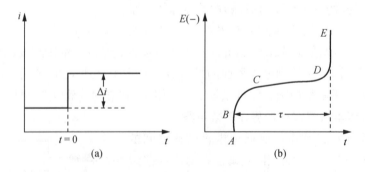

图 11-9 恒电流阶跃(a)与电极电位响应(b)

在 $t = 0$ 时,施加电流扰动,电势随时间的响应出现在 A 点。在电流突跃的瞬间,流过电极的电量较小,不足以改变界面的荷电状态,即界面电势来不及发生改变。或者认为,电极/溶液界面的双电层电容对于一个瞬时突变信号来说,是呈现断路的。而溶液电阻对电流的响应符合欧姆定律,在扰动电流施加的瞬间电势发生响应,表现为 AB 阶段的电势跃迁,此时的等效电路如图 11-10 所示。

随着施加电流时间的延长,电极溶液界面通过电流,电化学反应开始发生。但是由于电荷传递过程的迟缓性,引起双电层充电,电极电势发生变化(图 11-9(b)BC 段)。而这一时期引起电势变化的原因主要为电化学极化,此时的等效电路包括溶液电阻以及界面上的等效电阻,如图 11-11 所示。

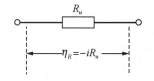

图 11-10　恒电流阶跃电极电位响应曲线中 A 点对应的等效电路

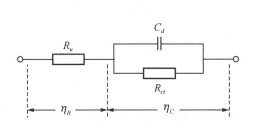

图 11-11　恒电流阶跃电极电位响应曲线中 AC 段对应的等效电路

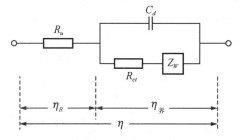

图 11-12　恒电流阶跃电极电位响应曲线中 AD 段对应的等效电路

注:AC、AD 指图 11-9(b)曲线中的不同段

随着电化学反应的持续进行,电极表面的反应物离子不断被消耗,而产物离子不断生成,由于液相传质过程的迟缓性,电极表面的反应物离子浓度下降,而产物离子浓度升高,出现了浓差极化,并且这种浓差极化状态随着时间由电极表面向溶液本体深处不断发展,电极表面上离子浓度持续变化,产物离子从溶液本体到电极表面的扩散速度低于电极反应离子消耗速度,因此后续阶段即(图 11-9(b)CD 段)电势缓慢上升的主要原因是浓差极化,此时的电极等效电路还应包括电极界面的扩散阻抗,如图 11-12 所示。

在 DE 阶段,当电极反应持续一段时间后,电极表面上的反应物离子的浓度下降为零。此时电极表面已经没有反应物离子可以被消耗,在恒定电流驱使到达电极界面上的电荷发生积累,改变了电极界面的电荷分布状态,致使双电层进行快速的充电,因而电极的电势发生突变,并且将开始恒电流极化到电极表面反应物浓度下降为零时,电极电势发生突跃所经历的时间定义为过渡时间 τ。

由上可知,电阻极化、电化学极化、浓差极化这三种极化对外接施加电流扰动信号的响应时间不同,响应快慢顺序为电阻极化、电化学极化、浓差极化。相应的,其建立电极极化的顺序依次为电阻极化、电化学极化、浓差极化。因此,根据电化学测量的基本原则,可通过控制极化时间的方法,使等效电路得以简化,突出某个电极的基本过程,从而对其进行研究。

3.4.3　几种常用的阶跃电流波形

电流阶跃法、段电流法、方波电流法以及双脉冲电流法是几种常见的阶跃电流波形。

(1)电流阶跃法:在实验开始时,电流由 0 突跃到某一数值,直至实验结束。

(2)段电流法:在实验前,通过电极的电流为一个恒定值,当电极过程达到稳态时,电极电流被切断为 0。在切断的瞬间,电极的欧姆极化小时为 0。

（3）方波电流法：电流在某一个恒定值下持续一段时间 t_1 后，突然跃变为另一个恒定值再持续一段时间 t_2，然后又回到前一个恒定值，并且反复多次。如果前后此恒定的电流值数值相等，方向相反，就为对称方波。

（4）双脉冲电流：实验前电流为零，实验开始时，电流突然跃变到一个较大的恒定值，持续时间 t_1 后，又降到一个较小的值恒定一段时间，一般 t_1 时间非常短，而且第一个恒定电流值比第二个恒定电流值要大。这种方法可以提高电化学反应速率的测量上限，突出电化学反应过程。

控制电流阶跃暂态测量方法（恒电流）常用于表征电池在反复恒电流充放电状态下的循环稳定性，图 11-13 是两种不同有机正极材料的循环曲线图，可以发现正极材料样品 1 在循环过程中的容量保持率明显高于样品 2，这表明样品 1 具有更长久的使用寿命。

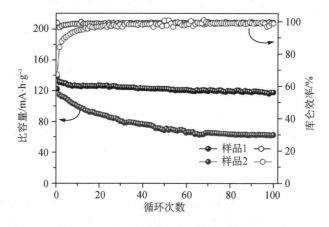

图 11-13　不同正极材料的循环稳定性

此外，通过分析恒电流充放电曲线，还可以看出电极材料在不同充放电电流密度下的电压平台变化。如图 11-14 所示，随着电流密度的增加，NTAQ 电极的充电电压平台升高，放电电压平台减小，充放电电压平台之间的差值反映出电极的极化程度，很明显，充放电电流密度越大，极化现象约严重。另外，在不同电解液中，电极的极化程度也有所不同。

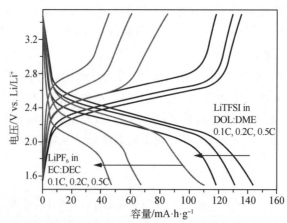

图 11-14　不同电解液使用情况下，样品 1 电极在 0.1C，0.2C 和 0.5C 电流速率下的恒电流充放电曲线图（LiPF$_6$ 和 LiTFSI 为二种电解质）

EC：碳酸乙烯酯；DEC：碳酸二乙酯；DOL：环氧戊烷；DME：二甲醚

3.5　控制电势阶跃暂态测量方法

3.5.1　概述

控制电势阶跃暂态测量方法,也称恒电势法,即控制电极电势按照一定的具有电势突跃的波形规律变化,同时测量电流随时间的变化,或者测量电量随时间的变化,进而分析电极过程的机理、计算电极的有关参数或电极等效电路元件的数值。其中,测量电流随时间的变化规律,又称计时电流法或计时安培法,测量电量随时间的变化又称计时电量法或计时库仑法。

3.5.2　线性电势扫描伏安法

控制电极电势以恒定的速率变化,即电极电势连续性变化,$E = E_0 + vt$(v 为扫速,常数),同时测量通过电极的响应电流,此种方法为线性电势扫描伏安法(Linear sweep voltammetry,简称 LSV),一般测得结果为电流对时间或电势的曲线,分别简记为 i-t 或 i-E 曲线,其中 i-E 曲线也叫做伏安曲线。与电势阶跃的情况相比,线性电势扫描伏安法最大的特点是电势发生连续性变化。

线性扫描过程响应电流的特点如下:

(1) 电流的组成

在线性扫描过程中,由于电位持续改变,发生双电层充电,双电层电流总是存在,即非法拉第电流总是存在。同时随着电位的持续增加,发生电化学发应,产生电化学反应电流——法拉第电流。因此,在一般情况下,线性电位扫描法测得的电流响应为非法拉第电流与法拉第电流之和。

(2) 吸脱附峰和电流峰

当电极表面发生活性物质的吸脱附时,双电层的电容 C_d 将发生改变,即 $(E_z - E)\dfrac{\mathrm{d}C_d}{\mathrm{d}t}$ 将会增大,导致双电层电流增加,进而总电流增加,导致 i-E 曲线上将出现伴随吸脱附过程的电流峰,为吸脱附峰。如果电极表面不发生吸脱附,且进行小幅度电势扫描,在小电势范围内,双电层电容 C_d 近似认为不变,同时由于扫描速率恒定,双电层充电电流可认为恒定不变。

或者,当电位变化,电极开始发生电化学反应时,法拉第电流开始产生,通过电极的电流明显增大;当电位继续正移(对于氧化反应)或负移(对于还原反应)时,尽管电化学反应速率常数增大,但由于电极表面反应物的消耗导致反应物表面浓度降低,有可能使电流减小,形成"峰"形。在出峰前,对电流变化起主导作用的是过电位的变化。而在出峰后,对电流变化起主导作用的则是电极表面反应物流量的变化。

(3) 扫描速度影响峰形和电流

双电层充电电流 i_c 随着电位变化速率的增大而线性增大。此外,电化学反应产生的法拉第电流也随着扫速的增加而增加。但是,相对于法拉第电流的变化,非法拉第电流随扫速的增加要比法拉第电流增大的快。因此,扫速越快,总电流中双电层的充电电流贡献得越多,导致测得的电流以及曲线的形状发生改变。

(4) 线性电势扫描伏安法的实际应用

在科学研究中,LSV 测量技术常用来分析隔膜以及电解质的电化学稳定性。为了评估隔膜和固态电解质的电化学稳定性,可组装锂片/隔膜/固态电解质/金属垫片半电池进行 LSV 测试,再对电流变化的拐点作切线来判断隔膜的电化学稳定窗口,如图 11-15 所示。

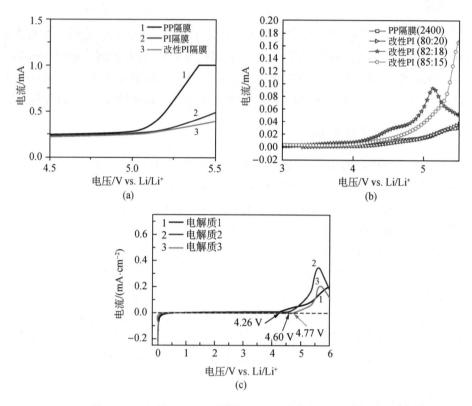

图 11-15　(a)、(b)不同隔膜和(c)不同电解质的 LSV 曲线

3.5.3　循环伏安法(三角波扫描)

控制电极电势以速率 v 从 E 或 φ 开始向负方向扫描,到时间 $t=\lambda$(相应电势为 E 或 φ)时电势改变扫描方向,并以相同的速率回归至起始电势,然后电势再次换向,反复扫描,即

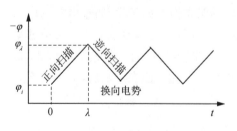

图 11-16　循环伏安法测试中电势随时间变化图

采用的电势控制信号为连续三角波信号。测量数据以电流对电位作图,简记为 i-E 曲线,也称循环伏安曲线。因为循环伏安曲线可以得到众多电化学反应的信息,检测中得到了广泛的应用。

(1) 电势变化

如图 11-16 所示,当线性扫描到达一定时间 $t=\lambda$(或电极电势达到换向电势 φ_λ 时),扫描方向将反转,电极电势的变化满足下式

$$0 \leqslant t \leqslant \lambda: \quad \varphi(t) = \varphi_i - vt \quad (11\text{-}23)$$

$$t > \lambda: \quad \varphi(t) = (\varphi_i - vt) + (t - \lambda)v = \varphi_i - 2v\lambda + v\lambda \quad (11\text{-}24)$$

可以看出,在 0 到 λ 区间内,电极电位与单向的线性电位扫描时相同,因此电流响应也与之相同。但在 $t > \lambda$ 时,回扫曲线中 φ_λ 与峰电位,至少大于$(35/n)$mV,一般大于$(100/n)$mV,则其影响可以忽略(n 为反应当量数)。

(2) 循环伏安曲线的构成

施加连续三角波电势信号得到的循环伏安曲线,其中随着正向扫描的进行(向负电势方向扫描),达到电化学反应电位区间时,发生阴极反应如下(其中,O 代表氧化态,R 代表还原态)

$$O + ne^- \longrightarrow R$$

所得到的响应 $i\text{-}E$ 曲线称为还原波,也称阴极支。

反向扫描时也可以得到正向扫描相同峰形的伏安曲线,同时正向扫描过程中的电化学反应产物发生氧化反应如下

$$R - ne^- \longrightarrow O$$

(3) 曲线参数

在对循环伏安曲线分析时,最重要的参数分别为:阴极峰电流 i_{pc}、阳极峰电流 i_{pa}、阴阳极峰电流比值 $|i_{pa}/i_{pc}|$ 以及阴阳极峰电势差 $|\Delta E_{pa} - \Delta E_{pc}|$。其中对于 i_{pc} 的确认,可以在曲线根据零电流基线确认,但对于 i_{pa} 不能像 i_{pc} 那样根据零电流基线确认。因为在进行反向扫描时,阳极电流不会衰减为零。此时,需要以电极的衰减曲线为基线来计算阳极峰电流。

(4) 循环伏安法的实际应用

循环伏安法(CV)可以用来分析新型电极材料发生电化学反应的电势范围和可逆程度。图 11-17 是两种不同有机正极材料在 1.5~3.5 V 电压区间的 CV 曲线图,可以发现,两种正极材料发生氧化还原反应的峰值电位和数量有区别,这与材料本身的特性有关,一般来说氧化峰电位越高,电极材料的放电电压平台越高,能够储存的能量越多,峰值数量越多,则说

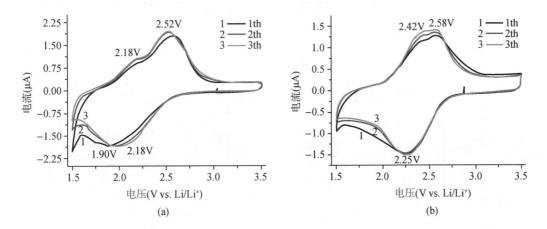

图 11-17 两种不同有机正极材料(a) PMAQ 和(b) NTAQ 在 1.5~3.5 V 电压区间的 CV 曲线图

明正极材料中参与电化学反应的活性位点越多。另外,电化学反应的可逆性可通过氧化还原峰的峰值变化来分析,在前3圈的循环测试中,两种正极材料的CV曲线重合性均较高,没有伴随峰值的出现和消失,说明两种正极材料均具有较好的电化学反应可逆性。对于负极材料而言,其氧化还原电位较低,如图11-18所示该负极材料的循环伏安曲线的电压区间为0.01~3.0 V vs Li/Li$^+$。对于锂离子电池中的正负极材料,在不考虑诸多因素的情况下,一般希望负极的电位越低,正极的电位越高,进而为电池提供较高的输出功率。

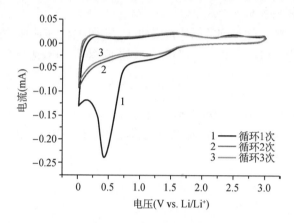

图 11-18 负极材料在 0.01～3.0 V 电压区间内的 CV 曲线图

此外,还可根据电极材料在不同扫速下的循环伏安曲线中电流与电位的关系,判断电极材料动力学过程的控制步骤,如图11-19所示。

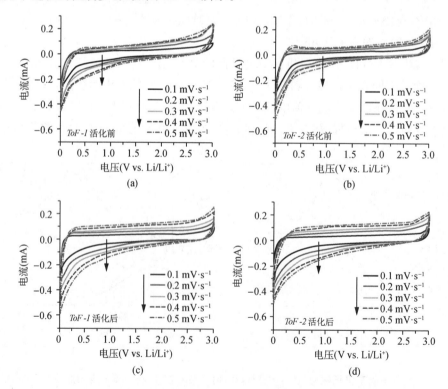

图 11-19 两种有机电极材料(ToF-1 和 ToF-2)在不同扫速下的 CV 曲线

3.6　电化学阻抗谱技术

3.6.1　阻抗与导纳

对于一个稳定的线性系统 M,如以一个角频率为 ω 的正弦波电信号(电压或电流) X 为激励信号(在电化学术语中亦称作扰动信号)输入该系统,则相应地从该系统输出一个角频率也是 ω 的正弦波电信号(电流或电压) Y, Y 就是响应信号。 Y 与 X 之间的关系可以用下式表示

$$Y = G(\omega)X \tag{11-25}$$

式中: G 为频率的函数,即频响函数,它反映系统 M 的频响特征,由 M 的内部结构决定。因而人们可以从 G 随 X 与 Y 的频率 f 或角频率 ω 的变化情况来获得线性系统内部结构的有用信息。如果扰动信号 X 为正弦波电流信号,而 Y 为正弦波电压信号,则称 G 为系统 M 的阻抗。如果扰动信号 X 为正弦波电压信号,而 Y 为正弦波电流信号,则称 G 为系统 M 的导纳。如果在频响函数中只局限于讨论阻抗或导纳,也可以将 G 总称为阻纳。对于阻抗,一般用 Z 表示,有时也以 G_z 表示;对于导纳,一般用 Y 或 A 表示,有时也用 G_y 表示,且阻抗和导纳互为倒数关系。

3.6.2　交流阻抗法

交流阻抗法是指控制通过电化学系统的电流(或系统的电势)在小幅度的条件下随时间按正弦规律变化,同时测量相应的系统电势(或电流)随时间的变化,或者直接测量交流阻抗(导纳),进而分析电化学系统的反应机理,计算系统的相关参数。

交流阻抗法分为电化学阻抗法和交流伏安法,其共同点为均采用小幅度的正弦交流激励信号。其中,电化学阻抗法(Electrochemical impedance spectroscopy,简称 EIS)是指在平衡电势条件下,研究电化学系统的交流阻抗随频率的变化关系;而交流伏安法(AC Voltammetry)是在某一选定的频率下,研究交流电流的振幅和相位随直流极化电势的变化关系。

由不同频率下的电化学阻抗数据绘制的各种形式的曲线,都属于电化学阻抗谱,包括阻抗复平面图以及阻抗波特图。阻抗复平面图是以阻抗的实部为横轴、虚部为纵轴绘制的曲线,也称为奈奎斯特图(Nyquist plot),或叫做斯留特图(Sluyter plot);阻抗波特图中,Bode 模图指阻抗的模随频率的变化关系,为 $\lg|Z| - \lg f$ 曲线,Bode 相图指阻抗的相位角随角频率的变化关系,为 $\varphi - \lg f$ 曲线。

最常见的 EIS 谱图是 Nyquist 曲线,通常利用曲线拟合法进行分析,首先根据体系的电极反应过程确定阻抗谱所对应的等效电路图,通过曲线拟合判断所提出等效电路图与曲线是否一致,然后利用合理的等效电路图模拟获得电极过程的等效关系参数。一般情况,在传荷控制和扩散控制共同作用下,由于界面双电层通过电荷传递电阻充放电的弛豫过程和扩散弛豫过程快慢的差异,在频率范围足够宽,复数平面图包括高频区具有传荷过程控制特征的阻抗半圆与低频区具有扩散控制特征的直线。具体的曲线特征及其与等效电路的对应关系还需根据实际电极反应过程进行调整与优化。

电化学阻抗法在应用中可以用来分析电池内阻的变化,如图 11-20 是 $LiCoO_2$ 正极在不同循环次数下的阻抗谱图。由图可知,所有阻抗谱图均为相同的形状,由高频区圆弧、中频区圆弧和韦伯阻抗三部分组成。对 100 kHz～10 mHz 之间的数据应用模型(如图 11-20 中内嵌电路图所示)进行拟合,其中 R_s 代表电池的欧姆阻抗,对应着阻抗谱中的横坐标截距;R_f 代表膜阻抗,对应着阻抗谱中的高频区圆弧(第一个半圆),一般对应电极中的膜阻抗;R_{ct} 代表传荷阻抗的大小,对应中频区圆弧的大小(第二个半圆)。可以看出,随着循环次数的增加,拟合处理后得到的膜阻抗 R_f 及传荷阻抗 R_{ct} 均呈现出逐渐递增的趋势,这说明正极 LCO 极片的膜阻抗和传荷阻抗随着循环次数的增加都有一定程度的增大,这与正极 SEI 膜厚度的变大有着重要的关系。由前述所知,电池的极化主要分为欧姆极化、电化学极化和浓差极化三部分,膜阻抗和传荷阻抗的增大将会导致电化学极化和浓差极化的增大,进而增加了电池的内阻,电池提前达到截止电压导致充放电容量的下降。因此,正极 SEI 膜的变化最终会对电池的容量有着显著的影响,其影响虽然小于负极的界面膜,但是两者并不是简单的加和关系,而是互相影响,共同导致了锂离子电池的衰减变化。

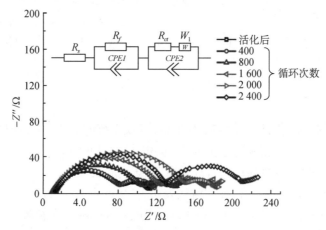

图 11-20　$LiCoO_2$ 正极在不同循环次数下的 Nyquist 曲线图及拟合电路图

此外,还可利用阻抗谱技术去研究固态电解质与正极材料的界面稳定性,如图 11-21 所

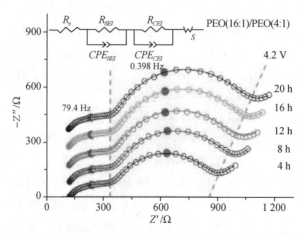

图 11-21　$Li|PEO(16:1)/PEO(4:1)|LiCoO_2$ 在不同搁置时间下的 Nyquist 曲线图

示,随着搁置时间的延长,PEO(16:1)/PEO(4:1)与 LiCoO₂ 的界面逐渐恶化,表现为图中第二个半圆逐渐增大的半径。

另外,通过测量得到金属垫片/隔膜/金属垫片半电池的 EIS 谱图,也可用于分析电池隔膜的离子电导率,在该半电池体系中可以得到隔膜和电解液系统的欧姆阻抗(R_s),根据公式 11-26

$$\sigma = \frac{d}{R_s \times S} \tag{11-26}$$

式中,σ 为离子电导率;d 为测试隔膜的厚度;R_s 为隔膜和电解液系统的欧姆阻抗,s 为隔膜面积。

可以发现,在保持隔膜厚度相同的情况下,欧姆阻抗越大,隔膜的离子电导率越低,由图 11-22 可知,经过改性后的 PI 膜,即 Cellulose/PI-COOH 复合隔膜表现出最低的欧姆阻抗,因此离子电导率最高。

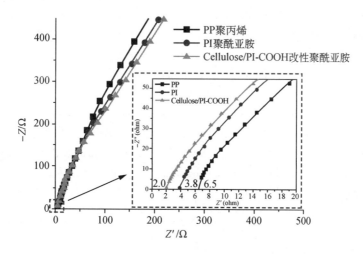

图 11-22　不同隔膜组装的(金属垫片/隔膜/金属垫片)半电池 Nyquist 曲线图

📖 复习要点

材料的导电性能测试的原理与方法以及电导率的几种不同的表示方法。介电性能的表征参数及物理意义,固体和液体电介质相对介电常数的测量方法。电化学分析方法基础知识:化学电池及电极电位的概念、液体接界电位及消除、电极的极化类型。电化学分析方法的分类及特点(电位分析法、电解分析法、电导分析法、伏安法与极谱分析法)。电化学工作站、电化学测量技术及其应用:控制电流阶跃暂态测量方法;控制电势阶跃暂态测量方法;线性电势扫描伏安法;交流阻抗法。

参考文献

[1] 钟洪辉.电化学分析法[M].重庆:重庆大学出版社,1991.

［2］贾铮,戴长松,陈玲. 电化学测量方法[M]. 北京:化学工业出版社,2006.

［3］李狄,李松梅. 电化学原理[M]. 北京:北京航空航天大学出版社,2021.

［4］Ba Z H, Wang Z X, Luo M, et al. Benzoquinone-based polyimide derivatives as high-capacity and stable organic cathodes for lithium-ion batteries[J]. ACS Applied Materials & Interfaces, 2020, 12(1): 807-817.

［5］Deng J H, Cao D Q, Yang X Q, et al. Cross-linked cellulose/carboxylated polyimide nanofiber separator for lithium-ion battery application[J]. Chemical Engineering Journal, 2022, 433.

［6］Gu J P, Zhang K Y, Li X T, et al. Construction of safety and non-flammable polyimide separator containing carboxyl groups for advanced fast charing lithium-ion batteries[J]. Chines Journal of Polymer Science, 2022, 40(4): 345-354.

［7］Sun J Q, He C H, Yao X M, et al. Hierarchical composite - solid - electrolyte with high electrochemical stability and interfacial regulation for boosting ultra - stable lithium batteries[J]. Advanced Functional Materials, 2020, 31(1): 2006381-2006391.

［8］Li J, Luo M, Ba Z H, et al. Hierarchical multicarbonyl polyimide architectures as promising anode active materials for high-performance lithium/sodium ion batteries[J]. Journal of Materials Chemistry A, 2019, 7(32): 19112-19119.

［9］Wang Z X, Ba Z H, Liu R, et al. Boosting lithium ions inserting onto aromatic ring by extending conjugation of triazine-based porous organic frameworks for lithium-ion batteries[J]. Materials Chemistry and Physics, 2022, 289: 126391-126401.

［10］Xiong Z, Wang Z X, Zhou W, et al. 4.2V polymer all-solid-state lithium batteries enabled by high-concentration PEO solid electrolytes[J]. Energy Storage Materials, 2023, 57: 171-179.

［11］Lou S F, Shen B, Zuo P J, et al. Electrochemical performance degeneration mechanism of $LiCoO_2$ with high state of charge during long-term charge/discharge cycling [J]. RSC Advances, 2015(5): 81235-81242.